Schule für Mathematik, Informatik, Logistik und Erfolg

SMILE ist eine Abkürzung für die Begriffsreihenfolge ‚Schule, Mathematik, Informatik, Logistik und Erfolg'. Diese Begriffsfolge soll den Anwenderkreis von Mathematik-Lernenden, -Studierenden und praktisch arbeitenden Personen verknüpfen, die sich für Mathematik interessieren und diese vertieft verstehen und anwenden wollen.

Der Autor war schon früh von der Frage geleitet, wie sich das ‚Abstraktum' Mathematik ins praktische Leben einfügt. Die Antwort fand er unmittelbar in seiner Berufspraxis. Auf Grund seiner langjährigen Erfahrung fiel es ihm leicht zu erkennen, daß es nur die Mathematik war, die jene Werkzeuge und Strukturen lieferte, einen sonst unmöglichen Transfer zu ermöglichen. In vielen logistischen Arbeitsabläufen zeigten sich Situationen, die er genau dieser Fragestellung zuordnen konnte. Aus diesem Grund hat er die Buchreihe ins Leben gerufen.

Die Buchreihe SMILE spannt in diesem Zusammenhang einen Bogen zwischen praktischer Arbeit und den daraus hervorgehenden theoretischen Erfordernissen. Sie besteht aus einem Kompaktband sowie einem mathematischen Vertiefungsband und einen extra entwickelten Software-Prototyp. Dieser Prototyp ist individuell in Python programmierbar und steht als kostenloser Download bereit. Ergänzt wird diese Software durch eine Bedienungsanleitung sowie eine zweiteilige technische Dokumentation. Die Dokumentation beinhaltet alle notwendigen Kenntnis-Grundlagen, die zur Anwendung der Programmiersprache Python und damit zur Erstellung des Prototyps erforderlich sind. Für alle Bände sind zusätzliche übungsbücher inkl. Lösungen erhältlich.

SMILE wurde im Rahmen von Projektwochen, AGs und Vorlesungen an Schule und Hochschule erfolgreich vermittelt. Die Buchreihe richtet sich an Lehrer, Lehrende an Hoch- und technischen Fachschulen sowie an Berufseinsteiger der IT-Logistik-Entwicklung und -Beratung. Darüber hinaus sollte die Buchreihe für jene Anwender interessant sein, die das Thema ‚Digitalisierung in der Logistik' für sich vertiefen und in diesem Zusammenhang ‚Mathematik' als nachvollziehbaren Problemlöser verwenden wollen.

Erfolg kennt eine Lösung: **‚SMILE'**!

Sven Wirsing

Prototyp zur Lagerverwaltung in Python

Bedienungsanleitung

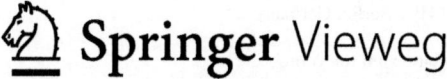

Sven Wirsing
Logistik IT-Beratung
Brandt & Partner
Eberbach, Baden-Württemberg, Deutschland

ISSN 3004-8478   ISSN 3004-8486 (electronic)
Schule für Mathematik, Informatik, Logistik und Erfolg
ISBN 978-3-662-70934-4   ISBN 978-3-662-70935-1 (eBook)
https://doi.org/10.1007/978-3-662-70935-1

Die Deutsche Nationalbibliothek verzeichnet diese Publikation in der Deutschen Nationalbibliografie; detaillierte bibliografische Daten sind im Internet über https://portal.dnb.deabrufbar.

© Der/die Herausgeber bzw. der/die Autor(en), exklusiv lizenziert an Springer-Verlag GmbH, DE, ein Teil von Springer Nature 2025

Das Werk einschließlich aller seiner Teile ist urheberrechtlich geschützt. Jede Verwertung, die nicht ausdrücklich vom Urheberrechtsgesetz zugelassen ist, bedarf der vorherigen Zustimmung des Verlags. Das gilt insbesondere für Vervielfältigungen, Bearbeitungen, Übersetzungen, Mikroverfilmungen und die Einspeicherung und Verarbeitung in elektronischen Systemen.
Die Wiedergabe von allgemein beschreibenden Bezeichnungen, Marken, Unternehmensnamen etc. in diesem Werk bedeutet nicht, dass diese frei durch jede Person benutzt werden dürfen. Die Berechtigung zur Benutzung unterliegt, auch ohne gesonderten Hinweis hierzu, den Regeln des Markenrechts. Die Rechte des/der jeweiligen Zeicheninhaber*in sind zu beachten.
Der Verlag, die Autor*innen und die Herausgeber*innen gehen davon aus, dass die Angaben und Informationen in diesem Werk zum Zeitpunkt der Veröffentlichung vollständig und korrekt sind. Weder der Verlag noch die Autor*innen oder die Herausgeber*innen übernehmen, ausdrücklich oder implizit, Gewähr für den Inhalt des Werkes, etwaige Fehler oder Äußerungen. Der Verlag bleibt im Hinblick auf geografische Zuordnungen und Gebietsbezeichnungen in veröffentlichten Karten und Institutionsadressen neutral.

Springer Vieweg ist ein Imprint der eingetragenen Gesellschaft Springer-Verlag GmbH, DE und ist ein Teil von Springer Nature.
Die Anschrift der Gesellschaft ist: Heidelberger Platz 3, 14197 Berlin, Germany

Wenn Sie dieses Produkt entsorgen, geben Sie das Papier bitte zum Recycling.

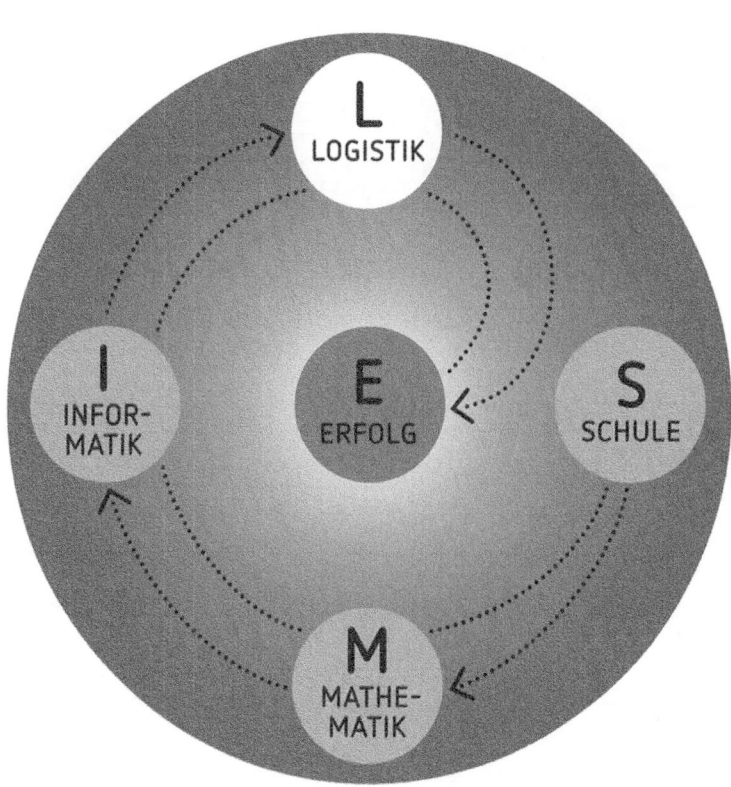

Interessenkonflikt Die Autor*innen haben keine für den Inhalt dieses Manuskripts relevanten Interessenkonflikte.

Historie

Tab. 1 Dokument-Historie

Datum	Name	Thema	Version
01.09.2025	Sven Wirsing	Erstellung von Version 1.0	1.0

Inhaltsverzeichnis

1	Vorwort	1
2	SMILE	3
3	Benötigte Software, Hardware & Mail-Accounts	5
4	Installation von Python – Anaconda Distribution	11
	4.1 Download und Installation von Python – Anaconda Distribution	11
	4.2 Spyder-Editor	17
	4.2.1 Hello World – Konsole	18
	4.2.2 Hello World – Datei	20
5	Installation von SMILE	23
	5.1 Download bei Springer Link	24
	5.2 Download-Dateien	29
	5.3 Verzeichnisstruktur	29
	5.4 LVS.PY	30
	5.5 LVS_GUI_TKINTER.PY	31
	5.6 Stamm- und Bewegungsdaten als CSV-Dateien	33
	5.6.1 benutzer.csv	34
	5.6.2 bewegungen.csv	35
	5.6.3 bewegungsarten.csv	36
	5.6.4 chargstamm.csv	37
	5.6.5 codes.csv	37
	5.6.6 fehlerflag.csv	38
	5.6.7 fehlertabelle.csv	38
	5.6.8 flotte.csv	40
	5.6.9 gebinde.csv	41
	5.6.10 kunde.csv	41
	5.6.11 lhmstamm.Csv	41

		5.6.12	matstamm.csv	42
		5.6.13	nummernkreise.csv	44
		5.6.14	plaetze.csv	45
		5.6.15	slkopf.csv	45
		5.6.16	slpos.csv	46
		5.6.17	slstati.csv	47
		5.6.18	tourkopf.csv	48
		5.6.19	tourpos.csv	49
		5.6.20	tourstati.csv	49
	5.7	notwendige Python-Pakete		50
	5.8	Prototyping		52
6	**Bedienung der SMILE – CLI – Version**			**55**
	6.1	Start der Anwendung		56
		6.1.1	Start von ‚LVS.PY'	56
		6.1.2	Menü und Codes	57
	6.2	Wareneingangsprozesse		57
		6.2.1	Gebinde-Avisierung mit ‚AVIS'	58
		6.2.2	Stichdialog mit ‚STICH'	60
		6.2.3	I-Punkt-Dialog mit ‚IPUNKT'	62
		6.2.4	K-Punkt-Dialog mit ‚KPUNKT'	65
		6.2.5	manueller Wareneingang mit ‚WEMA'	69
	6.3	Interne Prozesse		73
		6.3.1	Umlagern mit ‚PLATZ'	73
		6.3.2	Einlagern mit ‚EINLAG'	78
		6.3.3	Verschrotten mit ‚SCHR'	80
		6.3.4	Lieferantenretoure mit ‚RET'	82
	6.4	Labels		83
		6.4.1	Label-Druck mit ‚LABL'	83
	6.5	Auswertungen		86
		6.5.1	Bewegungsauswertung mit ‚BEWE'	86
		6.5.2	Bestandsanzeige mit ‚BEST'	87
		6.5.3	Bestand zum Platz mit ‚BPLA'	87
		6.5.4	Bestand zum Material mit ‚BMAT'	87
		6.5.5	Gebinde-Info mit ‚INFO'	89
		6.5.6	Kühlgut im Lager mit ‚KUHL'	90
	6.6	Stammdatenanzeigen		90
		6.6.1	Chargenstamm mit ‚CHAR'	90
		6.6.2	Materialstamm mit ‚MATS'	91
		6.6.3	Lagerplätze mit ‚PLAETZE'	93
		6.6.4	Fehlerflags mit ‚FLAGS'	93
		6.6.5	Fehler am I-Punkt mit ‚FEHLER'	93

		6.6.6	Nummernkreise mit ‚SNRO'	95

	6.7	Ende der Anwendung	96
		6.7.1 Beenden mit ‚ENDE'	96

7 Ausgewählte Szenarien zur SMILE-CLI-Version 97
    7.1   Szenario 1 – Stamm- und Bewegungsdaten 97
    7.2   Szenario 2 – Wareneingangskontrolle 98
    7.3   Szenario 3 – manueller Wareneingang 98
    7.4   Szenario 4 – Kühlgut 100
    7.5   Szenario 5 – Lieferantenretoure 102

8 Bedienung der SMILE – GUI – Version 113
    8.1   Useranlage und Passwortvergabe 115
    8.2   Start der Anwendung 115
    8.3   Login 116
    8.4   Wareneingangsprozesse 117
            8.4.1   manueller Wareneingang 117
            8.4.2   avisierter Wareneingang 122
            8.4.3   Stichkontrolle 128
            8.4.4   I-Punkt-Simulation 131
            8.4.5   Richtplatz 139
            8.4.6   Einlagern 154
            8.4.7   Lieferantenretoure 161
    8.5   Warenausgangsprozesse 163
            8.5.1   Auslieferungen anzeigen 163
            8.5.2   Touren anzeigen 167
            8.5.3   Auslieferungen anlegen 169
            8.5.4   Touren anlegen 181
    8.6   Interne Bewegungen 187
            8.6.1   Umlagern 187
            8.6.2   Verschrotten 194
    8.7   Bewegungsauswertungen 199
            8.7.1   alle Bewegungen 199
    8.8   Druck 204
            8.8.1   Gebinde QR-Code 204
    8.9   Scan 208
            8.9.1   QR-Code scannen 208
    8.10   Bestände 210
            8.10.1 Bestand zum Material 210
            8.10.2 Bestand zum Platz 213
            8.10.3 Bestand zum Gebinde 215
            8.10.4 Gesamtbestand 216

		8.10.5	Kühlgut im Lager	219
	8.11	Stammdaten		224
		8.11.1	Material	224
		8.11.2	Chargen	225
		8.11.3	Lagerplätze	226
		8.11.4	Nummernkreise	228
		8.11.5	Fehlercodes am WE-Stich	232
		8.11.6	Fehlercodes am I-Punkt	233
		8.11.7	Ladehilfsmittel	235
		8.11.8	Kunden	238
		8.11.9	Flotte	239
	8.12	Informationen		241
		8.12.1	Versions-Information	241
	8.13	beteiligte Institutionen und Firmen		241
		8.13.1	beteiligte Institutionen	241
		8.13.2	beteiligte Firmen	242
	8.14	Ende		244
		8.14.1	Beenden mit ‚ENDE'	244
9	**Ausgewählte Szenarien zur SMILE-GUI-Version**			**247**
	9.1	Szenario 1 – Useranlage, Login und Logout		248
	9.2	Szenario 2 – Stammdaten		249
	9.3	Szenario 3 – Bestandsauswertungen		249
	9.4	Szenario 4 – Druck & Scan von QR-Barcodes		249
	9.5	Szenario 5 – Umlagern & Bewegungsauswertung		253
	9.6	Szenario 6 – Wareneingangskontrolle		257
	9.7	Szenario 7 – manueller Wareneingang		257
	9.8	Szenario 8 – Kühlgut		266
	9.9	Szenario 9 – Einlagern		274
	9.10	Szenario 10 – Lieferantenretoure		275
	9.11	Szenario 11 – Verschrotten		275
	9.12	Szenario 12 – Auslieferungen & Touren		275
	9.13	Szenario 13 – Version, Institutionen & Firmen		288
Literatur				**289**

Abkürzungsverzeichnis

.	Fördertechniktauglich (Fehlerflag)
°C	Grad Celcius
A	Gebinde-Status ‚avisiert'
Account	Benutzerkonto (zu einem IT-System, z.B. Hotmail)
Anaconda	Anaconda-Distribution von Python
ANLI	Anlieferung (Nummernkreis)
APP	Application, Anwendungssoftware (nicht nur für mobile Geräte)
APPLE	Betriebssystem
AUSL	Auslieferung (Nummernkreis)
AVIS	Avis (Ankündigung eines Wareneingangs, Menü-Code)
B	Barcodefehler (Fehlerflag)
BELE	Materialbeleg (Nummernkreis)
BEST	Anzeige aller Gebinde (Menü-Code)
BEWE	alle Bewegungen abschauen (Menü-Code)
BLOCK	Blocklagertyp, Blocklagerplatz
BME	Basismengeneinheit
BMAT	Bestand zum Material (Menü-Code)
BPLA	Bestand zum Platz (Menü-Code)
Browser	Programme zur Darstellung von Seiten im WWW
Bug	(englisch: Insekt) logischer Fehler im Software-Programm
C	Chargenfehler (Fehlerflag)
CHAR	Chargenstamm anzeigen (Menü-Code)
CLI	Command Line Interface (Form des User-Interfaces)
COM	Commercial, commerce (Dateiformat)
CSV	Comma-separated values (Dateiformat)
Ctrl	Control
D	Mengenfehler (Fehlerflag)

DE	Deutschland
Distribution	Softwarepaketierung und Softwareverteilung (z.B. Anaconda)
Download (-Bereich)	Herunterladen (Ordner mit heruntergeladenen Dateien)
Drag & Drop	Ziehen und Ablegen
Editor	Software zum Bearbeiten von Texten
EINLAG	Einlagern (Menü-Code)
ENDE	Programmende (Menü-Code)
EPAL	Europalette, auch die zugehörige Firma
EPALG	EPAL-Gitterbox
EPAL7	EPAL-Halbpalette 7
EPAL3	EPAL-Industriepalette 3
EPAL2	EPAL-Industriepalette 2
EPALC	Europalette C
ERP	Enterprise Resource Planning
etc.	et cetera
Excel	Tabellenkalkulationsprogramm
F	Fördertechnikuntauglich (Fehlerflag)
FEHLER	Anzeige mögliche Fehler am I-Punkt (Menü-Code)
FLAGS	Anzeige mögliche Fehlerflags am WE-Stich (Menü-Code)
GEBE	Gebinde (Menü-Code)
ggfs.	gegebenenfalls
GIF	Graphics Interchange Format (Dateiformat)
GMAIL	Google Mail
GUI	Graphical User Interface Form des User-Interfaces)
Handy	Mobiltelefon, Smartphone
HASH	Hashing
Hello World	oft das erste Programm beim Erlernen einer Computersprache
Hotmail	Mail-Account
HRL	Hochregallager
HRL_01_01_01	HRL, Gang 1, Säule 1, Platz 1 (Lagerplatz)
HRL_01_01_02	HRL, Gang 1, Säule 1, Platz 2 (Lagerplatz)
HRL_01_01_03	HRL, Gang 1, Säule 1, Platz 3 (Lagerplatz)
HRL_01_01_04	HRL, Gang 1, Säule 1, Platz 4 (Lagerplatz)
HRL_01_01_05	HRL, Gang 1, Säule 1, Platz 5 (Lagerplatz)
HRL_01_01_06	HRL, Gang 1, Säule 1, Platz 6 (Lagerplatz)
HRL_01_02_01	HRL, Gang 1, Säule 1, Platz 1 (Lagerplatz)
HRL_01_02_02	HRL, Gang 1, Säule 2, Platz 2 (Lagerplatz)
HRL_01_03_03	HRL, Gang 1, Säule 3, Platz 3 (Lagerplatz)
HRL_01_04_04	HRL, Gang 1, Säule 4, Platz 4 (Lagerplatz)

HRL_01_05_05	HRL, Gang 1, Säule 5, Platz 5 (Lagerplatz)
HRL_01_06_06	HRL, Gang 1, Säule 6, Platz 6 (Lagerplatz)
HSM	Hochschule Rhein-Main
HU	Handling Unit (Gebinde)
Hyperlink	Querverweis auf Objekte (Textpassagen, Internetseiten etc.)
ICO	Icon (Dateiformat)
INFO	Gebindeinfo zu einem Gebinde (Menü-Code)
inkl.	inklusive
INTL	Umlagerung (Menü-Code)
IPUNKT	MFS am I-Punkt simulieren (Menü-Code)
I_PUNKT	I-Punkt (Lagerplatz)
IT	Informationstechnologie
JPEG	Joint Photographic Experts Group (Dateiformat)
K	Kartonage defekt (Fehlerflag)
KG	Kilogramm
Kivy	Kivy (Python-Modul)
Konsole (Python)	textuelle Eingabeoberfläche zur Ausführung von Python-Befehlen
KPUNKT	Bearbeitung am K-Punkt (Menü-Code)
K_PUNKT	K-Punkt (Lagerplatz)
KUEHL_1	Kühlturm, Platz 1 (Lagerplatz)
KUEHL_2	Kühlturm, Platz 2 (Lagerplatz)
KUEHL_3	Kühlturm, Platz 3 (Lagerplatz)
KUEHL_4	Kühlturm, Platz 4 (Lagerplatz)
KUEHL_5	Kühlturm, Platz 5 (Lagerplatz)
KUHL	Kühlgut im Lager (Menü-Code)
LABL	Labeldruck (Menü-Code)
L	Gebinde-Status ‚im Lager'
Laptop	tragbarer PC
LED	Leuchtdiode
LEERAB	Absteigend nach Kapazität sortieren (Einlagerstrategie)
LEERAUF	Aufsteigend nach Kapazität sortieren (Einlagerstrategie)
LF	Lieferantenretoure
LHM	Ladehilfsmittel
LIEF	Lieferant
Link	Verbindung (zu einer Internetseite), auch Hyperlink
LINUX	Betriebssystem
LKW	Lastkraftwagen
LVS	Lagerverwaltungssystem
Lvs.py	SMILE-LVS-Prototyp in der CLI-Version
Lvs_gui_tkinter.py	SMILE-LVS-Prototyp in der GUI-Version

M	Materialfehler (Fehlerflag)
max.	maximal
M4a	MPEG-4-Audiodateien (Dateiformat)
MATS	Materialstamm anzeigen (Menü-Code)
Media Player	Computerprogramm zur Wiedergabe von Audio-, Video., Bilddateien etc.
Menü-Codes	Codes, die im Menü des SMILE-CLI-Prototyps eingebbar sind
Mock-Up	Digital gestalteter Entwurf einer Internetseite, einer APP etc.
MP3	Motion Picture Experts Group Audio Layer 3 (Dateiformat)
MP4	Motion Picture Experts Group Audio Layer 4 (Dateiformat)
MPEG	Motion Picture Experts Group (Dateiformat)
Navigator(-APP)	grafische Benutzeroberfläche zum Ausführen und Managen von APPs
NIO	Nicht-In-Ordnung
NIO	Lagerplatz NIO
O	Stretchfolie defekt (Fehlerflag)
OK	Okay, in Ordnung
P	Palette defekt (Fehlerflag)
PC	Personal Computer
PDF	Portable Document Format (Dateiformat)
PICK	Kommissionierungen (Nummernkreis)
PIP	Paketinstallationsprogramm
PNG	Portable Network Graphics (Dateiformat)
PLAETZE	mögliche Plätze anzeigen (Menü-Code)
PLATZ	Platz von Gebinde ändern (Dateiformat)
print	Befehl in Python zur Textausgabe
Prototyp	rudimentäres Modell eines Softwareprojektes
PY	Python-Format
PyQt5	Python Cute 5 (GUI-Modul von Python)
PYTHON	Python
QR, QR-Barcode	Quick response (2-dimensionaler-Barcode)
QT	Cute (englisch: niedlich)
RET	Lieferantenretoure für ein Gebinde (Menü-Code)
RETOURE	Retouren-Lagerplatz
Return	Return-Taste auf der Tastatur
Scan	Scannen (hier ein Bild eines QR-Codes inkl. Inhalt)
SMILE	Schule Mathematik Informatik Logistik Erkenntnis

Abkürzungsverzeichnis

SNRO	Nummernkreise anzeigen (Menü-Code)
Split00	den Split 00 an die ERP-Charge konkatenieren (Ja/Nein)
Springer Link	Online-Informationsdienste von Springer
Spyder	Spyder-Editor (in der Anaconda-Distribution enthalten)
ST	Stück
STICH	Fehlerflag am WE-Stich setzen (Menü-Code)
SCHR	Verschrotten eines Gebindes (Menü-Code)
SCHROTT	Schrott-Lagerplatz
Tab	Tabulator – Taste auf der Tastatur
TH	Technische Hochschule
TIF	Tagged Image file Format (Dateiformat)
Tim-Sort	Sortieralgorithmus
TK	Toolkit (siehe TKINTER)
TKINTER	GUI-Toolkit Tk (GUI-Modul von Python)
TRAPO	interne Umlagerung (Nummernkreis)
TRANSPORT_HRL	Lagerplatz für Gebinde-Transporte ins HRL
TRANSPORT_I_PUNKT	Lagerplatz für Gebinde-Transporte zum I-Punkt
TRANSPORT_K_PUNKT	Lagerplatz für Gebinde-Transporte zum K-Punkt
TRANSPORT_RETOURE	Lagerplatz für Gebinde-Transporte zum Retourenplatz
TOUR	Tour (Nummernkreis)
TXT	Textdateiformat
Video	lateinisch für 'Ich sehe.', heute meint man einen Film
VLC	VLC-Media-Player (VLC = VideoLan Client)
WA	Warenausgang
WA	Warenausgang (Nummernkreis)
WAV	WAVE-Dateiformat
WBS	Wiesbaden Business School
WE	Wareneingang
WE	Wareneingang (Nummernkreis)
WE_LIEF	Wareneingangsplatz zum externen Lieferanten
WEMA	manueller Wareneingang (Menü-Code)
WE_STICH	Wareneingangsstich-Lagerplatz
WIKI	Wikipedia, Projekt zum Aufbau einer Enzyklopädie aus freien Inhalten
WINDOWS	Betriebssystem mit grafischer Oberfläche
XLSX	Excel-Dateiformat
Youtube	Englisch für 'Deine Glotze/Röhre', Videoportal im Internet
z.B.	zum Beispiel
ZIP	Zipper, Reißverschluss, Format für verlustfrei komprimierte Dateien
zul.	Zulässiges

Abbildungsverzeichnis

Abb. 2.1	SMILE	4
Abb. 3.1	PDF-Datei öffnen	6
Abb. 3.2	TXT-Datei öffnen	6
Abb. 3.3	Bild-Datei öffnen	7
Abb. 3.4	SMILE-ICON öffnen	8
Abb. 3.5	CSV-Datei öffnen	8
Abb. 3.6	Bewegungen und Bestände öffnen	9
Abb. 3.7	VLC – Media – Player	9
Abb. 3.8	Sprachmemo-Dateien	9
Abb. 3.9	QR-Barcode drucken I	10
Abb. 3.10	QR-Barcode drucken II	10
Abb. 4.1	Anaconda – Startseite	12
Abb. 4.2	Download Windows-Version	12
Abb. 4.3	Download-Fortschritt	13
Abb. 4.4	Download-Ordner	13
Abb. 4.5	Start der Installation	13
Abb. 4.6	Lizenzvereinbarung	14
Abb. 4.7	Installation für wen?	14
Abb. 4.8	Benutzer	15
Abb. 4.9	Register und Start der Installation	15
Abb. 4.10	Installationsende I	16
Abb. 4.11	Installationsende II	16
Abb. 4.12	Installationsende III	17
Abb. 4.13	Anaconda-Navigator	18
Abb. 4.14	Spyder aus dem Navigator	18
Abb. 4.15	Spyder-App aufrufen	19
Abb. 4.16	Spyder-App – Kachel auf dem Bildschirm	19
Abb. 4.17	Spyder-Editor	20

Abb. 4.18	Hello World – Konsole	20
Abb. 4.19	Spyder – neue Datei anlegen	21
Abb. 4.20	Spyder – neue Datei speichern	21
Abb. 4.21	Spyder – neue Datei ausführen	22
Abb. 4.22	Spyder – gespeicherte Datei öffnen	22
Abb. 5.1	SMILE-Verzeichnis	30
Abb. 5.2	CLI-Version LVS.PY, im Spyder-Editor	30
Abb. 5.3	CLI-Version LVS.PY, Aktionen	31
Abb. 5.4	GUI-TKINTER-Version von SMILE	32
Abb. 5.5	Menüband LVS_GUI_TKINTER.PY	32
Abb. 5.6	SMILE-Datenbank	34
Abb. 5.7	Benutzer	34
Abb. 5.8	Bewegungen, Teil 1	35
Abb. 5.9	Bewegungen, Teil 2	35
Abb. 5.10	Bewegungsarten	36
Abb. 5.11	Chargenstamm	37
Abb. 5.12	Menücodes	38
Abb. 5.13	Fehlerflags am Wareneingangsstich	39
Abb. 5.14	Fehlercodes	39
Abb. 5.15	Flotte	40
Abb. 5.16	Gebinde – Bestand	41
Abb. 5.17	Kundenstamm	42
Abb. 5.18	LHM-Stamm	42
Abb. 5.19	Materialstamm, Teil 1	43
Abb. 5.20	Materialstamm, Teil 2	43
Abb. 5.21	Nummernkreise	44
Abb. 5.22	Lagerplätze	45
Abb. 5.23	Auslieferungs-Kopfdaten	46
Abb. 5.24	Auslieferungs-Positionsdaten	47
Abb. 5.25	Status der Auslieferung	48
Abb. 5.26	Tour. Kopfdaten	48
Abb. 5.27	Tour-Positionsdaten	49
Abb. 5.28	Status der Tour	50
Abb. 5.29	pip, Fehlermeldung	50
Abb. 5.30	pip install	51
Abb. 5.31	pip install, erneut	51
Abb. 5.32	pip install, erneut II	51
Abb. 5.33	pip list	52
Abb. 6.1	LVS.PY öffnen	56
Abb. 6.2	LVS.PY ausführen	57
Abb. 6.3	Menü LVS.PY	58

Abbildungsverzeichnis XXIII

Abb. 6.4	Gebindeavisierung LVS.PY	59
Abb. 6.5	Labelanzeige LVS.PY	59
Abb. 6.6	Labelablage LVS.PY	60
Abb. 6.7	Avisierung ohne Label LVS.PY	60
Abb. 6.8	Menü LVS.PY	61
Abb. 6.9	Prüfungen Avisierung LVS:PY	61
Abb. 6.10	Prüfungen Avisierung LVS.PY II	62
Abb. 6.11	Stichdialog LVS:PY	63
Abb. 6.12	Stichdialog Fehlerfall LVS.PY	63
Abb. 6.13	Stichdialog Fehlerfall II LVS.PY	64
Abb. 6.14	I-Punktdialog LVS.PY, Gebinde unbekannt	64
Abb. 6.15	I-Punktdialog LVS.PY, Gebinde auf falschem Lagerplatz	65
Abb. 6.16	I-Punktdialog LVS.PY, Gebinde nicht avisiert	65
Abb. 6.17	I-Punktdialog LVS.PY, Fehlercode	66
Abb. 6.18	I-Punktdialog LVS.PY, Weitertransport K-Punkt	66
Abb. 6.19	I-Punktdialog LVS.PY, Einlagerung HRL	67
Abb. 6.20	I-Punktdialog LVS.PY, Rückkehr zum Menü	67
Abb. 6.21	K-Punktdialog LVS.PY, Gebinde unbekannt	68
Abb. 6.22	K-Punktdialog LVS.PY, Gebinde auf falschem Lagerplatz	68
Abb. 6.23	K-Punktdialog LVS.PY, Anzeige Fehler und Richtfrage	68
Abb. 6.24	K-Punktdialog LVS.PY, Einlagerung HRL	69
Abb. 6.25	K-Punktdialog LVS.PY, Weitertransport zum Retourenplatz	69
Abb. 6.26	K-Punktdialog LVS.PY, Rückkehr zum Menü	70
Abb. 6.27	manueller Wareneingang LVS.PY, Gebinde bekannt	70
Abb. 6.28	manueller Wareneingang LVS.PY, Material unbekannt	71
Abb. 6.29	manueller Wareneingang LVS.PY, fehlerhafte Chargenprüfung	71
Abb. 6.30	manueller Wareneingang LVS.PY, Chargenanlage	72
Abb. 6.31	manueller Wareneingang LVS.PY, Menge und Buchung	72
Abb. 6.32	manueller Wareneingang LVS.PY, Label	73
Abb. 6.33	manueller Wareneingang LVS.PY, bekannte Charge	74
Abb. 6.34	manueller Wareneingang LVS.PY, ohne Charge	74
Abb. 6.35	Umlagern LVS.PY, Gebinde nicht vorhanden	75
Abb. 6.36	Umlagern LVS.PY, Gebinde nicht im Lager	75
Abb. 6.37	Umlagern LVS.PY, Zielplatz unbekannt	75
Abb. 6.38	Umlagern LVS.PY, Zielplatz belegt	76
Abb. 6.39	Umlagern LVS.PY, Zielplatz nicht geeignet temperiert	76
Abb. 6.40	Umlagern LVS.PY, Buchung und Transportbelegabfrage	77
Abb. 6.41	Umlagern LVS.PY, Transportbeleg ‚JA'	77
Abb. 6.42	Umlagern LVS.PY, Transportbelegablage	77
Abb. 6.43	Umlagern LVS.PY, Transportbeleg – PDF	78
Abb. 6.44	Einlagern LVS.PY, Gebinde unbekannt	79

Abb. 6.45	Einlagern LVS.PY, Gebinde nicht im Lager	79
Abb. 6.46	Einlagern LVS.PY, Gebinde nicht im Lager II	80
Abb. 6.47	Platzfindung LVS.PY	80
Abb. 6.48	Platzfindung LVS.PY II	81
Abb. 6.49	Verschrottung LVS.PY, Gebinde unbekannt	81
Abb. 6.50	Verschrottung LVS.PY, Gebinde am falschen Platz	81
Abb. 6.51	Verschrottung LVS.PY, Gebinde nicht im Lager (sondern avisiert)	82
Abb. 6.52	Verschrottung LVS.PY, Gebinde verschrottet	82
Abb. 6.53	Lieferantenretoure LVS.PY, Gebinde unbekannt	83
Abb. 6.54	Lieferantenretoure LVS.PY, Gebinde nicht am Retourenplatz	83
Abb. 6.55	Lieferantenretoure LVS.PY, Ausbuchung	84
Abb. 6.56	Labeldruck LVS.PY, Gebinde existiert nicht	84
Abb. 6.57	Labeldruck LVS.PY, Label	85
Abb. 6.58	Labeldruck LVS.PY, Labelablage	85
Abb. 6.59	Bewegungsanzeige LVS.PY	86
Abb. 6.60	Bestandsanzeige LVS.PY	87
Abb. 6.61	Bestand zum Platz LVS.PY, Platz unbekannt	88
Abb. 6.62	Bestand zum Platz LVS.PY, Bestandsanzeige	88
Abb. 6.63	Bestand zum Material LVS.PY, Material unbekannt	88
Abb. 6.64	Bestand zum Material LVS.PY, Bestandsanzeige	89
Abb. 6.65	Gebindeinfo LVS.PY, Gebinde unbekannt	89
Abb. 6.66	Gebindeinfo LVS.PY, Gebindeanzeige	90
Abb. 6.67	Kühlgutauswertung LVS.PY, Beispielergebnis	91
Abb. 6.68	Chargenstamm LVS.PY, nicht existierende Charge	91
Abb. 6.69	Chargenstamm LVS.PY, Anzeige	92
Abb. 6.70	Materialstamm LVS.PY, nicht existierendes Material	92
Abb. 6.71	Materialstamm LVS.PY, Anzeige	92
Abb. 6.72	Lagerplatzanzeige LVS.PY	93
Abb. 6.73	Fehlerflag-Anzeige LVS.PY	94
Abb. 6.74	Fehlercodes am I-Punkt LVS.PY	94
Abb. 6.75	Nummernkreise LVS.PY	95
Abb. 6.76	Ende und Datenspeicherung LVS.PY	96
Abb. 8.1	SMILE – GUI – Hashwert zum Passwort	116
Abb. 8.2	SMILE – GUI – Benutzeranlage	116
Abb. 8.3	SMILE – GUI – Login	117
Abb. 8.4	SMILE – GUI – erfolgreicher Login	117
Abb. 8.5	SMILE – GUI – Datei öffnen	118
Abb. 8.6	SMILE – GUI – Datei im Editor	118
Abb. 8.7	SMILE – GUI – Taskleiste	119
Abb. 8.8	SMILE – GUI – Login-Fenster	119

Abb. 8.9	SMILE – Login – User & Passwort	119
Abb. 8.10	SMILE – Login – Fehlerfall I	120
Abb. 8.11	SMILE – Login – erfolgreicher Login	121
Abb. 8.12	SMILE – Login – Startbildschirm	122
Abb. 8.13	SMILE – Login – Fehlerfall II	123
Abb. 8.14	SMILE – Login – Fehlerfall III	124
Abb. 8.15	SMILE – Menü – manueller Wareneingang	124
Abb. 8.16	SMILE – GUI – manueller Wareneingang	125
Abb. 8.17	SMILE – GUI – manueller Wareneingang – Dateneingabe	125
Abb. 8.18	SMILE – GUI – manueller Wareneingang – Funktionen	125
Abb. 8.19	SMILE – GUI – manueller Wareneingang – Fehlermeldung I	126
Abb. 8.20	SMILE – GUI – manueller Wareneingang – Fehlermeldung II	126
Abb. 8.21	SMILE – GUI – manueller Wareneingang – Fehlermeldung III	127
Abb. 8.22	SMILE – GUI – manueller Wareneingang – existierende Charge	127
Abb. 8.23	SMILE – GUI – manueller Wareneingang – existierende Charge – Protokoll	127
Abb. 8.24	SMILE – GUI – manueller Wareneingang – Labeldruck	128
Abb. 8.25	SMILE – GUI – manueller Wareneingang – Gebindedarstellung	129
Abb. 8.26	SMILE – GUI – manueller Wareneingang – neue Charge	130
Abb. 8.27	SMILE – GUI – manueller Wareneingang – Verfallsdatum	130
Abb. 8.28	SMILE – GUI – manueller Wareneingang – Ergebnisprotokoll	131
Abb. 8.29	SMILE – GUI – manueller Wareneingang – Labeldruck II	131
Abb. 8.30	SMILE – GUI – manueller Wareneingang – Labelanzeige	132
Abb. 8.31	SMILE – GUI – manueller Wareneingang – Gebindedarstellung II	133
Abb. 8.32	SMILE – GUI – manueller Wareneingang – Protokoll II	133
Abb. 8.33	SMILE – GUI – manueller Wareneingang – Protokoll III	134
Abb. 8.34	SMILE – GUI – manueller Wareneingang – Labeldruck III	134
Abb. 8.35	SMILE – GUI – manueller Wareneingang – Gebindedarstellung III	135
Abb. 8.36	SMILE – Menü – avisierter Wareneingang	135
Abb. 8.37	SMILE – GUI – avisierter Wareneingang	136
Abb. 8.38	SMILE – GUI – avisierter Wareneingang – Eingabefelder	136
Abb. 8.39	SMILE – GUI – avisierter Wareneingang – Labelablage	136
Abb. 8.40	SMILE – GUI – avisierter Wareneingang – mit existierender Charge	137
Abb. 8.41	SMILE – GUI – avisierter Wareneingang – Ergebnis existierende Charge	137
Abb. 8.42	SMILE – GUI – avisierter Wareneingang – QR-Barcode	138
Abb. 8.43	SMILE – GUI – avisierter Wareneingang – QR-Barcode anzeigen	138

Abb. 8.44	SMILE – GUI – avisierter Wareneingang – neue Charge	139
Abb. 8.45	SMILE – GUI – avisierter Wareneingang – Kühlgut	139
Abb. 8.46	SMILE – GUI – avisierter Wareneingang – nicht chargenpflichtig	140
Abb. 8.47	SMILE – Menü – Stichkontrolle	140
Abb. 8.48	SMILE – GUI – Stichkontrolle	141
Abb. 8.49	SMILE – GUI – Stichkontrolle – Gebindeeingabe	141
Abb. 8.50	SMILE – GUI – Stichkontrolle – Flag	141
Abb. 8.51	SMILE – GUI – Stichkontrolle – fehlerhaftes Gebinde I	142
Abb. 8.52	SMILE – GUI – Stichkontrolle – fehlerhaftes Gebinde II	142
Abb. 8.53	SMILE – GUI – Stichkontrolle – Scan abbrechen	143
Abb. 8.54	SMILE – GUI – Stichkontrolle – San erfolgreich	143
Abb. 8.55	SMILE – GUI – Stichkontrolle – Datenanzeige	144
Abb. 8.56	SMILE – GUI – Stichkontrolle – Gebindeeingabe	144
Abb. 8.57	SMILE – GUI – Stichkontrolle – Protokoll	144
Abb. 8.58	SMILE – Menü – I-Punkt-Simulation	145
Abb. 8.59	SMILE – GUI – I-Punkt-Simulation	145
Abb. 8.60	SMILE – GUI – I-Punkt-Simulation – Dateneingabe und Funktionen	145
Abb. 8.61	SMILE – GUI – I-Punkt-Simulation – Scan des Gebindes	146
Abb. 8.62	SMILE – GUI – I-Punkt-Simulation – Scanergebnis	146
Abb. 8.63	SMILE – GUI – I-Punkt-Simulation – Abtransport	147
Abb. 8.64	SMILE – GUI – I-Punkt-Simulation – Fehlercode-Ermittlung	147
Abb. 8.65	SMILE – GUI – I-Punkt-Simulation – Fehlercode grafisch	148
Abb. 8.66	SMILE – GUI – I-Punkt-Simulation – Fehlercodeermittlung hören	148
Abb. 8.67	SMILE – GUI – I-Punkt-Simulation – Fehlercodeermittlung hören II	148
Abb. 8.68	SMILE – GUI – I-Punkt-Simulation – manuelle Gebindeeingabe	149
Abb. 8.69	SMILE – GUI – I-Punkt-Simulation – Protokoll	149
Abb. 8.70	SMILE – Menü – Richtplatz	149
Abb. 8.71	SMILE – GUI – Richtplatz	150
Abb. 8.72	SMILE – GUI – Richtplatz – Gebindescan	150
Abb. 8.73	SMILE – GUI – Richtplatz – erfolgreicher Scan	151
Abb. 8.74	SMILE – GUI – Richtplatz – LED-Gebindebild	151
Abb. 8.75	SMILE – GUI – Richtplatz – zum I-Punkt	152
Abb. 8.76	SMILE – GUI – Richtplatz – manuelle Gebindeeingabe	152
Abb. 8.77	SMILE – GUI – Richtplatz – LED-Gebindebild II	153
Abb. 8.78	SMILE – GUI – Richtplatz – zum NIO-Platz	153
Abb. 8.79	SMILE – Menü – Einlagern	154

Abb. 8.80	SMILE – GUI – Einlagern	154
Abb. 8.81	SMILE – GUI – Einlagern – Gebindescan	155
Abb. 8.82	SMILE – GUI – Einlagern – erfolgreicher Scan	155
Abb. 8.83	SMILE – GUI – Einlagern – manuelle Eingabe	156
Abb. 8.84	SMILE – GUI – Einlagern – Hyperlink	156
Abb. 8.85	SMILE – GUI – Einlagern – Farbe	157
Abb. 8.86	SMILE – GUI – Einlagern – Ende	157
Abb. 8.87	SMILE – GUI – Einlagern – Transportbeleg	157
Abb. 8.88	SMILE – GUI – Einlagern – Transportbeleg als PDF	158
Abb. 8.89	SMILE – GUI – Einlagern – Protokoll	158
Abb. 8.90	SMILE – GUI – Einlagern – Drag & Drop	159
Abb. 8.91	SMILE – GUI – Einlagern – Animation I	159
Abb. 8.92	SMILE – GUI – Einlagern – Animation II	160
Abb. 8.93	SMILE – GUI – Einlagern – Zielplatzvorgabe	160
Abb. 8.94	SMILE – GUI – Einlagern – Protokoll II	161
Abb. 8.95	SMILE – GUI – Einlagern – Fehler I	161
Abb. 8.96	SMILE – GUI – Einlagern – Fehler II	162
Abb. 8.97	SMILE – GUI – Einlagern – Fehler III	162
Abb. 8.98	SMILE – GUI – Einlagern – Fehler IV	163
Abb. 8.99	SMILE – GUI – Einlagern – Fehler V	163
Abb. 8.100	SMILE – GUI – Einlagern – Fehler VI	164
Abb. 8.101	SMILE – GUI – Einlagern – Fehler VII	164
Abb. 8.102	SMILE – GUI – Einlagern – Fehler VIII	165
Abb. 8.103	SMILE – GUI – Einlagern – Fehler IX	165
Abb. 8.104	SMILE – Menü – Lieferantenretoure	166
Abb. 8.105	SMILE – GUI – Lieferantenretoure	166
Abb. 8.106	SMILE – GUI – Lieferantenretoure – Dateneingabe und Funktionen	167
Abb. 8.107	SMILE – GUI – Lieferantenretoure – Protokoll	167
Abb. 8.108	SMILE – GUI – Lieferantenretoure – Logo Hochschule Mainz	167
Abb. 8.109	SMILE – GUI – Lieferantenretoure – Homepage Hochschule Mainz	168
Abb. 8.110	SMILE – Menü – Auslieferungen anzeigen	168
Abb. 8.111	SMILE – GUI – Auslieferungen anzeigen	169
Abb. 8.112	SMILE – GUI – Auslieferungen anzeigen – Selektionsparameter	169
Abb. 8.113	SMILE – GUI – Auslieferungen anzeigen – Ergebnisliste	170
Abb. 8.114	SMILE – GUI – Auslieferungen anzeigen – Einzelanzeige – Kopf	170
Abb. 8.115	SMILE – GUI – Auslieferungen anzeigen – Einzelanzeige – Positionen	171

Abb. 8.116	SMILE – Menü – Touranzeige		171
Abb. 8.117	SMILE – GUI – Touranzeige		171
Abb. 8.118	SMILE – GUI – Touranzeige – Ergebnisliste		172
Abb. 8.119	SMILE – GUI – Touranzeige – Tour markieren		172
Abb. 8.120	SMILE – GUI – Touranzeige – Einzelanzeige – Kopf		173
Abb. 8.121	SMILE – GUI – Touranzeige – Einzelanzeige – Positionen		173
Abb. 8.122	SMILE – Menü – Auslieferungsanlage		173
Abb. 8.123	SMILE – GUI – Auslieferungsanlage		174
Abb. 8.124	SMILE – GUI – Auslieferungsanlage – Kopfdaten		174
Abb. 8.125	SMILE – GUI – Auslieferungsanlage – Positionsdaten		174
Abb. 8.126	SMILE – GUI – Auslieferungsanlage – Positionsdaten hinzufügen		175
Abb. 8.127	SMILE – GUI – Auslieferungsanlage – Simulationsmodus I		175
Abb. 8.128	SMILE – GUI – Auslieferungsanlage – Simulationsmodus II		175
Abb. 8.129	SMILE – GUI – Auslieferungsanlage – Simulationsmodus III		176
Abb. 8.130	SMILE – GUI – Auslieferungsanlage – Protokoll		176
Abb. 8.131	SMILE – GUI – Auslieferungsanlage – inaktive Funktionen		177
Abb. 8.132	SMILE – GUI – Auslieferungsanlage – inaktive Funktionen II		177
Abb. 8.133	SMILE – GUI – Auslieferungsanlage – Kundenadresse		178
Abb. 8.134	SMILE – GUI – Auslieferungsanlage – Kundenadresse II		178
Abb. 8.135	SMILE – GUI – Auslieferungsanlage – Hotmail-Adresse		178
Abb. 8.136	SMILE – GUI – Auslieferungsanlage – Passwort		179
Abb. 8.137	SMILE – GUI – Auslieferungsanlage – Mailversand erfolgreich		179
Abb. 8.138	SMILE – GUI – Auslieferungsanlage – Versand der Mail		180
Abb. 8.139	SMILE – GUI – Auslieferungsanlage – Empfang der Mail		180
Abb. 8.140	SMILE – GUI – Auslieferungsanlage – Logo Optitool		180
Abb. 8.141	SMILE – GUI – Auslieferungsanlage – Homepage Optitool		181
Abb. 8.142	SMILE – Menü – Touranlage		181
Abb. 8.143	SMILE – GUI – Touranlage		182
Abb. 8.144	SMILE – GUI – Touranlage – Kennzeichen		182
Abb. 8.145	SMILE – GUI – Touranlage – Flottendaten		183
Abb. 8.146	SMILE – GUI – Touranlage – Positionen I		184
Abb. 8.147	SMILE – GUI – Touranlage – Positionen II		184
Abb. 8.148	SMILE – GUI – Touranlage – Simulation		185
Abb. 8.149	SMILE – GUI – Touranlage – Simulation II		185
Abb. 8.150	SMILE – GUI – Touranlage – Simulation III		186
Abb. 8.151	SMILE – GUI – Touranlage – Anlage		186
Abb. 8.152	SMILE – GUI – Touranlage – Anlage II		187
Abb. 8.153	SMILE – Menü – Umlagerung		187
Abb. 8.154	SMILE – GUI – Umlagerung		188
Abb. 8.155	SMILE – GUI – Umlagerung – Platzeingabe		188

Abb. 8.156	SMILE – GUI – Umlagerung – Logo Hochschule Mainz	189
Abb. 8.157	SMILE – GUI – Umlagerung – Homepage Hochschule Mainz	190
Abb. 8.158	SMILE – GUI – Umlagerung – ohne Scan	190
Abb. 8.159	SMILE – GUI – Umlagerung – ohne Scan – Protokoll	191
Abb. 8.160	SMILE – GUI – Umlagerung – ohne Scan – Dateianzeige	191
Abb. 8.161	SMILE – GUI – Umlagerung – ohne Scan – Dateiablage	192
Abb. 8.162	SMILE – GUI – Umlagerung – mit Scan	192
Abb. 8.163	SMILE – GUI – Umlagerung – mit Scan – Zielplatzeingabe	193
Abb. 8.164	SMILE – GUI – Umlagerung – mit Scan – Fehlermeldung ohne Zielplatz	193
Abb. 8.165	SMILE – GUI – Umlagerung – mit Scan – Ergebnis	194
Abb. 8.166	SMILE – Menü – Verschrotten	194
Abb. 8.167	SMILE – GUI – Verschrotten	195
Abb. 8.168	SMILE – GUI – Verschrotten – Fehler	195
Abb. 8.169	SMILE – GUI – Verschrotten – Fehler II	196
Abb. 8.170	SMILE – GUI – Verschrotten – Fehler III	196
Abb. 8.171	SMILE – GUI – Verschrotten – Fehler IV	196
Abb. 8.172	SMILE – GUI – Verschrotten – Ergebnis	197
Abb. 8.173	SMILE – GUI – Verschrotten – Information	197
Abb. 8.174	SMILE – GUI – Verschrotten – Verschrottungsprotokoll	198
Abb. 8.175	SMILE – GUI – Verschrotten – Logo	198
Abb. 8.176	SMILE – GUI – Verschrotten – Homepage TH Bingen	199
Abb. 8.177	SMILE – Menü – Bewegungen	199
Abb. 8.178	SMILE – GUI – Bewegungen	200
Abb. 8.179	SMILE – GUI – Bewegungen – Selektionsbedingungen	200
Abb. 8.180	SMILE – GUI – Bewegungen – Ergebnis	201
Abb. 8.181	SMILE – GUI – Bewegungen – Einzelanzeige	201
Abb. 8.182	SMILE – GUI – Bewegungen – Baumanzeige	202
Abb. 8.183	SMILE – GUI – Bewegungen – Excel-Download	202
Abb. 8.184	SMILE – GUI – Bewegungen – Excel-Download – Informationsfenster	203
Abb. 8.185	SMILE – GUI – Bewegungen – Exceldatei	203
Abb. 8.186	SMILE – GUI – Bewegungen – Exceldateianzeige	203
Abb. 8.187	SMILE – GUI – Bewegungen – Python-Logo	203
Abb. 8.188	SMILE – GUI – Bewegungen – Python-Homepage	204
Abb. 8.189	SMILE – GUI – Bewegungen – Verschrottung	205
Abb. 8.190	SMILE – GUI – Bewegungen – Lieferantenretoure	205
Abb. 8.191	SMILE – Menü – Druck QR-Barcode	206
Abb. 8.192	SMILE – GUO – Druck QR-Barcode	206
Abb. 8.193	SMILE – GUI – Druck QR-Code – erzeugt	207
Abb. 8.194	SMILE – GUI – Druck QR-Code – Ablage der Datei	207

Abb. 8.195	SMILE – GUI – Druck QR-Code – Öffnen der Datei	208
Abb. 8.196	SMILE – Menü – QR-Barcode	208
Abb. 8.197	SMILE – GUI – QR-Barcode – Gebinde 4712	209
Abb. 8.198	SMILE – Menü – QR-Barcode – Gebinde TEST111	209
Abb. 8.199	SMILE – Menü – QR-Barcode – WWW-Adresse	210
Abb. 8.200	SMILE – Menü – Bestand zum Material	210
Abb. 8.201	SMILE – GUI – Bestand zum Material	211
Abb. 8.202	SMILE – GUI – Bestand zum Material – Statusselektion	211
Abb. 8.203	SMILE – GUI – Bestand zum Material – Mouseover	211
Abb. 8.204	SMILE – GUI – Bestand zum Material – Ergebnisliste	212
Abb. 8.205	SMILE – GUI – Bestand zum Material – Bestandssumme	212
Abb. 8.206	SMILE – GUI – Bestand zum Material – Prüfung I	213
Abb. 8.207	SMILE – GUI – Bestand zum Material – Prüfung II	213
Abb. 8.208	SMILE – Menü – Bestand zum Platz	214
Abb. 8.209	SMILE – GUI – Bestand zum Platz	214
Abb. 8.210	SMILE – GUI – Bestand zum Platz – kein Bestand	214
Abb. 8.211	SMILE – GUI – Bestand zum Platz – Mussfeld	215
Abb. 8.212	SMILE – GUI – Bestand zum Platz – Ergebnis	216
Abb. 8.213	SMILE – GUI – Bestand zum Platz – Summe je Material	217
Abb. 8.214	SMILE – Menü – Bestand zum Gebinde	217
Abb. 8.215	SMILE – GUI – Bestand zum Gebinde – Mussfeld	218
Abb. 8.216	SMILE – GUI – Bestand zum Gebinde – Ergebnis	218
Abb. 8.217	SMILE – Menü – Gesamtbestand	219
Abb. 8.218	SMILE – GUI – Gesamtbestand	219
Abb. 8.219	SMILE – GUI – Gesamtbestand – Ergebnis	220
Abb. 8.220	SMILE – GUI – Gesamtbestand – Einzelanzeige	220
Abb. 8.221	SMILE – GUI – Gesamtbestand – Baum	221
Abb. 8.222	SMILE – GUI – Ergebnis – Exceldownload	221
Abb. 8.223	SMILE – GUI – Gesamtbestand – Excel-Erfolgsmeldung	222
Abb. 8.224	SMILE – GUI – Gesamtbestand – Excel-Datei	222
Abb. 8.225	SMILE – Menü – Kühlgutauswertung	222
Abb. 8.226	SMILE – GUI – Kühlgutauswertung – Protokoll	223
Abb. 8.227	SMILE – GUI – Kühlgutauswertung – Protokoll II	224
Abb. 8.228	SMILE – GUI – Kühlgutauswertung – Protokoll III	225
Abb. 8.229	SMILE – GUI – Kühlgutauswertung – Excel-Download	226
Abb. 8.230	SMILE – GUI – Kühlgutauswertung – Excel-Datei	227
Abb. 8.231	SMILE – GUI – Kühlgutauswertung – Grieshaber	228
Abb. 8.232	SMILE – GUI – Kühlgutauswertung – Grieshaber II	228
Abb. 8.233	SMILE – Menü – Materialstamm	229
Abb. 8.234	SMILE – GUI – Materialstamm	229
Abb. 8.235	SMILE – GUI – Materialstamm – Fehler I	230

Abb. 8.236	SMILE – GUI – Materialstamm – Fehler II	230
Abb. 8.237	SMILE – Menü – Chargen	230
Abb. 8.238	SMILE – GUI – Chargen	231
Abb. 8.239	SMILE – GUI – Chargen – Einzelbild	231
Abb. 8.240	SMILE – GUI – Chargen – Baum	232
Abb. 8.241	SMILE – MENÜ – Lagerplätze	232
Abb. 8.242	SMILE – GUI – Lagerplätze	233
Abb. 8.243	SMILE – Menü – Nummernkreise	233
Abb. 8.244	SMILE – GUI – Nummernkreise	234
Abb. 8.245	SMILE – Menü – Fehlercodes am I-Punkt	234
Abb. 8.246	SMILE – GUI – Fehlercodes am I-Punkt	235
Abb. 8.247	SMILE – Menü – Fehlercodes am I-Punkt	235
Abb. 8.248	SMILE – GUI – Fehlercodes am I-Punkt	236
Abb. 8.249	SMILE- Menü – LHMs	236
Abb. 8.250	SMILE-GUI-LHMs	237
Abb. 8.251	SMILE – GUI – LHM – technische Dokumentation	237
Abb. 8.252	SMILE – GUI – LHM – Homepage EPAL	238
Abb. 8.253	SMILE – Menü – Kundenstammdaten	238
Abb. 8.254	SMILE – GUI – Kundendaten	239
Abb. 8.255	SMILE – Menü – Flottenstammdaten	240
Abb. 8.256	SMILE – GUI – Flotte	240
Abb. 8.257	SMILE – Menü – Versions-Info	241
Abb. 8.258	SMILE – GUI – Versions-Info	241
Abb. 8.259	SMILE – Menü – Institutionen	242
Abb. 8.260	SMILE – GUI – Institutionen	242
Abb. 8.261	SMILE – GUI – Homepage Hochschule Rhein-Main	242
Abb. 8.262	SMILE – Menü – Firmen	243
Abb. 8.263	SMILE – GUI – Firmenlogos	243
Abb. 8.264	SMILE – GUI – Homepage mobilog	244
Abb. 8.265	SMILE – Menü – Ende	244
Abb. 8.266	SMILE – GUI – Datensicherung	245

Tabellenverzeichnis

Tab. 5.1	SMILE-Dateien zum Download	24
Tab. 7.1	CLI-Szenario 1 – Stamm- und Bewegungsdaten	99
Tab. 7.2	CLI-Szenario 2 – WE-Kontrolle	101
Tab. 7.3	CLI-Szenario 3 – manueller Wareneingang	103
Tab. 7.4	CLI-Szenario 4 – Kühlgut	108
Tab. 7.5	CLI-Szenario 5 – Lieferantenretoure	111
Tab. 9.1	GUI-Szenario 1 – Useranlage, Login und Logout	248
Tab. 9.2	GUI-Szenario 2 – Stammdaten	250
Tab. 9.3	GUI-Szenario 3 – Bestandsauswertungen	252
Tab. 9.4	GUI-Szenario 4 – Scan & Druck von QR-Barcodes	254
Tab. 9.5	GUI-Szenario 5 – Umlagern & Bewegungsauswertung	255
Tab. 9.6	GUI-Szenario 6 – Wareneingangs-Kontrolle	258
Tab. 9.7	GUI-Szenario 7 – manueller Wareneingang	267
Tab. 9.8	GUI-Szenario 8 – Kühlgut	272
Tab. 9.9	GUI-Szenario 9 – Einlagern	276
Tab. 9.10	GUI-Szenario 10 – Lieferantenretoure	280
Tab. 9.11	GUI-Szenario 11 – Verschrottung	281
Tab. 9.12	CLI-Szenario 12 – Auslieferungen & Touren	283
Tab. 9.13	GUI-Szenario 13 – Version, Institutionen & Firmen	288

Vorwort

> ... Warum dieses Büchlein in die Hand nehmen und dieses Vorwort lesen?
>
> Weil ein
>
> **S**chule **M**athematik **I**nformatik **L**ogistik **E**rfolg
>
> angebracht ist !

Die vorliegende *‚Bedienungsanleitung'* ist Teil der *‚SMILE'*-Buchreihe. Inhalt des Buches ist die Darstellung des Software-Prototyps zur SMILE-Lagerverwaltung. Die im Kompaktband erläuterten logistischen Prozesse sollen in ihm IT-seitig abgebildet werden. Zu diesem Zweck findet die Programmiersprache *‚Python'* Anwendung.

Die Anleitung soll erklären, wie man den Prototyp und die Programmiersprache Python installiert. Die Umsetzung der Programmierung lässt sich im *‚Command-Line-Interface (CLI)'* und im *‚Graphical-User-Interface (GUI)'* ablesen. Für die Umsetzung dieses Programmierprozesses können die notwendigen Dateien für Python unter dem Link http://www.anaconda.com/ heruntergeladen werden. Die Software für den *‚SMILE-Prototyp'* können Sie via *‚Springer Link'* downloaden. Sowohl für CLI- als auch GUI-Version werden *‚Stamm- und Bewegungsdaten'* benötigt. Diese Stamm- und Bewegungsdaten werden als sog. *‚comma-separated values (CSV)' - Datenbasis'* eigens thematisiert.

Die *CLI-Version* wird mit allen ihren Funktionen in der Bedienungsanleitung vorgestellt. Besonderheit sind dabei definierte *Szenarien*, die Sie – *liebe*r Anwender*in* – zum Ausprobieren animieren sollen. In diesem Zusammenhang werden alle grundlegenden Funktionen des CLI-Prototyps erneut angewandt. Beispielhaft kann so ein kompletter Praxisablauf der Wareneingangskontrolle dargestellt werden. Im Prototyp sind jetzt IT-seitig jene Prozesse abgebildet, die als Beispiel im SMILE-Kompaktband ausgeführt werden. Die Anwendungsbeispiele zur CLI-Version wurden vom Autor bereits in *Videos* festgehalten. Alle Videos stehen zum Download bei Springer Link bereit.

Neben der CLI-Version beinhaltet die Bedienungsanleitung auch die Erklärung sämtlicher Funktionen der moderneren *GUI-Version*. Auch hier werden alle Menü-Punkte ausführlich geschildert und durch zahlreiche Szenarien dokumentiert. Ebenso können die im Kompaktband beschriebenen Logistik-Prozesse mittels GUI-Dialogen abgebildet und in Videos nachvollzogen werden.

„*Liebe*r Anwender*in*", haben Sie viel Spaß beim Ausprobieren des *SMILE-Prototyps*!

Eberbach, den 01.09.2025
Sven Wirsing

SMILE 2

‚SMILE' ist eine Abkürzung für die Begriffsreihenfolge *‚Schule, Mathematik, Informatik, Logistik und Erfolg'* (Abb. 2.1).

Die Begriffsreihenfolge verknüpft den Interessenten- und Anwenderkreis von Mathematik-Lernenden, -Studierenden und praktisch arbeitenden Personen, die das Abstraktum *‚Mathematik'* im eigenen (individuellen) Sinn verstehen, vertiefen oder anwenden wollen.

Die Berufspraxis des Autors hat Situationen entstehen lassen, in denen er aus langjähriger Erfahrung logistische Fragen gefunden hat, die mathematische Antworten erforderlich machten. Auf den ersten Blick einfache Arbeitsprozesse galt es, vom praktischen Vorgang in die technisch-maschinenschriftlich lesbare Sprache zu übertragen. Inhaltlich entspricht dieser Vorgang der Transformation von der Logistik zur Informatik. Mathematik liefert die Werkzeuge und Strukturen, diesen Transfer erfolgreich zu leisten.

Logistische Prozesse werden innerhalb eines *‚Software-Prototyps'* via Programmiersprache *‚Python'* beispielhaft umgesetzt.

Die Buchreihe *‚SMILE'* spannt so einen Bogen zwischen praktischer Arbeit und mathematisch-theoretischem Erfordernis.

Die SMILE-Reihe besteht aus einem *‚Kompaktband'*, einem *‚mathematischen Vertiefungsband'*, einem *‚Software-Prototyp'*, der kostenlos im Download verfügbar ist, seiner *‚Bedienungsanleitung'* sowie einer zweiteiligen *‚technischen Dokumentation'*. Die Dokumentation inkludiert alle Grundlagen für die Programmiersprache *‚Python'*, die fürs Erstellen und zum technischen Verständnis des Prototyps notwendig sind. Zu

---

Ergänzende Information Die elektronische Version dieses Kapitels enthält Zusatzmaterial, auf das über folgenden Link zugegriffen werden kann https://doi.org/10.1007/978-3-662-70935-1_2.

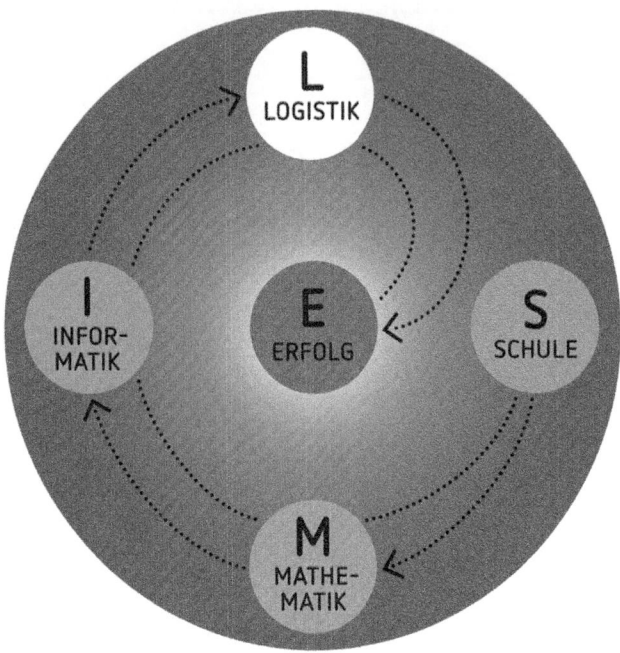

Abb. 2.1 SMILE

allen Bänden sind *‚Übungsbücher inkl. Lösungen'* vorhanden. *‚SMILE'* ist im Rahmen von *‚Projektwochen und AGs'* an einer Schule und als *‚Vorlesung'* an einer Hochschule erfolgreich vermittelt worden.

SMILE richtet sich an Lehrer, Lehrende an Hochschulen und technischen Fachschulen sowie Berufseinsteiger in die IT-Logistik-Beratung und -Entwicklung. Weiterhin wendet sich SMILE an Interessierte, die das Thema *‚Digitalisierung in der Logistik'* für sich vertiefen und dabei die *‚Mathematik'* als theoretischen Problemlöser anwenden wollen. *‚Informatik'* dient in diesem Fall als praxisrelevantes Implementierungsinstrument.

Lernen auch Sie wieder erfolgreich: *‚SMILE'!*

Benötigte Software, Hardware & Mail-Accounts

3

Beim Bedienen des SMILE-Prototypen werden diverse Dateien erzeugt und verwendet. Notwendige Soft- und Hardware wird in diesem Abschnitt zusammengestellt.

Dateien mit der Endung ‚*PDF*' – für Transportbelege, Verschrottungsprotokolle und technische Dokumentationen – können mit dem ‚*Adobe Acrobat Reader*' angezeigt werden. Ein Download-Link zum Adobe Acrobat Reader ist im Literaturverzeichnis unter Punkt [17] aufgeführt. Die Software kann kostenlos heruntergeladen und benutzt werden. Alternativ kann auch mit einem Browser gearbeitet werden (Abb. 3.1):

Das Kühlgutprotokoll wird im Dateiformat ‚*TXT*' gespeichert. Die Datei kann mit jedem Texteditor angezeigt werden (Abb. 3.2).

QR-Barcodes sind im Format ‚*PNG*' abgespeichert und können wie Fotos geöffnet werden (Abb. 3.3):

Dies gilt ebenso für Dateien des Typs ‚*GIF, JPEG und TIF*'.

Das ‚*SMILE-Icon*' kann mit Microsoft Paint oder einem anderen Zeichenprogramm angezeigt werden (Abb. 3.4):

Die ‚*Stamm- und Bewegungsdaten*' von SMILE sind in ‚*CSV-Dateien*' abgelegt und können mit einem Editor oder mit Microsoft Excel (oder einem anderem Tabellenkalkulationsprogramm) geöffnet und bearbeitet werden (Abb. 3.5):

Ein Tabellenkalkulationsprogramm kann ebenso dazu verwendet werden, die Download-Dateien zu Bewegungen und Beständen anzuzeigen (Abb. 3.6):

Für die durch Videos aufgezeichneten Szenarien sind Dateien in den Formaten ‚*MP4 und ZIP*' (komprimiert) vorhanden, die mit dem ‚*VLC-Media-Player*' erstellt worden sind. Dieser kann kostenlos heruntergeladen und benutzt werden. Der Download-Link ist im Literaturverzeichnis unter Punkt [18] aufgeführt. Ebenso können mit ihm die

© Der/die Autor(en), exklusiv lizenziert an Springer-Verlag GmbH, DE, ein Teil von Springer Nature 2025
S. Wirsing, *Prototyp zur Lagerverwaltung in Python*, Schule für Mathematik, Informatik, Logistik und Erfolg, https://doi.org/10.1007/978-3-662-70935-1_3

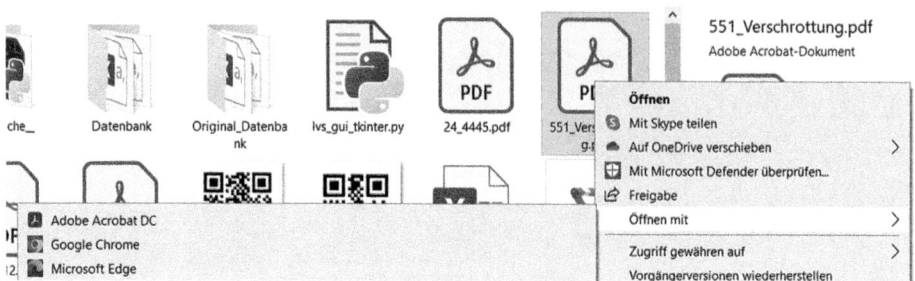

Abb. 3.1 PDF-Datei öffnen

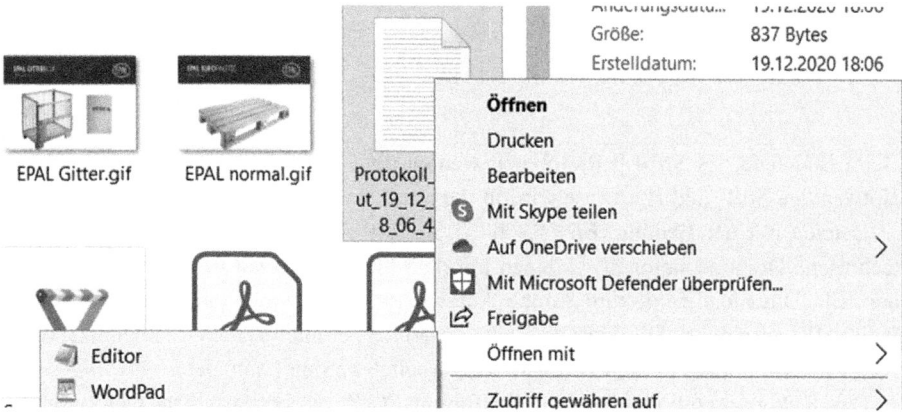

Abb. 3.2 TXT-Datei öffnen

Sprachausgabedateien des Kühlgut-Protokolls im Dateiformat ‚*MP3*' angehört werden. Alternativ kann ein anderer Media – Player verwendet werden (Abb. 3.7):

Auch die ‚*Sprachmemo-Dateien*', die während des Einlagerns im SMILE-Prototypen automatisch abgespielt werden, können mit dem VLC-Player hörbar gemacht werden. Sie sind in den Formaten ‚*WAV*' und ‚*M4A*' vorhanden (Abb. 3.8).

Im SMILE-Prototyp können ‚*QR-Barcode-Dateien*' erzeugt werden. Es empfiehlt sich, diese entweder mit einem Handy zu fotografieren oder mit einem Drucker auszudrucken, damit die QR-Barcodes für ‚*Scanvorgänge*' genutzt werden können. Beim Scannen der QR-Codes im SMILE-LVS öffnet sich die Kamera am PC/Laptop. Es ist das fotografierte Bild bzw. der Ausdruck vor die Kamera zu halten. Der QR-Barcode wird analysiert und ggfs. erfolgreich in der ‚*GUI-Anwendung*' verarbeitet. Der Foto-Ausdruck kann folgendermaßen durchgeführt werden (Abb. 3.9 und 3.10):

3 Benötigte Software, Hardware & Mail-Accounts

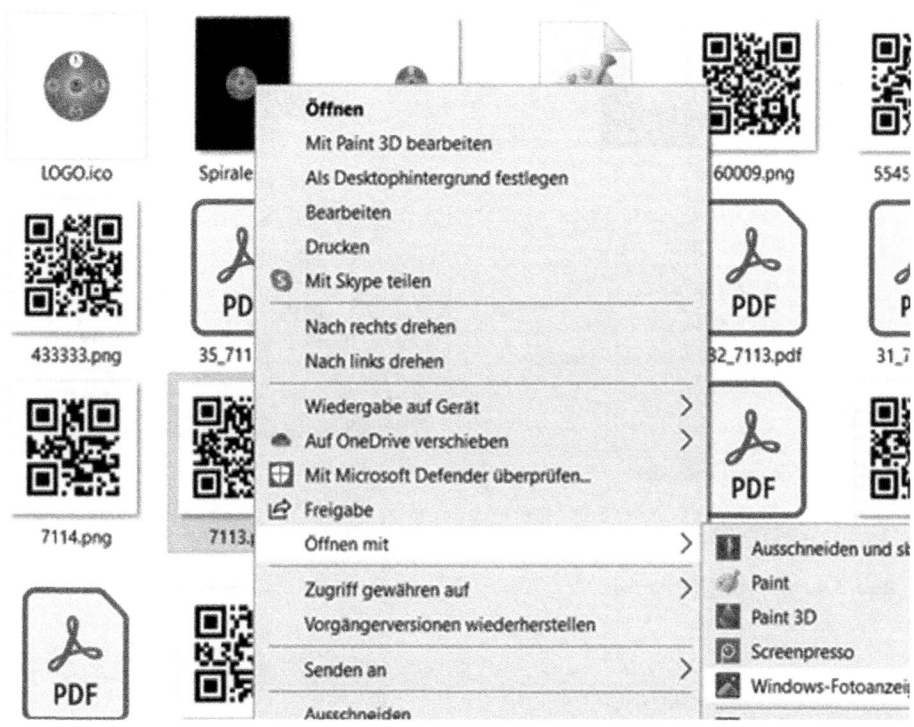

Abb. 3.3 Bild-Datei öffnen

Bei Verwendung der GUI-Version von SMILE ist es bei Anlage von Auslieferungen möglich, eine Mail zum eingegebenen Kunden zu versenden. Die Ablage einer Kundenmailadresse ist im Punkt 5.6.10 erklärt, das Senden einer Mail bei Auslieferungsanlage in Abschn. 8.5.3.6. Dazu muss im Benutzerstamm eine Quell-Mailadresse hinterlegt sein, was in Abschnitt 5.6.1 erläutert wird.

Die Zieladresse des Kunden muss existieren.

Im Rahmen dieses Prototyps wurde bisher nur das Senden mittels ‚*Hotmail-Account*' implementiert. Dazu muss ein Hotmail-Account angelegt werden. Das Passwort wird im Rahmen des Sendens abgefragt. Es muss nicht im SMILE-Prototyp gespeichert werden. Der Link zum Erstellen eines Hotmail-Kontos ist im Literaturverzeichnis unter Punkt [19] abrufbar. Ein Video zum Erstellen eines Kontos ist etwa auf Youtube vorhanden (siehe Literaturverzeichnis unter Punkt [20]).

8 3 Benötigte Software, Hardware & Mail-Accounts

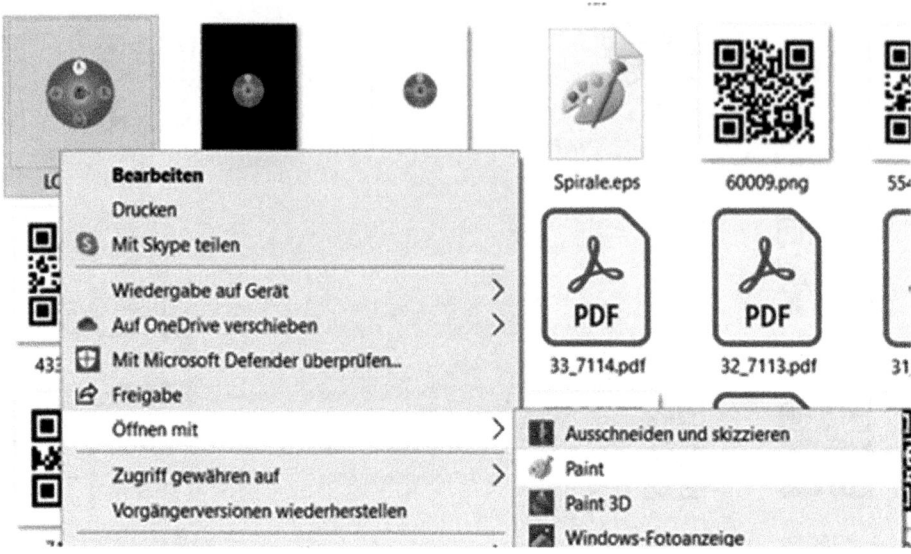

Abb. 3.4 SMILE-ICON öffnen

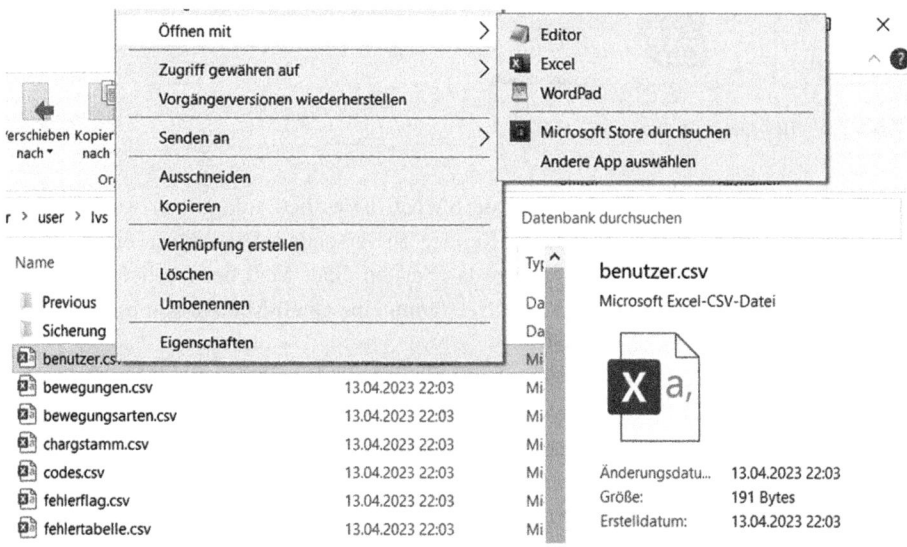

Abb. 3.5 CSV-Datei öffnen

3 Benötigte Software, Hardware & Mail-Accounts

Abb. 3.6 Bewegungen und Bestände öffnen

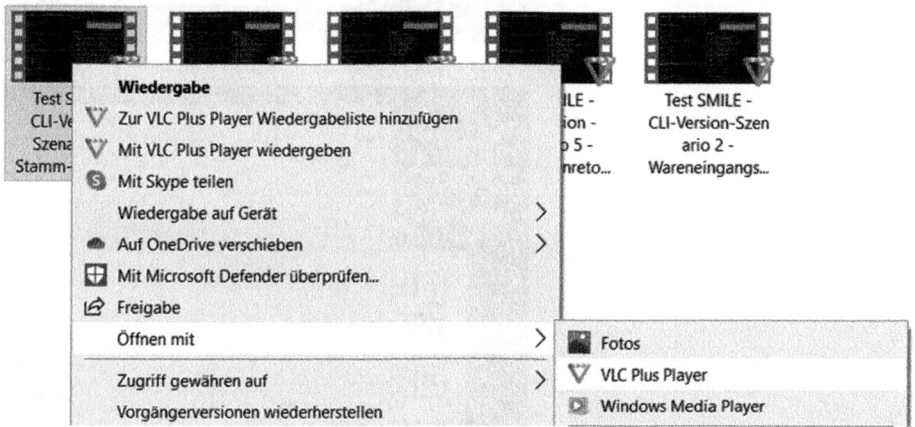

Abb. 3.7 VLC – Media – Player

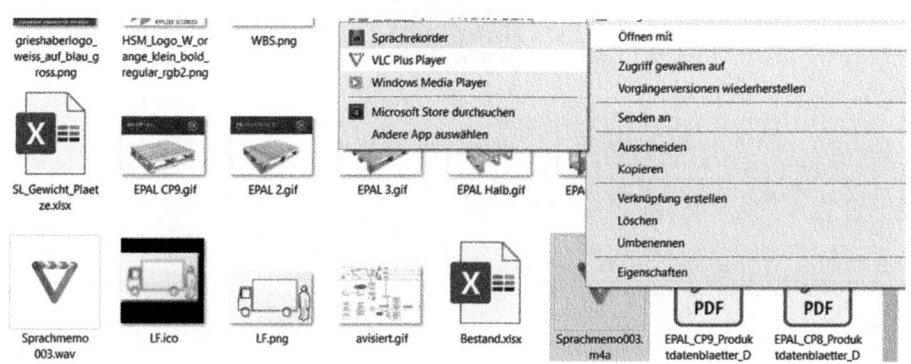

Abb. 3.8 Sprachmemo-Dateien

Abb. 3.9 QR-Barcode drucken I

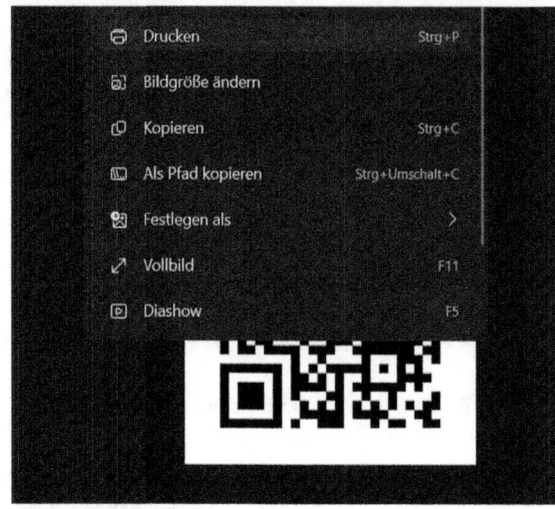

Abb. 3.10 QR-Barcode drucken II

Installation von Python – Anaconda Distribution 4

Inhaltsverzeichnis

4.1 Download und Installation von Python – Anaconda Distribution 11
4.2 Spyder-Editor 17
    4.2.1 Hello World – Konsole 18
    4.2.2 Hello World – Datei 20

SMILE ist auf Basis von Python mittels der *„Anaconda–Distribution"* erstellt worden. Neben einer einfachen Installation von Python punktet diese Distribution durch das Bereitstellen eines einfach zu bedienenden Editors namens *„Spyder"*. Mit ihm können *„Python-Programme"* entwickelt und gestartet werden. Die *„Konsole"* bietet einen einfachen Zugang zur Installation notwendiger *„Python-Pakete"*.

Folgend wird der Installations-Ablauf für Windows beschrieben. Die Anaconda-Distribution ist auch für Linux und Apple funktionsfähig.

4.1 Download und Installation von Python – Anaconda Distribution

Um die Anaconda-Distribution aus dem World Wide Web herunterzuladen, nutzt man im Browser den Hyperlink (Literaturverzeichnis siehe [21]). Es öffnet sich folgendes Fenster (Abb. 4.1):

http://www.anaconda.com/

Man nutze unter dem grün markierten Download-Symbol den Windows-Button . Daraufhin erhält man folgende Anzeige (Abb. 4.2):

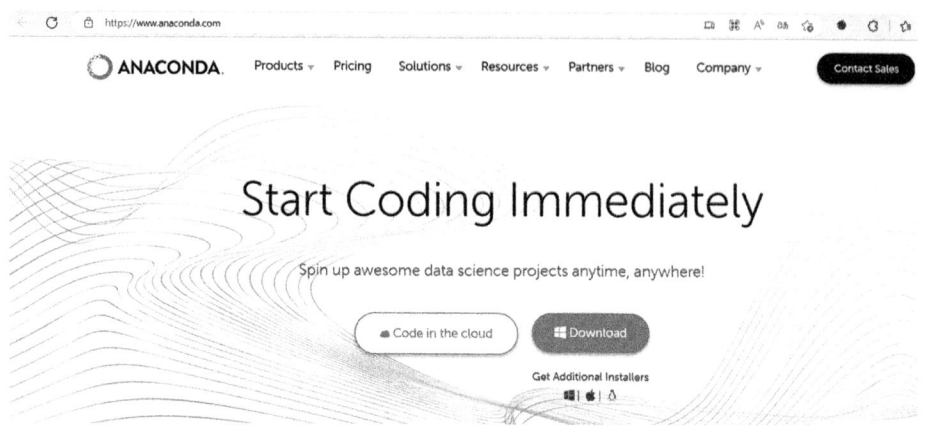

Abb. 4.1 Anaconda – Startseite

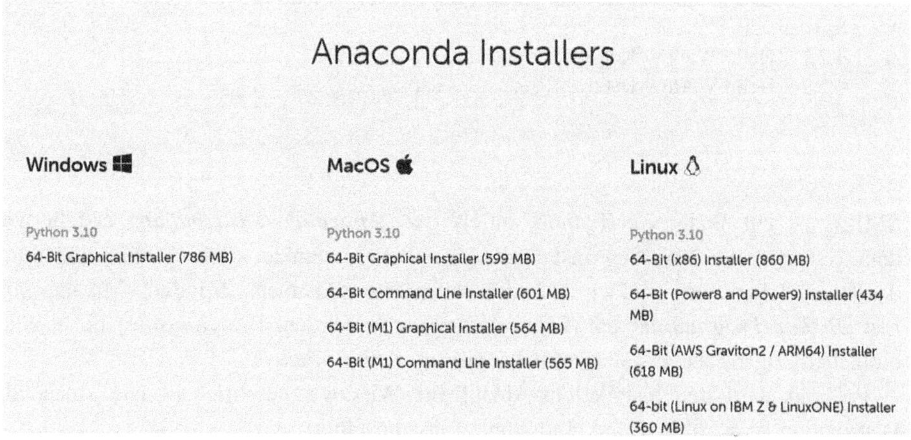

Abb. 4.2 Download Windows-Version

Folgend verwende man den linken Bereich zu Windows. In diesem Fall liegt die aktuellste Distribution vor. Nach dem Anklicken des Hyperlinks erscheint der Hinweis, daß die Datei heruntergeladen wird (Abb. 4.3):

Python-Version 3.10

Nach dem vollständigen Download ist die Datei im Download-Bereich des PCs/Laptops verfügbar (Abb. 4.4):

Anschließend starte man die Installation durch einen Doppelklick auf die heruntergeladene Datei. Daraufhin erscheint das folgende Bild (Abb. 4.5):

4.1 Download und Installation von Python – Anaconda Distribution

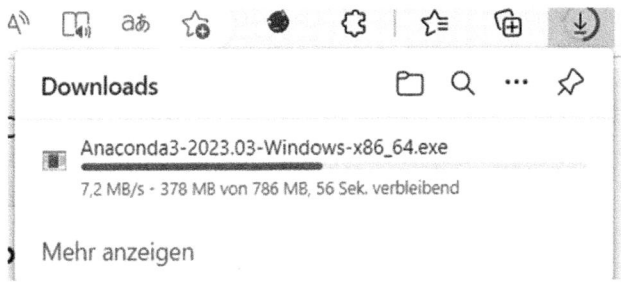

Abb. 4.3 Download-Fortschritt

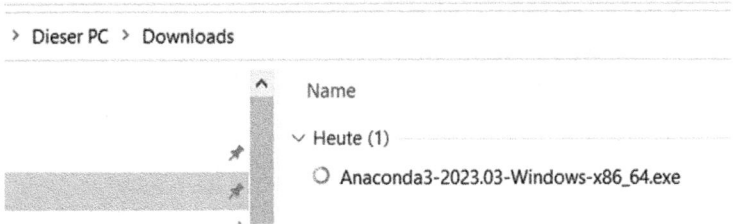

Abb. 4.4 Download-Ordner

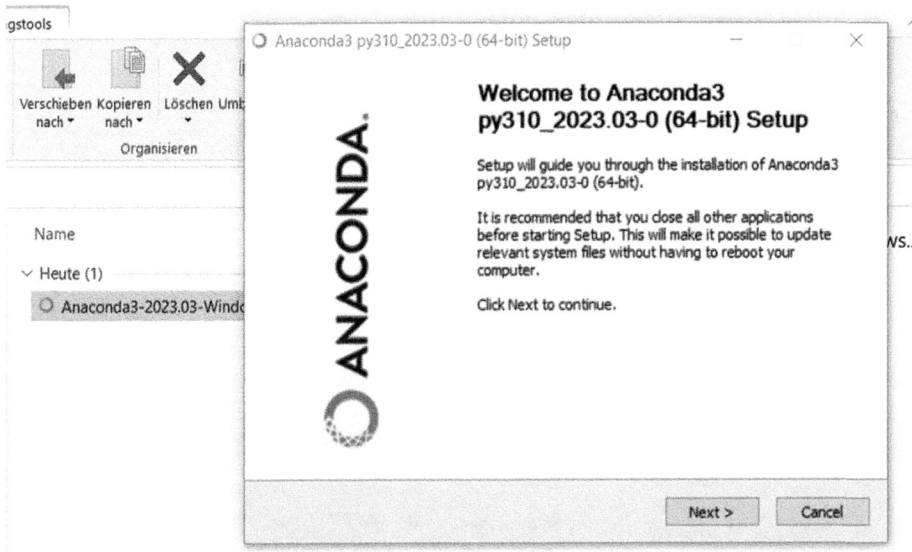

Abb. 4.5 Start der Installation

Man klicke nun auf Next > . Es erscheint folgendes Fenster, in dem man die Nutzungsbestimmungen mit I Agree bestätigen muss (Abb. 4.6):

Folgender Bildschirm ist wieder mit Next > zu bestätigen (Abb. 4.7):

Im nächsten Fenster wird die Installation durch die Wahl des Zielordners vorbereitet. Ggfs. muss der richtige Benutzername eingegeben werden (Abb. 4.8):

Mit Next > wird der Start der Installation schließlich ausgeführt (Abb. 4.9):

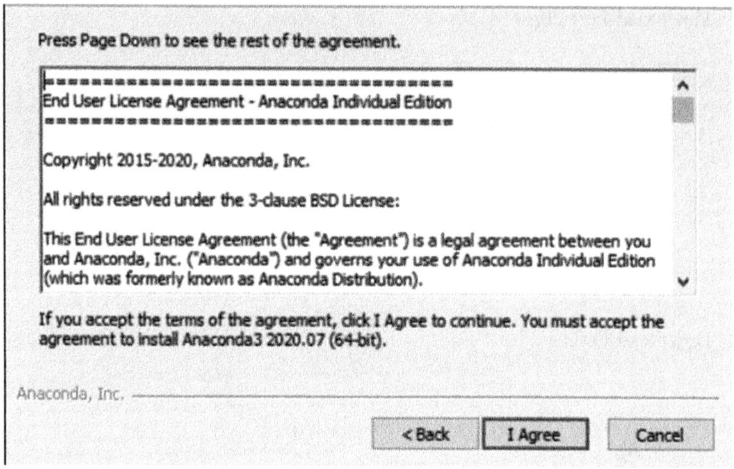

Abb. 4.6 Lizenzvereinbarung

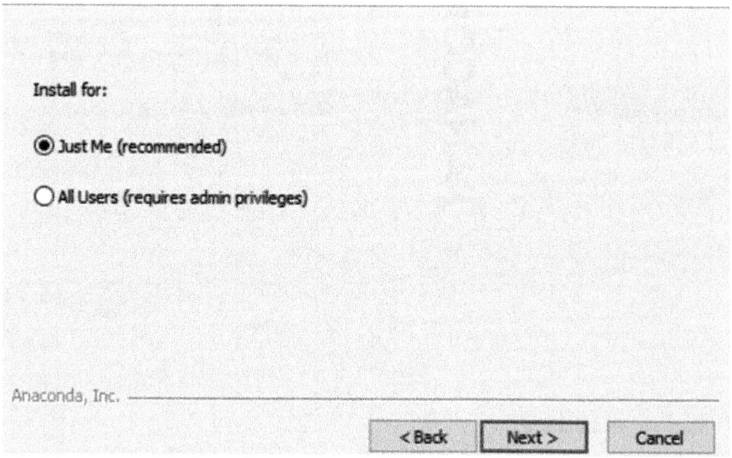

Abb. 4.7 Installation für wen?

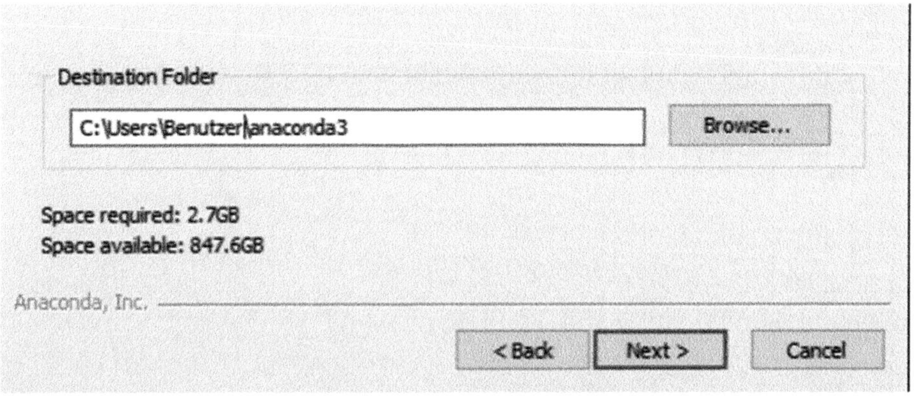

4.1 Download und Installation von Python – Anaconda Distribution

Abb. 4.8 Benutzer

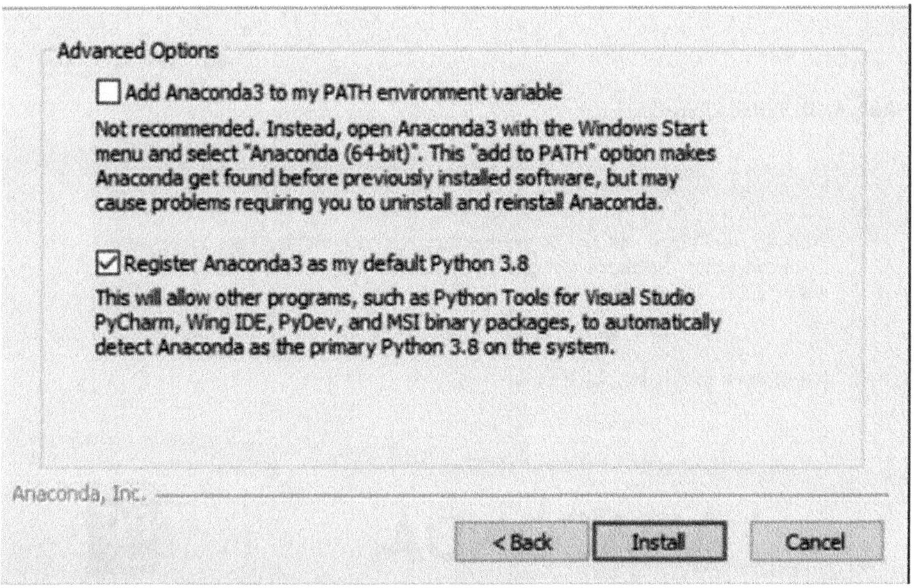

Abb. 4.9 Register und Start der Installation

Mit `Install` startet die Installation der Anaconda-Distribution. Ist die Installation abgeschlossen, erscheinen drei weitere Popups, die alle mit `Next >` bzw. `Finish` bestätigt werden müssen (Abb. 4.10, 4.11 und 4.12):

Die Installation ist nun beendet.

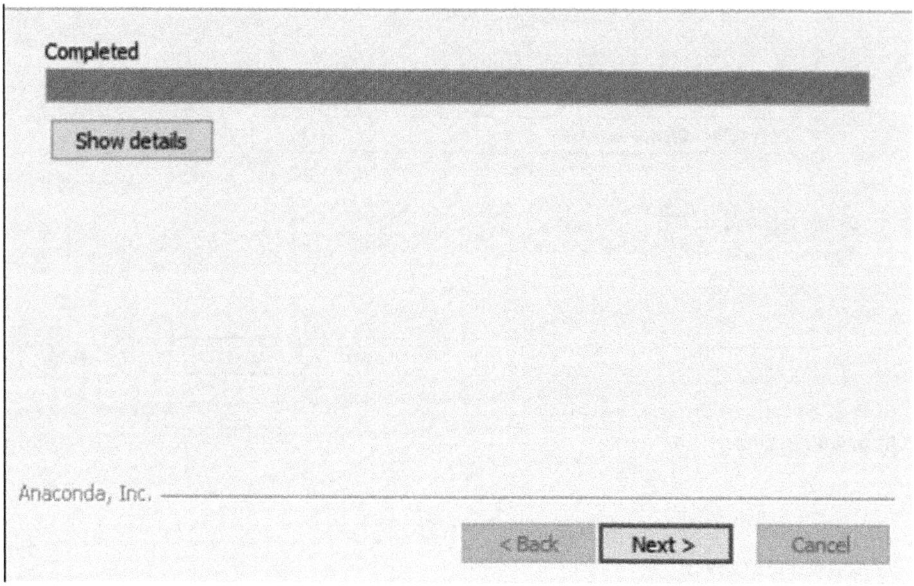

Abb. 4.10 Installationsende I

Abb. 4.11 Installationsende II

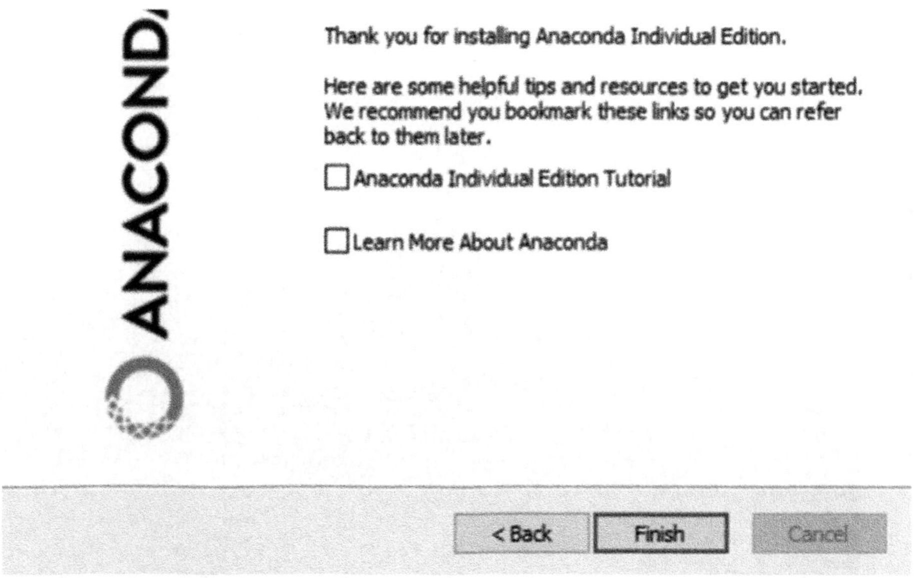

Abb. 4.12 Installationsende III

Auf Youtube gibt es zum Ablauf der Anaconda-Installation zahlreiche Videos (siehe z. B. [22] im Literaturverzeichnis).

4.2 Spyder-Editor

Um mit Python Programme erstellen zu können, empfiehlt sich die Verwendung des in der Anaconda-Distribution enthaltenen Editors namens *‚Spyder'*. Diesen kann man über den *‚Anaconda-Navigator'* oder direkt aufrufen (Abb. 4.13, 4.14 und 4.15):

Es empfiehlt sich auch, die *‚Spyder-App'* direkt auf dem PC-Bildschirm zu platzieren, um Spyder einfacher durch einen Doppelklick aufrufen zu können (Abb. 4.16):

Nach dem Öffnen der App zeigt sich der Spyder-Editor (Abb. 4.17):

Rechtsseitig ist die Konsole platziert, innerhalb derer etwa *‚Python-Pakete'* installiert und *‚Python-Befehle'* ausgeführt werden können. Im linken Bereich sind beispielhaft zwei Python-Programme geöffnet. Ein erstes einfaches Programm, was auch zum Testen der erfolgreichen Installation gedacht ist, nennt sich meist *‚Hello World'*. Dieses Python-Programm wird folgend beschrieben.

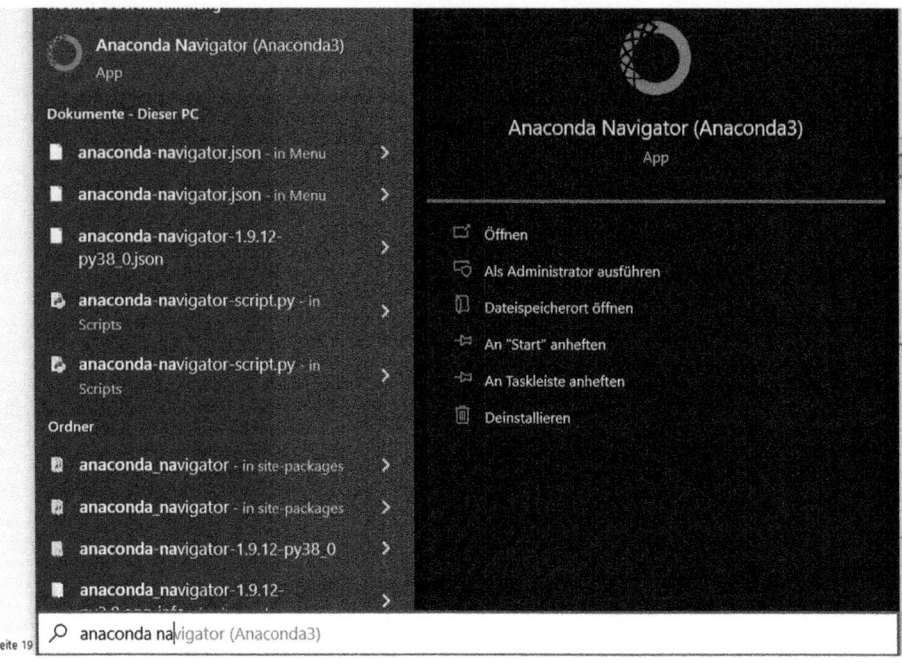

Abb. 4.13 Anaconda-Navigator

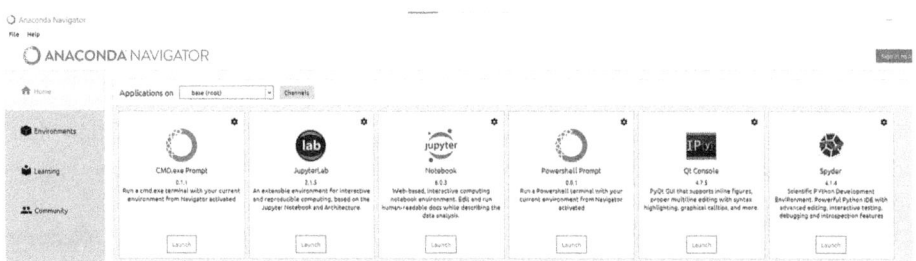

Abb. 4.14 Spyder aus dem Navigator

4.2.1 Hello World – Konsole

In der Konsole soll der Text ‚*Hello World*' ausgegeben werden, wozu in Python der Befehl ‚*print*' zu nutzen ist. Mit ‚*print("Hello World")*' gefolgt vom Tastendruck ‚*Return*' ist das gewünschte Ergebnis anzeigbar (Abb. 4.18):

   print("Hello World")

4.2 Spyder-Editor

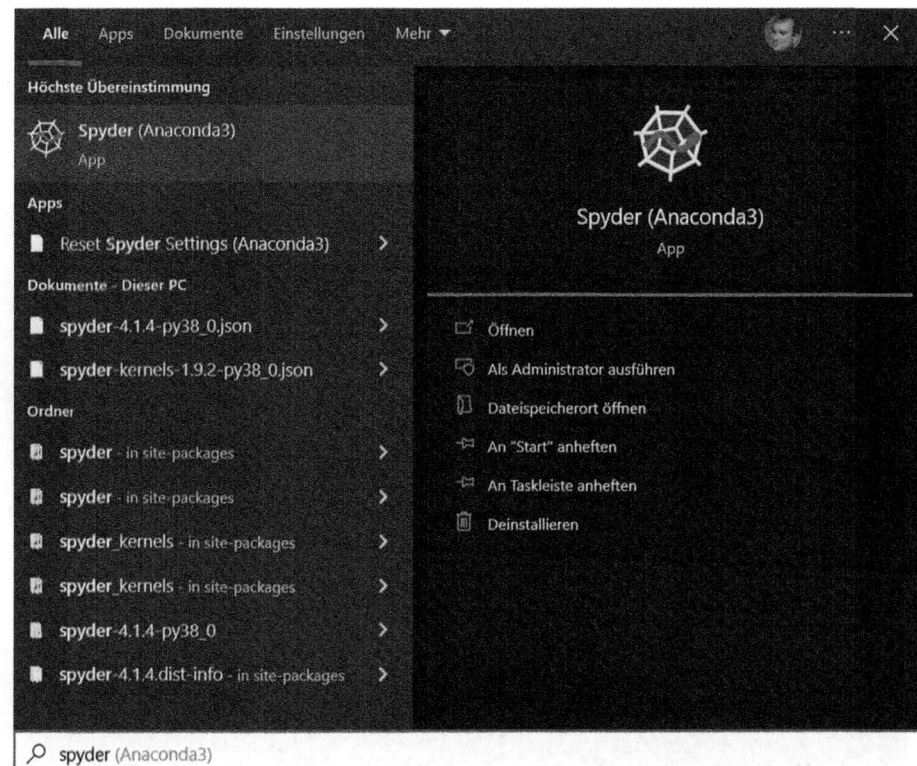

Abb. 4.15 Spyder-App aufrufen

Abb. 4.16
Spyder-App – Kachel auf dem Bildschirm

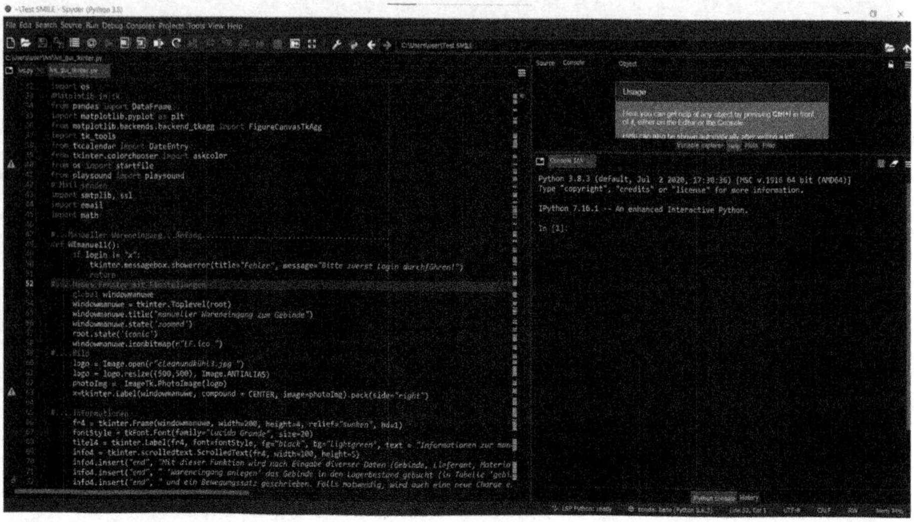

Abb. 4.17 Spyder-Editor

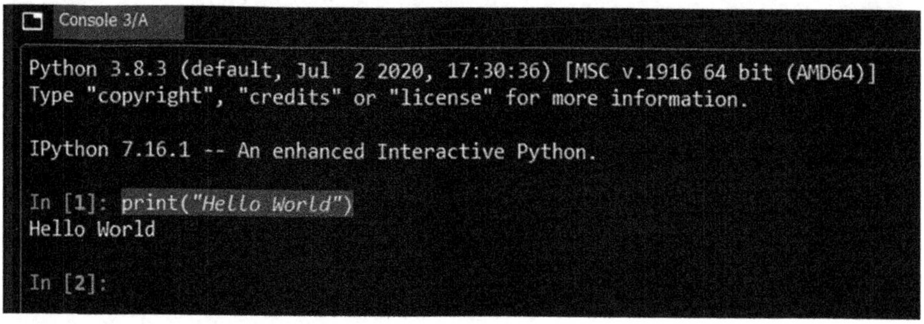

Abb. 4.18 Hello World – Konsole

4.2.2 Hello World – Datei

Es soll folgend das Programm ‚*Hello World*' als Python-Datei erzeugt werden. Dazu nutzt man zunächst das Symbol [ ], um eine neue Python-Datei anzulegen (Abb. 4.19):

Es öffnet sich linksseitig eine Datei mit dem Namen ‚*untitled.py*'. Dort gibt man den obigen ‚*print-Befehl*' ein und drückt auf das Speichern-Symbol [ ]. Im Popup können Pfad für die Dateiablage und Name der Datei geändert werden (Abb. 4.20):

Durch [Speichern] wird die Datei abgelegt. Mit dem Symbol [ ] führt man die ‚*Python-Datei*' aus (Abb. 4.21):

4.2 Spyder-Editor

Abb. 4.19 Spyder – neue Datei anlegen

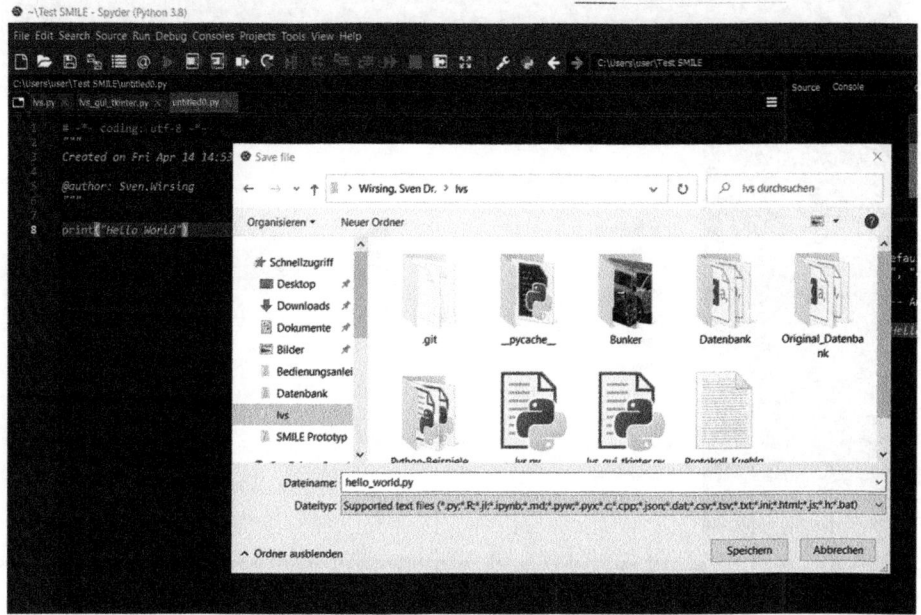

Abb. 4.20 Spyder – neue Datei speichern

Rechts neben dem Datei-Namen ist das Schließen-Symbol platziert, um die Datei zu beenden. Öffnen wiederum kann man diese durch Verwendung des Buttons (Abb. 4.22):

Mit dem Button Öffnen erscheint die Hello-World-Datei erneut im Spyder-Editor.

Ähnlich kann man die zwei Dateien ‚*LVS.PY*' und ‚*LVS_GUI_TKINTER.PY*' öffnen, was in den Abschn. 6.1.1 und 8.2 detailliert dargestellt ist. Es werden innerhalb dieser Abschnitte die Python-Programme zum ‚*CLI- und GUI-SMILE-Prototyp*' erläutert.

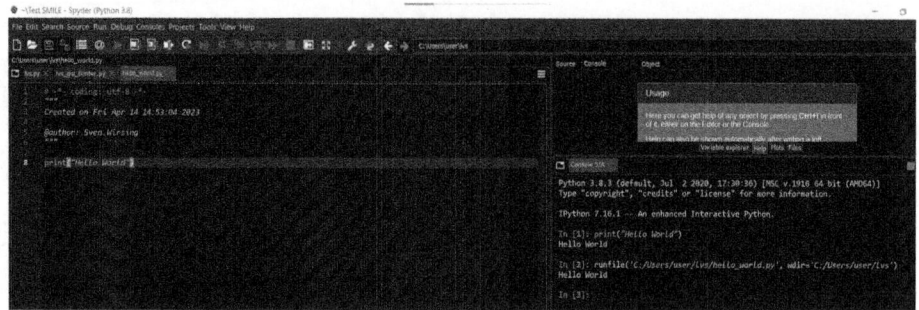

Abb. 4.21 Spyder – neue Datei ausführen

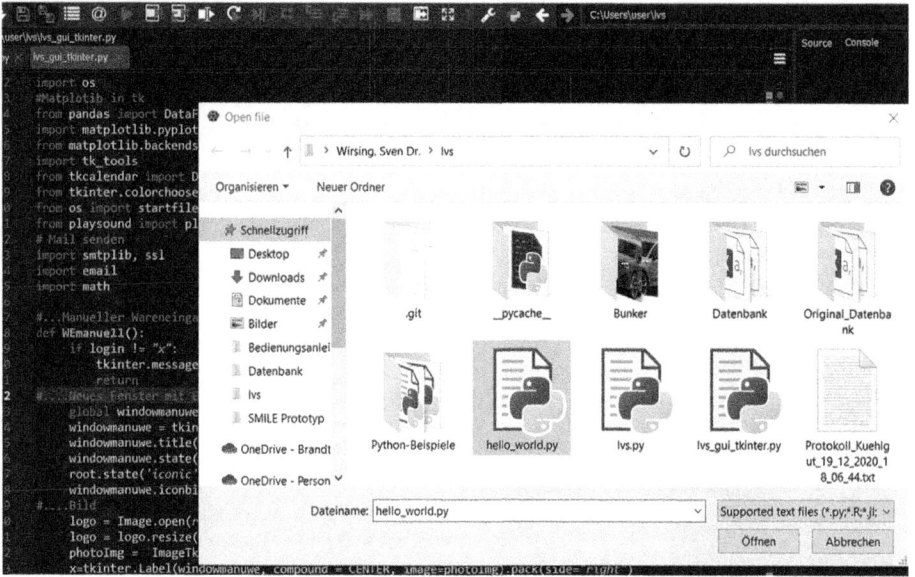

Abb. 4.22 Spyder – gespeicherte Datei öffnen

Installation von SMILE 5

Inhaltsverzeichnis

5.1	Download bei Springer Link	24
5.2	Download-Dateien	29
5.3	Verzeichnisstruktur	29
5.4	LVS.PY	30
5.5	LVS_GUI_TKINTER.PY	31
5.6	Stamm- und Bewegungsdaten als CSV-Dateien	33
	5.6.1 benutzer.csv	34
	5.6.2 bewegungen.csv	35
	5.6.3 bewegungsarten.csv	36
	5.6.4 chargstamm.csv	37
	5.6.5 codes.csv	37
	5.6.6 fehlerflag.csv	38
	5.6.7 fehlertabelle.csv	38
	5.6.8 flotte.csv	40
	5.6.9 gebinde.csv	41
	5.6.10 kunde.csv	41
	5.6.11 lhmstamm.Csv	41
	5.6.12 matstamm.csv	42
	5.6.13 nummernkreise.csv	44
	5.6.14 plaetze.csv	45
	5.6.15 slkopf.csv	45
	5.6.16 slpos.csv	46
	5.6.17 slstati.csv	47
	5.6.18 tourkopf.csv	48
	5.6.19 tourpos.csv	49
	5.6.20 tourstati.csv	49
5.7	notwendige Python-Pakete	50
5.8	Prototyping	52

© Der/die Autor(en), exklusiv lizenziert an Springer-Verlag GmbH, DE, ein Teil von Springer Nature 2025
S. Wirsing, *Prototyp zur Lagerverwaltung in Python*, Schule für Mathematik, Informatik, Logistik und Erfolg, https://doi.org/10.1007/978-3-662-70935-1_5

5.1 Download bei Springer Link

Die in Tab. 5.1 tabellarisch aufgeführten Dateien können bei ‚*Springer Link*' heruntergeladen werden (siehe [29]).

Tab. 5.1 SMILE-Dateien zum Download

Datei	Bedeutung	CLI	GUI
LVS.PY	CLI-Version von SMILE	X	X
hello_world.py	erstes Python-Programm	X	X
Test SMILE – CLI-Version-Szenario 1 – Stamm- und Bewegungsdaten.mp4	Film zum CLI-Szenario 1	X	
Test SMILE – CLI-Version-Szenario 2 – Wareneingangskontrolle.mp4	Film zum CLI-Szenario 2	X	
Test SMILE – CLI-Version-Szenario 3 – manueller Wareneingang.mp4	Film zum CLI-Szenario 3	X	
Test SMILE – CLI-Version-Szenario 3 – Kühlgut.mp4	Film zum CLI-Szenario 4	X	
Test SMILE – CLI-Version-Szenario 5 – Lieferantenretoure.mp4	Film zum CLI-Szenario 5	X	
LVS_GUI_TKINTER.PY	GUI-Version von SMILE mit TINTER		X
Datenbank-CSV-Dateien (siehe Abschn. 4.6) • Benutzer.csv • Bewegungen.csv • Bewegungsarten.csv • Chargstamm.csv • Codes.csv • Fehlerflag.csv • Fehlertabelle.csv • Flotte.csv • Gebinde.csv • Kunde.csv • Lhmstamm.csv • Matstamm.csv • Nummernkreise.csv • Plaetze.csv • Slkopf.csv • Slpos.csv • Slstati.csv • Tourkopf.csv • Tourpos.csv • Tourstati.csv	Stamm- und Bewegungsdaten (siehe Abschn. 4.6) • Userdaten • Bewegungen • Bewegungsarten • Chargenstamm • Menü-Codes • Fehlerflags am WE-Stich • Fehlertabelle vom I-Punkt • LKW-Stamm • Gebindestamm • Kundendaten • LHM-Daten • Materialstamm • Nummernkreise • Lagerplätze • Auslieferungskopf • Auslieferungspositionen • Auslieferungsstatus • Tourkopf • Tourpositionen • Tourstatus	X	X

(Fortsetzung)

Tab. 5.1 (Fortsetzung)

Datei	Bedeutung	CLI	GUI
LOGO.ico LOGO.gif	Icon von SMILE Logo von SMILE		X
Logos von Firmen • TrilogIQa_Logo_300dpi.png • 8000px.png • Grieshaberlogo_weiss_auf_blau_gross.png • Mobilog Logo.jpeg • Logo_mobilog.jpg • Epal.gif • Epal.png	Logos von Firmen • TrilogIQa • Optitool • Grieshaber • Mobilog • Mobilog • Epal • Epal		X
Logos von Institutionen • Python-logo-master-v3-TM.png • HSM_Logo_W_orange_klein_bold_regular_rgb2.png • WBS.png • HSM_Logo_W_orange_klein_bold_regular_rgb.png • 1024px-Logo_TH_Bingen.png • 1024px-Logo-Hochschule-RheinMain.png • Hochschule_Mainz_Logo_blau_mit_Schriftzug.jpg	Logos von Institutionen • Python • Hochschule Mainz • Hochschule Rhein-Main • Hochschule Mainz • Hochschule Bingen • Hochschule Rhein-Main • Hochschule Mainz		X
Logistik-Bilder • LF.ico • LF.png • Avisiert.gif	Logistik-Bilder • Lieferantenretoure • Lieferantenretoure • Avisierung von Paletten		X
Sound-Dateien zur Einlagerung • Sprachmemo 003.wav • Sprachmemo003.m4a	Sound-Dateien zur Einlagerung • Selbstgemachter Sound • Selbstgemachter Sound		X
4711.png	QR-Code-Datei (keine Beispieldatei, sondern im Dialog als Fallback-QR-Code genutzt, daher nicht löschen)		X
EPAL-Bilddateien • EPALnormal.gif • EPALGitter.gif • EPAL Halb.gif • EPAL 3.gif • EPAL 2.gif • EPAL CP9.gif	EPAL-Bilddateien • EPAL-Palette • EPAL-Gitter • EPAL-Halb-Palette • EPAL3-Palette • EPAL2-Palette • EPALCP9-Palette		X

(Fortsetzung)

Tab. 5.1 (Fortsetzung)

Datei	Bedeutung	CLI	GUI
EPAL-Produktdatenblätter • EPAL_Europalette_Produktdatenblaetter_DE.pdf • EPAL_GiBo_Produktdatenblaetter_DE.pdf • EPAL7_Produktdatenblatt_DE.pdf • EPAL_EPAL3_Produktdatenblaetter_DE.pdf • EPAL_EPAL2_Produktdatenblaetter_DE.pdf • EPAL_CP1_Produktdatenblaetter_DE.pdf • EPAL_CP2_Produktdatenblaetter_DE.pdf • EPAL_CP3_Produktdatenblaetter_DE.pdf • EPAL_CP4_Produktdatenblaetter_DE.pdf • EPAL_CP5_Produktdatenblaetter_DE.pdf • EPAL_CP6_Produktdatenblaetter_DE.pdf • EPAL_CP7_Produktdatenblaetter_DE.pdf • EPAL_CP8_Produktdatenblaetter_DE.pdf • EPAL_CP9_Produktdatenblaetter_DE.pdf	EPAL-Produktdatenblätter • EPAL-Europalette • EPAL-Gitterbox • EPAL7-Palette • EPAL3-Palette • EPAL2-Palette • EPAL-CP1-Palette • EPAL-CP2-Palette • EPAL-CP3-Palette • EPAL-CP4-Palette • EPAL-CP5-Palette • EPAL-CP6-Palette • EPAL-CP7-Palette • EPAL-CP8-Palette • EPAL-CP9-Palette		X
Fahrzeugbilder (Flotte) • TRSP_DSC3026.tif • TRSP_DSC3060.tif • TRSP_DSC3067.tif • FLZ_DSC3569.tif • FLZ_DSC3626.tif • Logo_mobilog.png	Fahrzeugbilder (Flotte)		X
TLZ_DSC3147.tif TLZ_DSC3078.tif TRSP_DSC3067.tif TRSP_DSC3060.tif TRSP_DSC3026.tif TLZ_DSC2828.tif	Bilder von mobilog und Grieshaber mit Logistik-Bezug		X

(Fortsetzung)

5.1 Download bei Springer Link

Tab. 5.1 (Fortsetzung)

Datei	Bedeutung	CLI	GUI
RH_DSC4166.tif			
RH_DSC4057.tif			
FLZ_DSC3725.tif			
FLZ_DSC3671.tif			
FLZ_DSC3626.tif			
FLZ_DSC3569.tif			
TLZ_DSC3497.tif			
TLZ_DSC3427.tif			
TLZ_DSC3323.tif			
TLZ_DSC3248.tif			
TLZ_DSC3237.tif			
claas glr 9.jpg			
archiv1.jpg			
fft1.jpg			
fft2.jpg			
fft3.jpg			
lager tunel.jpg			
cleanundkühl3.jpg			
cleanundkühl5.jpg			
er1rasor.jpg			
er2rasor.jpg			
lbi5.jpg			
lbiverlad2.jpg			
lbijb2.jpg			
lbibelad1.jpg			
lbobelad2.jpg			

(Fortsetzung)

Tab. 5.1 (Fortsetzung)

Datei	Bedeutung	CLI	GUI
Beispieldateien (Barcode, PDF etc.) • Bewegungen.xlsx • Ipuprot24_03_2023_19_27_28.mp3 • 26_4719.pdf • 4719_Verschrottung.pdf • Protokoll_Kuehlgut_19_12_2020_18_06_44.txt • Bestand.xlsx • Bestände.xslx • SL_Gewicht_Plaetze.xlsx • 4712.png • TEST111.png • 28_4712.pdf • 1004_Verschrottung.pdf • 7111.png • 7112.png • 7113.png • 7114.png • 7115.png • 191.png • 299.png • 2999.png • 1999.png • 19999.png • 33_7114.pdf • 34_7115.pdf • 35_7115.pdf • 32_7113.pdf • 31_7112.pdf • 30_7111.pdf • 29_191.pdf • 28_191.pdf • 299_Verschrottung.pdf • 199999_Verschrottung.pdf • 27_19999.pdf • 26_1999.pdf • Ipuprot15_04_2023_11_43_13.mp3 • 551_Verschrottung.pdf • 24_4445.pdf	Beispieldateien (Barcode, PDF etc.) • Bewegungsdownload • Protokoll I-Punkt als MP3 • Transportbeleg 26 • Verschrottungsbeleg 4719 • Kühlgutprotokoll vom 19.12.2020 um 18:06:44 • Bestandsdownload • Bestandsdownload • Excel zu Stellplätzen und Gewichten • Gebindebarcode zu 4712 • Gebindebarcode zu TEST111 • Umlagerungsdokument 28 • Verschrottungsprotokoll 1004 • Gebindebarcode zu 7111 • Gebindebarcode zu 7112 • Gebindebarcode zu 7113 • Gebindebarcode zu 7114 • Gebindebarcode zu 7115 • Gebindebarcode zu 191 • Gebindebarcode zu 299 • Gebindebarcode zu 2999 • Gebindebarcode zu 1999 • Gebindebarcode zu 19999 • Umlagerungsdokument 33 • Umlagerungsdokument 34 • Umlagerungsdokument 35 • Umlagerungsdokument 32 • Umlagerungsdokument 31 • Umlagerungsdokument 30 • Umlagerungsdokument 29 • Umlagerungsdokument 28 • Verschrottungsprotokoll 299 • Verschrottungsprotokoll 199999 • Umlagerungsdokument 27 • Umlagerungsdokument 26 • Protokoll I-Punkt als MP3 • Verschrottungsprotokoll 551 • Umlagerungsdokument 24	X	X
Test SMILE – GUI-Version-Szenario 1 – Useranlage, Login und Logout.zip	Film zum GUI-Szenario 1		X

(Fortsetzung)

Tab. 5.1 (Fortsetzung)

Datei	Bedeutung	CLI	GUI
Test SMILE – GUI-Version-Szenario 2 – Stammdaten.zip	Film zum GUI-Szenario 2		X
Test SMILE – GUI-Version-Szenario 3 – Bestandsauswertungen.zip	Film zum GUI-Szenario 3		X
Test SMILE – GUI-Version-Szenario 4 – Druck & Scan von QR-Barcodes.zip	Film zum GUI-Szenario 4		X
Test SMILE – GUI-Version-Szenario 5 – Umlagern & Bewegungsauswertung.zip	Film zum GUI-Szenario 5		X
Test SMILE – GUI-Version-Szenario 6 – Wareneingangs-Kontrolle.zip	Film zum GUI-Szenario 6		X
Test SMILE – GUI-Version-Szenario 7 – manueller Wareneingang.zip	Film zum GUI-Szenario 7		X
Test SMILE – GUI-Version-Szenario 8 – Kühlgut.zip	Film zum GUI-Szenario 8		X
Test SMILE – GUI-Version-Szenario 9 – Einlagern.zip	Film zum GUI-Szenario 9		X
Test SMILE – GUI-Version-Szenario 10 – Lieferantenretoure.zip	Film zum GUI-Szenario 10		X
Test SMILE – GUI-Version-Szenario 11 – Verschrottung.zip	Film zum GUI-Szenario 11		X
Test SMILE – GUI-Version-Szenario 12 – Auslieferungen & Touren.zip	Film zum GUI-Szenario 12		X
Test SMILE – GUI-Version – Mailversand.zip	Film zum Mailversand mit Hotmail		X
Test SMILE – GUI-Version-Szenario 13 – Version, Institutionen & Firmen.zip	Film zum GUI-Szenario 13		X

5.2 Download-Dateien

Anbei die einzelnen Komponenten = Dateien von SMILE, die zum Download bereitstehen:

5.3 Verzeichnisstruktur

Die heruntergeladenen SMILE-Dateien müssen in einem gemeinsamen Verzeichnis abgelegt werden (Abb. 5.1):

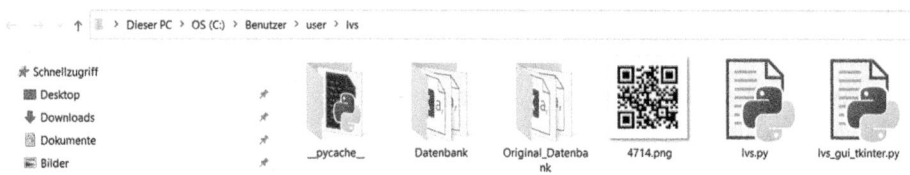

Abb. 5.1 SMILE-Verzeichnis

In dieses Verzeichnis werden beim Prozessieren im SMILE-Prototyp neu erzeugte Dateien abgelegt bzw. Änderungen an den Datenbank-CSV-Dateien vorgenommen.

Achtung: **Die Ordner-Struktur und Benennung der Dateien muss beibehalten werden!**

5.4 LVS.PY

Die Datei ‚*LVS.PY*' ist die ‚*CLI-Version 1.0*' des SMILE-Lagerverwaltungsprototypen. Anbei ein Bild im Spyder-Editor (Abb. 5.2):

Mit ihm können folgende Funktionen aus der Intralogistik ausgeführt werden (Abb. 5.3):

Die Aktionen werden in Kap. 6 genauer erläutert. Sie bilden die Logistik-Prozesse der Wareneingangskontrolle, der Chargenschnittstelle und der Kühlguteinlagerung digital ab. Die Disposition von LKWs (und alle folgenden Beispiele in weiteren SMILE-Bänden) werden nur in der GUI-Version ‚*LVS_GUI_TKINTER*' (oder in anderen GUI-Versionen) verfügbar sein.

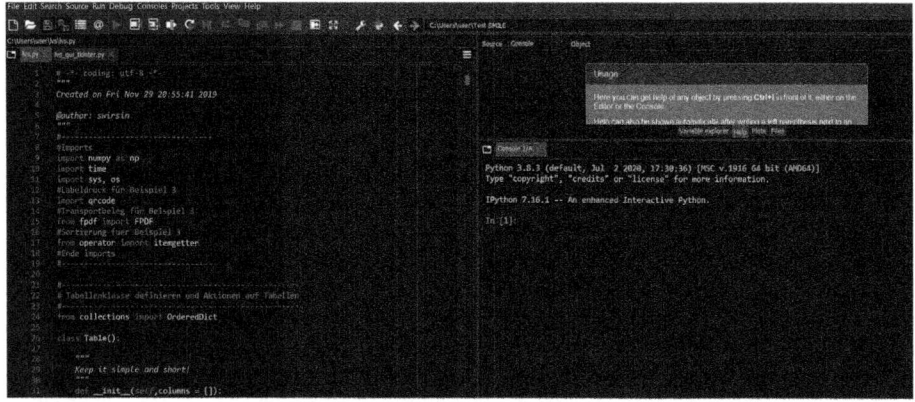

Abb. 5.2 CLI-Version LVS.PY, im Spyder-Editor

```
[1,  'ENDE',   'Programmende']
[2,  'AVIS',   'Gebinde anlegen']
[3,  'STICH',  'Fehlerflag am WE-Stich setzen']
[4,  'IPUNKT', 'MFS am I-Punkt simulieren']
[5,  'KPUNKT', 'Bearbeitung am K-Punkt']
[6,  'INFO',   'Gebindeinfo zu einem Gebinde']
[7,  'FLAGS',  'Anzeige mögliche Fehlerflags am WE-Stich']
[8,  'FEHLER', 'Anzeige mögliche Fehler am I-Punkt']
[9,  'BEST',   'Anzeige aller Gebinde']
[10, 'PLATZ',  'Platz von Gebinde ändern']
[11, 'PLAETZE','mögliche Plätze anzeigen']
[12, 'RET',    'Lieferantenretoure für ein Gebinde']
[13, 'BEWE',   'alle Bewegungen anschauen']
[14, 'CHAR',   'Chargenstamm anzeigen']
[15, 'MATS',   'Materialstamm anzeigen']
[16, 'BMAT',   'Bestand zum Material']
[17, 'BPLA',   'Bestand zum Platz']
[18, 'WEMA',   'Wareneingang manuell']
[19, 'SNRO',   'Nummernkreise anzeigen']
[20, 'SCHR',   'Verschrotten']
[21, 'KUHL',   'Kühlgut im Lager']
[22, 'LABL',   'Labeldruck']
[23, 'EINLAG', 'Einlagern']
```

Abb. 5.3 CLI-Version LVS.PY, Aktionen

5.5 LVS_GUI_TKINTER.PY

Im Kap. 6 des SMILE-Kompaktbandes wird geschildert, wie die ‚*CLI-Version*' mittels des Python-GUI-Moduls ‚*TKINTER*' in eine ‚*GUI-Version*' transformiert wird. Das zugehörige Coding ist in der Datei ‚*LVS_GUI_TKINTER.PY*' enthalten (Abb. 5.4):

Mit der GUI-Version können folgende ‚*Aktionen im Menü*' ausgeführt werden, die in Kap. 7 erläutert werden (Abb. 5.5):

- **Menu**
  - **Wareneingang**
    - …manuell
    - …avisiert
    - …Stichkontrolle

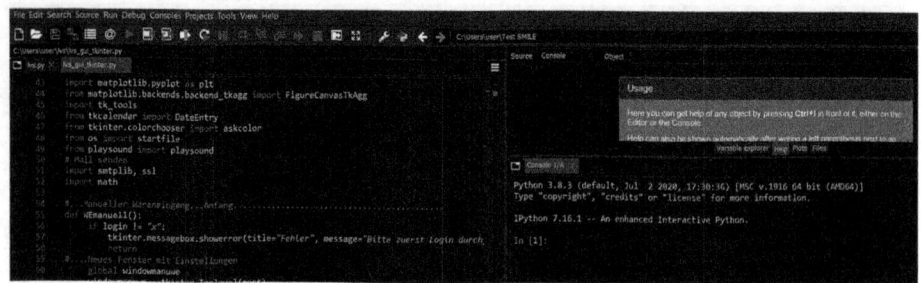

Abb. 5.4 GUI-TKINTER-Version von SMILE

Abb. 5.5 Menüband LVS_GUI_TKINTER.PY

- …I-Punkt-Simulation
- …Richtplatz
- …einlagern
- …retournieren
- **Warenausgang**
  - …Auslieferungen anzeigen
  - …Touren anzeigen
  - …Auslieferung anlegen
  - …Tour anlegen
- **interne Bewegungen**
  - …Umlagern
  - …Verschrotten
- **Bewegungsauswertungen**
  - …alle Bewegungen
- **Druck**
  - …Gebinde-QR-Code
- **Scan**
  - …QR-Code scannen
- **Bestände**
  - …Bestand zum Material
  - …Bestand zum Platz
  - …Bestand zum Gebinde
  - …Gesamtbestand

...Kühlgut im Lager
- **Stammdaten**
   ...Material
   ...Charge
   ...Plätze
   ...Nummernkreise
   ...Fehlercodes am WE-Stich
   ...Fehlercodes am I-Punkt
   ...Ladehilfsmittel
   ...Kunden
   ...Flotte
- **Informationen**
   ... Versions-Info
- **Institutionen und Firmen**
   ...Institutionen
   ...Firmen
- **Ende**
   ...Schliessen und Datensicherung.

5.6   Stamm- und Bewegungsdaten als CSV-Dateien

Wie bereits in Abschn. 5.1 gezeigt, ist die *‚Datenbasis von SMILE'* auf *‚CSV-Dateien'* im Ordner *‚Datenbank'* enthalten. Es gibt folgende CSV-Dateien (Abb. 5.6):

Achtung – wichtiger Hinweis zum Umgang mit den CSV-Dateien:
Man sollte ohne genaue Analyse keine Änderungen an den Daten vornehmen sowie keine zusätzlichen Spalten einführen oder vorhandene Spalten entfernen. Derartige Änderungen können erst nach genauem Studiums der Python-Vertiefungsbände durchgeführt werden.

Müssen Daten-Inkonsistenzen bereinigt werden, sollte dies immer im Textmodus durchgeführt werden. Grund dafür ist, daß bei CSV-Dateien ggfs. durch Bearbeitung in Excel die führenden Nullen gelöscht werden. Dies führt zu Inkonsistenzen. In den folgenden Unterabschnitten wird auf die Themen *‚neue Daten einfügen'* und *‚vorhandene Daten ändern'* explizit pro CSV-Datei eingegangen.

Es empfiehlt sich, eine *‚Sicherheitskopie'* der Datenbank abzulegen, was mehrfach durch die Ordner 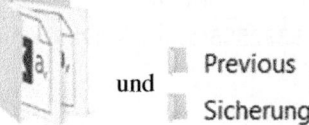 und in SMILE realisiert ist. Der Ordner *‚Previous'* wird automatisch bei der Datenspeicherung mit dem alten Datenstand gefüllt.

Abb. 5.6 SMILE-Datenbank

In zeitlichen Abständen sollte man manuell alle CSV-Dateien zusätzlich sichern.

5.6.1 benutzer.csv

In der Tabelle ‚benutzer.csv' sind Stammdaten abgelegt. Es sind der ‚*Benutzer mit Hashcode*' (für den Login) und eine ‚*Mailadresse*' für Mailversand im Rahmen der Auslieferungsanlage. Die Tabelle wird erst innerhalb der GUI-Version verwendet (Abb. 5.7).

Neue User können in die CSV-Datei eingetragen werden. Eine Mailadresse zu hinterlegen, ist nicht unbedingt notwendig. Die Berechnung des Hashwertes erfolgt auf der Konsole durch den Befehl

int(hashlib.sha256(passwortdesusers.encode('utf-8')).hexdigest(), 16) % 10**8,

A	B	C	D
Benutzer	Hash	Mail	
Sven Wirsing	55832555	svenbodo75@gmail.com	

Abb. 5.7 Benutzer

5.6 Stamm- und Bewegungsdaten als CSV-Dateien

wobei ‚*passwortdesusers*' durch das Passwort in Anführungsstrichen (also etwa ‚SMILE42') zu ersetzen ist. Das Passwort ist dem User geheim mitzuteilen. Der Hashwert des Passwortes ist in der Spalte ‚*HASH*' (zur Gegenprobe beim Login) zu erfassen.

5.6.2 bewegungen.csv

Die Tabelle beinhaltet ‚*Bewegungsdaten*' und wird sowohl in der CLI- als auch in der GUI-Version verwendet. An ihren Daten dürfen keine Änderungen vorgenommen werden (Abb. 5.8 und 5.9).

Folgende Daten werden gespeichert:

- **Bewegung** – gibt die Art der Bewegung an, wie etwa ‚HU_LRET' für Lieferantenretoure, ‚HU_SCHR' für Verschrottung oder ‚HU_TA' für eine Umlagerung im Lager
- **HU** – Gebindenummer
- **Lieferant** – für eingehende Prozesse
- **User** – Benutzer der Bewegung
- **Fehlerflag** – vom Wareneingangsstich

A	B	C	D	E	F	G	H
Bewegung	HU	Lieferant	User	Fehlerflag	Fehlercode	von-Platz	an-Platz
HU_SCHR	4722	TIP-TOP	Sven Wirsing			SCHROTT	
HU_LRET	4733	TIP-TOP	Sven Wirsing			RETOURE	
HU_TA	4720	TIP-TOP	sven	O		42 WE_STICH	TRANSPORT_
HU_TA	4720	TIP-TOP	sven	O		42 TRANSPORT_	WE_STICH
HU_TA	4717	ABC-TOP		C		110 WE_STICH	I_PUNKT
HU_TA	4717	ABC-TOP		C		110 I_PUNKT	TRANSPORT_
HU_TA	4717	ABC-TOP	Sven Wirsing	C		110 TRANSPORT_	I_PUNKT

Abb. 5.8 Bewegungen, Teil 1

I	J	K	L	M	N	O	P
Zeitstempel	Material	Charge	Split	Menge	Einheit	Grund	Referenz
time.struct_ti	M002	CH002	0	42	ST	Schrott	
time.struct_ti	M002	CH002	0	42	ST		
time.struct_ti	M002	CH002	0	42	ST		
time.struct_ti	M002	CH002	0	42	ST		
time.struct_ti	M004	CH004	0	42	L	Interne Umla|	4717
time.struct_ti	M004	CH004	0	42	L	Interne Umla|	4717
time.struct_ti	M004	CH004	0	42	L	Interne Umla|	4717

Abb. 5.9 Bewegungen, Teil 2

- **Fehlercode** – vom I-Punkt
- **Von-Platz** – Quellplatz der Bewegung
- **An-Platz** – Ziel-Platz der Bewegung
- **Zeitstempel** – Zeit und Datum der Bewegung
- **Material** – Material der Bewegung
- **Charge** – Charge der Bewegung
- **Split** – Split der Bewegung
- **Menge** – Menge, der Bewegung
- **Einheit** – Einheit der Menge
- **Grund** – Grund der Bewegung (z. B. Schrott, in diversen Dialogen mitzugeben)
- **Referenz** – Referenz der Bewegung (z. B. Gebindenummer, in diversen Dialogen mitzugeben).

5.6.3 bewegungsarten.csv

Die Tabelle stellt mögliche ‚*Bewegungsarten*' und deren Bedeutung zusammen. Es handelt sich hierbei um ‚*Stammdaten*'. Die Bewegungsart wird beim Speichern von ‚*Bewegungen*' in diversen Prozessen intern im Programm-Coding vergeben. Die Tabelle wird sowohl in der CLI- als auch in der GUI-Version verwendet. An ihren Daten dürfen keine Änderungen vorgenommen werden. Neue Einträge können bei einer Implementierung von neuen Prozessen notwendig werden, um korrespondierende neue Bewegungen speichern zu können (Abb. 5.10).

Bewegungsart	Bedeutung
CH_01	Charge anlegen
HU_WE	Wareneingang zu Gebinde buchen
HU_AVIS	AVIS zu Gebinde erstellen
HU_LRET	Lieferantenretoure zu Gebinde
HU_SCHR	Verschrotten zu Gebinde
HU_TA	Umlagerung zu Gebinde
HU_FLAG	Fehlerflag zu Gebinde setzen
HU_CODE	Fehlercode zu Gebinde automatisch setzen
SL_01	Auslieferung anlegen
TU_01	Tour anlegen

Abb. 5.10 Bewegungsarten

5.6 Stamm- und Bewegungsdaten als CSV-Dateien

A	B	C	D	E
Material	Charge	Split	Verfall	ERP_Charge
M000	CH000	0	01.02.2020	CH00000
M001	CH001	1	01.01.2021	CH00101
M002	CH002	0	01.01.2022	CH00100
M002	CH010	10	01.01.2023	CH01010
M003	CH003	0	01.01.2019	CH003
M004	CH004	0	01.01.2099	CH00400
M001	Sven	2	30.07.2021	Sven02
M001	sven	12	14.08.2020	sven12
M001	der	1	18.08.2020	der01

Abb. 5.11 Chargenstamm

5.6.4 chargstamm.csv

Der ‚*Chargenstamm*' ist ein Stammdatum, das beim Wareneingang angelegt wird. Er wird sowohl in der CLI- als auch in der GUI-Version verwendet und besteht aus den Attributen ‚*Material, Charge, Split, Verfallsdatum*' und ‚*ERP-Charge*'. Die ERP-Charge wird bei der Chargenprüfung verwendet (Abb. 5.11).

An der Tabelle und ihren Inhalten dürfen keine Änderungen durchgeführt werden. Neue Chargen werden durch den Wareneingangsprozess automatisch angelegt, können aber auch in der CSV-Datei (z. B. für eine Avisierung) eingetragen werden. Dabei ist unbedingt darauf zu achten, daß das Eintragen im Textmodus und nicht per Excel-Aufruf erfolgt, da führende Nullen sonst fehlen und es zu Inkonsistenzen kommen kann. Zusätzlich müssen die Regeln bei Chargenanlage (wie im SMILE-Kompaktband dargestellt) eingehalten werden.

5.6.5 codes.csv

Die ‚*Menücodes*' sind Stammdaten innerhalb der CLI-Version und zeigen die Codes im Menü und deren Bedeutung an. Es dürfen keine Änderungen der Daten vorgenommen werden. Neue Codes sind einzutragen, wenn neue Funktionen oder Prozesse im CLI-Prototypen entwickelt werden (Abb. 5.12).

Abb. 5.12 Menücodes

A	B
Funktion	Bedeutung
ENDE	Programmende
AVIS	Gebinde anlegen
STICH	Fehlerflag am WE-Stich setzen
IPUNKT	MFS am I-Punkt simulieren
KPUNKT	Bearbeitung am K-Punkt
INFO	Gebindeinfo zu einem Gebinde
FLAGS	Anzeige mögliche Fehlerflags am WE-Stich
FEHLER	Anzeige mögliche Fehler am I-Punkt
BEST	Anzeige aller Gebinde
PLATZ	Platz von Gebinde ändern
PLAETZE	mögliche Plätze anzeigen
RET	Lieferantenretoure für ein Gebinde
BEWE	alle Bewegungen anschauen
CHAR	Chargenstamm anzeigen
MATS	Materialstamm anzeigen
BMAT	Bestand zum Material
BPLA	Bestand zum Platz
WEMA	Wareneingang manuell
SNRO	Nummernkreise anzeigen
SCHR	Verschrotten
KUHL	Kühlgut im Lager
LABL	Labeldruck
EINLAG	Einlagern

5.6.6 fehlerflag.csv

Die ‚*Fehlerflags*' werden am Wareneingangsstich in der CLI- und GUI-Version verwendet, um eine Palette manuell als fehlerhaft zu kennzeichnen. Es sind Stammdaten. Gefahrlos können Änderungen an den Einträgen vorgenommen werden, aber nicht an der Spalten-Struktur der Datei selbst (Abb. 5.13).

5.6.7 fehlertabelle.csv

Die Fehlernummern werden am I-Punkt in der CLI- und GUI-Version verwendet, um eine Palette als fehlerhaft zu kennzeichnen. Dabei sind 19 mögliche Fehler definiert, aus denen per Zufallszahlen-Generierung einige ausgewählt werden. Die 2er-Potenzen der ermittelten Fehlernummern werden addiert und als Fehlercode dem K-Punkt übergeben. Dort findet die Binärzerlegung statt, um die Fehlernummern aus dem Fehlercode und damit auch die korrespondierenden Fehlertexte rückwirkend ermitteln und anzeigen zu können (Abb. 5.14).

Die Fehlernummern sind Stammdaten.

5.6 Stamm- und Bewegungsdaten als CSV-Dateien

Abb. 5.13 Fehlerflags am Wareneingangsstich

A	B	C
Fehlerflag	Fehlerflagtext	
	fördertechniktauglich	
F	fördertechnikuntauglich	
D	Mengenfehler	
M	Materialfehler	
C	Chargenfehler	
B	Barcodefehler	
K	Kartonage defekt	
P	Palette defekt	
O	Stretchfolie defekt	

A	B	C	D	E
Fehlernumme	Fehlertext			
0	Barcode nicht scannbar			
1	doppelter Barcode existent			
2	Barcodedaten fehlerhaft übermittelt			
3	Paletten-Konturendaten fehlerhaft übermittelt			
4	PalettenKonturenkontrolle nicht durchführbar			
5	Paletten-Konturenfehler links			
6	Paletten-Konturenfehler rechts			
7	Paletten-Konturenfehler vorne			
8	Paletten-Konturenfehler hinten			
9	Überhang links			
10	links			
11	rechts			
12	vordere Kante			
13	hintere Kante			
14	Höhe nicht ermittelbar			
15	Höhe zu gross			
16	Gewicht nicht ermittelbar			
17	Gewicht zu gross			
18	Palettenfuß defekt			
19	Palettenfußfreiraum verdeckt			

Abb. 5.14 Fehlercodes

Es können gefahrlos Änderungen am Fehlertext vorgenommen werden, aber nicht an Struktur, Anzahl und Nummerierung der Fehler selbst.

5.6.8 flotte.csv

Die *‚Flotte = Fahrzeuge'* wird nur in der GUI-Version verwendet (Abb. 5.15). Ein Teil der Daten sind Stammdaten:

- **Kennzeichen** – Fahrzeugkennzeichen
- **Art** – Art des Fahrzeugs, wie etwa Caddy, Sprinter etc.
- **Zuladung** – maximales Zuladungsgewicht
- **Einheit** – Einheit zum maximalen Zuladungsgewicht (in ‚KG')
- **Stellplätze** – maximale Anzahl der Stellplätze im Fahrzeug
- **Stellplatzeinheit** – Einheit der Stellplätze (meist Europalette ‚EPAL')
- **Bilddatei** – von der Firma mobilog bereitgestellte Bilddateien für die Fahrzeuge.

Der andere Teil besteht aus Bewegungsdaten:

- **Status** – Status des Fahrzeugs, wie etwa offen (= noch nie verwendet), erledigt (= eine Tour erledigt), unterwegs in einer Tour etc.
- **aktuelle Tour** – aktuell zum Fahrzeug zugeordnete Tour
- **letzte Tour** – die zuletzt durch das Fahrzeug erledigte Tour.

Neue Flotten-Einträge können vorgenommen werden, wobei die zugehörigen Stammdaten zu pflegen sind. An den bestehenden Daten dürfen keine Änderungen vorgenommen werden.

A	B	C	D	E	F	G	H	I	J	K
Kennzeichen	Art	Zuladung	ZulEinheit	Stellplaetze	StelEinheit	Status	Bilddatei	aktTour	lTour	
LI-MS-0001	Caddy	800	KG	2	EPAL	offen	TRSP_DSC302	1		
LI-MS-0002	Sprinter	1300	KG	5	EPAL	offen	TRSP_DSC306	2		
LI-MS-0003	Sprinter mit Pl	1300	KG	6	EPAL	offen	TRSP_DSC306	3		
LI-MS-0004	7,5-Tonner	3200	KG	16	EPAL	unterwegs	FLZ_DSC3569.	4		
LI-MS-0005	12-Tonner	5500	KG	18	EPAL	unterwegs	FLZ_DSC3626.	5		
LI-MS-0006	Sattelzug	24000	KG	34	EPAL	unterwegs	Logo_mobilo{	6		
LI-MS-0007	LKW mit Anhä	3500	KG	10	EPAL	offen	Logo_mobilo{	11	7	
LI-MS-0008	LKW ohne Anl	1500	KG	5	EPAL	erledigt	Logo_mobilog.jpg		8	
LI-MS-0009	Auto	250	KG	1	EPAL	offen	Logo_mobilo{	9		
LI-MS-0010	Auto mit Anhä	500	KG	2	EPAL	offen	Logo_mobilo{	10		

Abb. 5.15 Flotte

5.6 Stamm- und Bewegungsdaten als CSV-Dateien

A	B	C	D	E	F	G	H	I	J	K
Nummer	Lieferant	Platz	Fehlerflag	Fehlercode	Status	Material	Charge	Split	Menge	Einheit
4712	123-TOP	HRL_01_01_0	D	0	L	M001	CH001	10	42	ST
4713	123-TOP	NIO		98428	L	M000	CH000		0	120 ST
4714	123-TOP	TRANSPORT_	B	164368	A	M001	CH001	10	42	ST
4715	ABC-TOP	I_PUNKT	K	259	A	M002	CH002		0	42 ST
4716	ABC-TOP	WE_STICH	P	259	A	M003	CH003		0	42 M
4718	ABC-TOP	WE_STICH		0	A	M002	CH002		0	42 ST
4719	TIP-TOP	NIO	C	23	L	M002	CH0010	10	42	ST
4721	TIP-TOP	NIO		606248	L	M002	CH002		0	42 ST
4723	TIP-TOP	TRANSPORT_K_PUNKT		591104	L	M002	CH002		0	42 ST
4724	TIP-TOP	TRANSPORT_HRL			L	M002	CH002		0	42 ST
4728	TIP-TOP	SCHROTT			A	M002	CH002		0	42 ST

Abb. 5.16 Gebinde – Bestand

5.6.9 gebinde.csv

Die ‚*Gebindetabelle*' bildet den ‚*Bestand*' sowohl im CLI- als auch im GUI-LVS ab. Dabei ist pro Gebinde auch nur ein sog. ‚*Quant*' vorhanden, welcher durch ‚*Material, Charge, Split, Menge & Einheit*' festgelegt ist. Zusätzlich zeigt der ‚*Status*' an, ob das Gebinde noch ‚*avisiert = A*' oder bereits im ‚*Lager = L*' vorhanden ist. Der ‚*Lieferant*' wird aus der Wareneingangsbuchung, der ‚*Fehlercode*' vom I-Punkt und das ‚*Fehlerflag*' vom Stich übernommen. Der ‚*Platz*' zeigt den aktuellen Standort = Lagerplatz des Gebindes an.

Die Daten sind Bewegungsdaten und dürfen nicht geändert werden (Abb. 5.16).

Der Status ‚*A*' wird beim Avisieren vergeben. Ein derartiges Gebinde kann nur am Wareneingangsstich und am I-Punkt weiter verarbeitet werden. Der Statuswechsel zu ‚*L*' vollzieht sich am I-Punkt, da dort automatisch der Wareneingang für avisierte Gebinde gebucht wird.

5.6.10 kunde.csv

Der ‚*Kundenstamm*' ist ein Stammdaten, welcher nur für die GUI-Version benutzt wird. Es werden zu einem Kunden ‚*Adressdaten*' sowie ‚*Mailadresse*' abgelegt. Letztere kann für einen Mailversand im Rahmen des Auslieferungsprozesses verwendet werden, um Kunden zu informieren (Abb. 5.17).

Neue Kunden können eingetragen werden. Bei bestehenden Kunden können Daten-Änderungen vorgenommen werden.

5.6.11 lhmstamm.Csv

Die Abkürzung ‚*LHM*' steht für ‚*Ladehilfsmittel*'. LHMs werden erst in der GUI-Version verwendet und sind Stammdaten. Zu einem LHM gehören die Attribute (Abb. 5.18)

	A	B	C	D	E	F
	Kunde	Land	Stadt	StrNr	Mail	
	Sven	Deutschland	Eberbach	Bahnhofstr. 3	svenbodo@hotmail.com	
	Alex	Deutschland	Marburg	Haupstr. 1	svenbodo@hotmail.com	
	Lena	Deutschland	Eberbach	Bahnhofstr. 3	svenbodo@hotmail.com	
	Erhard	Deutschland	Hittfeld	Eisstr. 7	svenbodo@hotmail.com	
	Dominik	Deutschland	Ober-Erlenba(	Flußweg 7	svenbodo@hotmail.com	

Abb. 5.17 Kundenstamm

LHM	Name	Stellplatz	StelEinheit	Gewicht	GewEinheit	Bilddatei	Bild
EPAL	Europalette	1.0	EPAL	25	KG	EPAL_Europal	EPAL normal.gif
EPALG	Gitterbox	1.0	EPAL	70	KG	EPAL_GiBo_P(	EPAL Gitter.gif
EPAL7	Halbpalette	0.5	EPAL	50	KG	EPAL7_Produl	EPAL Halb.gif
EPAL3	Industriepalet	1.5	EPAL	30	KG	EPAL_EPAL3_	EPAL 3.gif
EPAL2	Industriepalet	1.5	EPAL	35	KG	EPAL_EPAL2_	EPAL 2.gif
EPALC	Europalette C	1.5	EPAL	27	KG	EPAL_CP1_Pr(	EPAL CP9.gif

Abb. 5.18 LHM-Stamm

- **LHM** – technische Bezeichnung des LHMs, z. B. EPAL
- **Name** – Name des LHM, z. B. Europalette
- **Stellplatz** – Stellplatzverbrauch, z. B. 1
- **StellEinheit** – Einheit des Stellplatzverbrauches, meist EPAL
- **Gewicht** – Gewicht des LHMs
- **Einheit** – Einheit des Gewichtes, meist KG
- **Bilddatei** – Produktdatenblatt, das von der Firma EPAL bereitgestellt worden ist
- **Bild** – Bilddatei, die von der Firma EPAL bereitgestellt worden ist.

An den bestehenden Daten sollten keine Änderungen vorgenommen werden. Weitere LHMs können durch analoge Pflege in der CSV-Datei angelegt werden.

5.6.12 matstamm.csv

Der ‚*Materialstamm*' ist ein Stammdatum, das sowohl in der CLI- als auch GUI-Version verwendet wird. Seine Attribute sind (Abb. 5.19 und 5.20):

- **Material** – die Materialnummer

5.6 Stamm- und Bewegungsdaten als CSV-Dateien

A	B	C	D	E	F
Material	Labor	Split00	BME	Chargenpflich	Kuehlpflicht
M000	LAB000	JA	ST	JA	JA
M001	LAB001	NEIN	ST	JA	NEIN
M002	LAB002	JA	ST	JA	NEIN
M003	LAB003	NEIN	M	JA	NEIN
M004	LAB004	JA	L	JA	JA
M005	LAB005	NEIN	ST	NEIN	NEIN

Abb. 5.19 Materialstamm, Teil 1

G	H	I	J	K	L	M	N	O
vonTemp	bisTemp	TempEinheit	Einlstrat	Einltyp	LHM	Gewicht	GewEinheit	Palette
1	4	°C	LEERAB	KUEHL	EPAL	0.1	KG	1000
		°C	LEERAUF	HRL	EPAL7	10.0	KG	100
		°C	LEERAB	HRL	EPALG	100.0	KG	2
		°C	LEERAB	BLOCK	EPAL3	2,3.0	KG	30
-2	1	°C	LEERAUF	KUEHL	EPAL2	0.5	KG	10
		°C	LEERAUF	BLOCK	EPALC	13.0	KG	5

Abb. 5.20 Materialstamm, Teil 2

- **Labor** – Das Labor ist die Instanz der Qualitätskontrolle zum Material.
- **Split00** – Auf Basis dieses Kennzeichens wird ggfs. der Split ‚00' an die Charge konkateniert, um die ERP-Charge zu bilden (siehe Chargenprüfungsthema).
- **BME** – Basismengeneinheit des Materials, z. B. KG oder ST
- **Chargenpflicht** – zeigt an, ob das Material in Chargen zu führen ist
- **Kuehlpflicht** – zeigt an, ob das Material temperiert gelagert und transportiert werden muss
- **VonTemp** – untere Grenze der Lager-Temperatur bei Kühlpflicht
- **bisTemp** – obere Grenze der Lager-Temperatur bei Kühlpflicht
- **TempEinheit** – Einheit der Temperatur, meist Grad Celsius
- **Einlstrat** – Einlagerstrategie für die Einlagerung
  - ‚LEERAUF' – ausgewählte Plätze werden nach Restkapazität aufsteigend sortiert
  - ‚LEERAB' – ausgewählte Plätze werden nach Restkapazität absteigend sortiert
- **Einltyp** – Einlagertyp für die Einlagerung, z. B. HRL oder KUEHL; nur dort werden Plätze für die Einlagerung berücksichtigt
- **LHM** – LHM zur Verpackung des Materials, z. B. EPAL
- **Gewicht** – Bruttogewicht des Materials
- **GewEinheit** – zugehörige Einheit
- **Palette** – Anzahl in BME für eine volle LHM, z. B. 1000 ST auf einer EPAL (wird für die Heuristik bei der Dispositionsplanung benötigt).

An den bestehenden Daten sollten keine Änderungen vorgenommen werden. Weitere Produkte können durch analoge Pflege in der CSV-Datei angelegt werden.

5.6.13 nummernkreise.csv

Die Tabelle zeigt diejenigen *Nummernkreise* an, die im SMILE-Prototyp aktiv verwendet werden oder inaktiv sind. Das *Objekt* zeigt den Kontext an, also z. B. *TRAPO* für Umlagerungen im Lager. Der *Stand* ist der aktuelle Nummern-Stand. Die erste Umlagerung im Lager besitzt die Nummer *1*, die im aktuellen Stand abgelegt wird. Die nächste Umlagerung bekommt die um Eins größere Nummer, also *2* usw. Daher handelt es sich hierbei sowohl um Stamm- als auch Bewegungsdaten, die sowohl in der CLI- als auch in der GUI-version verwendet werden (Abb. 5.21).

An den bestehenden Daten dürfen keine Änderungen vorgenommen werden. Weitere Nummernkreise können durch analoge Pflege in der CSV-Datei angelegt werden. Allerdings sind sie erst dann wirksam, wenn entsprechendes Coding für zugehörige neue Funktionen implementiert wird.

A	B	C	D
Objekt	Stand	Beschreibung	Aktiv
TRAPO	27	interne Transp	JA
WE	0	Wareneingang	NEIN
AUSL	20	Auslieferung	JA
INTL	0	interne Umlag	NEIN
BELE	0	Materialbeleg	NEIN
ANLI	0	Anlieferung	NEIN
GEBE	0	Gebinde	NEIN
TOUR	11	Touren	JA
WA	0	Warenausgan	NEIN
PICK	0	Kommissionie	NEIN

Abb. 5.21 Nummernkreise

5.6 Stamm- und Bewegungsdaten als CSV-Dateien

A	B	C	D	E	F	G
Platz	Bedeutung	Lagertyp	belegt	Temperatur	Kapazitaet	aktAnzahl
WE_STICH	Wareneingang	WE	NEIN	ungeprüft	unbegrenzt	0
TRANSPORT_	Transport zun	WE	NEIN	ungeprüft	unbegrenzt	0
I_PUNKT	I-Punkt	WE	NEIN	ungeprüft	unbegrenzt	0
NIO	Kontroll-Platz	WE	NEIN	ungeprüft	1	-4
TRANSPORT_	Transport ins	WE	NEIN	ungeprüft	unbegrenzt	0
TRANSPORT_	Transport zun	WE	NEIN	ungeprüft	unbegrenzt	0
K_PUNKT	K-Punkt	WE	NEIN	ungeprüft	unbegrenzt	1
TRANSPORT_	Transport zun	RETOURE	NEIN	ungeprüft	10	0
RETOURE	Retouren-Plat	RETOURE	NEIN	ungeprüft	unbegrenzt	0
WE_LIEF	manueller Wa	WE	NEIN	ungeprüft	unbegrenzt	0
HRL_01_01_0	HRL, Gang 1, S	HRL	JA	20	2	2
HRL_01_01_0	HRL, Gang 1, S	HRL	NEIN	20	2	1
HRL_01_01_0	HRL, Gang 1, S	HRL	NEIN	20	2	1
HRL_01_01_0	HRL, Gang 1, S	HRL	NEIN	20	2	1
HRL_01_01_0	HRL, Gang 1, S	HRL	NEIN	20	2	1
HRL_01_01_0	HRL, Gang 1, S	HRL	NEIN	20	2	1
KUEHL_1	Kühlturm, Plat	KUEHL	NEIN	-1	5	0

Abb. 5.22 Lagerplätze

5.6.14 plaetze.csv

Die Tabelle zeigt alle ‚*Lagerplätze*' im Lager an. Sie besteht fast komplett aus Stammdaten und wird sowohl in der CLI- als auch in der GUI-version verwendet (Abb. 5.22).

Neben dem ‚*Lagerplatznamen*' und seiner ‚*Bedeutung*' sind weitere Attribute der ‚*Lagertyp*' (für die Einlagerung wichtig), das ‚*Belegt-Kennzeichen*' (ob der Platz belegt ist oder nicht, Achtung: Bewegungsdatum), die ‚*garantierte Temperatur*' (wichtig für die Kühlguteinlagerung), die ‚*dimensionslose Kapazität*' (für Anzahl Gebinde, auch wichtig für die Einlagerung) und die ‚*aktuelle Anzahl*' (entspricht der dimensionslosen Anzahl an Gebinden auf dem Platz, Achtung: Bewegungsdatum).

An den bestehenden Daten dürfen keine Änderungen vorgenommen und weitere Lagerplätze können durch analoge Pflege in der CSV-Datei angelegt werden.

5.6.15 slkopf.csv

‚*Auslieferungen*' sind Bewegungsdaten und werden bei der ‚*Disposition*' von Auslieferung nur im GUI-LVS verwendet. Folgende Attribute sind relevant (Abb. 5.23):

- **Lieferung** – Lieferungsnummer aus dem Nummernkreis zum Objekt ‚AUSL'
- **Tour** – zugewiesene Tournummer

	A	B	C	D	E	F	G	H	I	J
	Lieferung	Tour	Kunde	Status	Gewicht	GewEinheit	Stellplaetze	StelEinheit	Anlagedatum	Dispodatum
	1	1	Sven	disponiert	2345,2	KG	6	EPAL	01/23/2021	01/23/2021
	2	2	Alex	zusammenste	353,5	KG	9	EPAL	01/15/2021	01/15/2021
	3	3	Sven	kommissionie	66	KG	1,5	EPAL	01.10.2021	01.11.2021
	4	4	Alex	unterwegs	25,1	KG	1	EPAL	01.05.2021	01.06.2021
	5	5	Lena	unterwegs	25,1	KG	1	EPAL	01.05.2021	01.06.2021
	6	5	Erhard	unterwegs	25,1	KG	1	EPAL	01.05.2021	01.06.2021
	7	6	Dominik	erledigt	200	KG	1	EPAL	01.01.2021	01.01.2021
	8	6	Dominik	erledigt	280	KG	1	EPAL	01.01.2021	01.01.2021
	9	7	Dominik	erledigt	400	KG	1	EPAL	01.01.2021	01.01.2021
	10	8	Dominik	erledigt	1260	KG	3	EPAL	01.01.2021	01.01.2021
	11		Lena	angelegt	1322	KG	4,5	EPAL	01/24/2021	
	12	9	Sven	disponiert	4121.0	KG	12	EPAL	08/22/2021	08/22/2021
	13	10	Sven	disponiert	246.7	KG	2	EPAL	09.11.2021	09/14/2021
	14	unbekannt	Sven	angelegt	1420.5	KG	2	EPAL	09/14/2021	unbekannt
	15	unbekannt	Sven	angelegt	1010.5	KG	1	EPAL	02/20/2022	unbekannt
	16	unbekannt	Sven	angelegt	3270.5	KG	13	EPAL	02/25/2022	unbekannt
	17	11	Sven	disponiert	3000.5	KG	12	EPAL	01/22/2023	01/22/2023
	18	unbekannt	Sven	angelegt	170.0	KG	1	EPAL	01/23/2023	unbekannt
	18	unbekannt	Sven	angelegt	170.0	KG	1	EPAL	01/23/2023	unbekannt
	20	unbekannt	Sven	angelegt	26. Feb	KG	1	EPAL	01/23/2023	unbekannt

Abb. 5.23 Auslieferungs-Kopfdaten

- **Kunde** – Kunde, an den geliefert werden muss (und ggfs. auch per Mail, siehe Kundentabelle, die Lieferung oder der Status avisiert wird)
- **Status** – Status der Lieferung (siehe Abschn. 5.6.17)
- **Gewicht & Einheit** – Gewicht der Lieferung mit Einheit, heuristisch bei Anlage der Auslieferung berechnet
- **Stellplätze & Einheit** – Stellplätze der Lieferung mit Einheit, heuristisch bei Anlage der Auslieferung berechnet
- **Anlagedatum** – Datum der Anlage der Auslieferung
- **Dispodatum** – Datum, an dem die Disposition der Lieferung durchgeführt worden ist.

An den bestehenden Daten dürfen keine Änderungen vorgenommen werden. Weitere Lieferungen müssen über den zugehörigen GUI-Dialog erstellt werden.

5.6.16 slpos.csv

Zum Kopf der Lieferung gehören die ‚*Positionen*', die Bewegungsdaten sind und erst in der GUI-Version Verwendung finden. Attribute sind (Abb. 5.24):

- **Lieferung** – zugehörige Lieferungsnummer
- **Position** – Positionsnummer
- **Material** – Material, das geliefert werden soll
- **Menge & Einheit** – Menge des zu liefernden Material mit Einheit

5.6 Stamm- und Bewegungsdaten als CSV-Dateien

A	B	C	D	E	F
Lieferung	Position	Material	Menge	Einheit	Status
1	1	M001	102	ST	disponiert
1	2	M002	11	ST	disponiert
1	3	M000	2	ST	disponiert
2	1	M004	23	L	zusammenstellen
2	2	M005	12	ST	zusammenstellen
3	1	M005	3	ST	kommissioniert
4	1	M000	1	ST	unterwegs
5	1	M000	1	ST	unterwegs
6	1	M000	1	ST	unterwegs
7	1	M001	13	ST	erledigt
8	1	M001	21	ST	erledigt
9	1	M001	33	ST	erledigt
10	1	M002	12	ST	erledigt
11	1	M002	12	ST	angelegt
11	2	M005	3	ST	angelegt

Abb. 5.24 Auslieferungs-Positionsdaten

- **Status** – siehe Abschn. 5.6.17.

An den bestehenden Daten sollten keine Änderungen vorgenommen werden. Weitere Lieferungspositionen dürfen nur über den entsprechenden GUI-Dialog erstellt werden.

5.6.17 slstati.csv

In dieser Tabelle sind die ‚*Status*' zur Auslieferungsabwicklung angegeben, die Stammdaten sind und nur in der GUI-Version verwendet werden (Abb. 5.25).

Momentan werden nur die Status ‚*angelegt*' – bei Anlage von Auslieferungen – und ‚*disponiert*' – nach Ende der Disposition – von Lieferungen verwendet.

An den bestehenden Daten sollten keine Änderungen vorgenommen werden. Weitere Lieferungsstatus können zwar eingetragen werden, bedingen aber Coding-Änderungen zu deren Nutzung.

Abb. 5.25 Status der Auslieferung

	A	B
1	Status	
2	angelegt	
3	disponiert	
4	zusammenstellen	
5	kommissioniert	
6	unterwegs	
7	erledigt	
8		

5.6.18 tourkopf.csv

Durch eine ‚*Tour*' werden eine oder mehrere Lieferungen mit einem Fahrzeug zu einem Kunden transportiert. Die Daten sind Bewegungsdaten, die nur in der GUI-Version verwendet werden. Attribute sind (Abb. 5.26):

- **Tour** – Tournummer aus dem Nummernkreis zum Objekt ‚TOUR'
- **Kennzeichen** – Kennzeichen aus der Flottentabelle
- **Status** – siehe Abschn. 5.6.20
- **Gewicht** – aktuelles Gewicht, aus den Lieferungen addiert
- **Stellplätze** – aktuelle Stellplätze, aus den Lieferungen addiert
- **zGewicht** – zulässiges Gewicht aus den Fahrzeugdaten
- **zStellplätze** – zulässige Stellplätze, aus den Fahrzeugdaten
- **Gewichtseinheit** – zugehörige Einheit
- **Stellplatzeinheit** – zugehörige Einheit
- **Anlagedatum** – Datum der Touranlage.

A	B	C	D	E	F	G	H	I	J
Tour	Kennzeichen	Status	Gewicht	Stellplaetze	zGewicht	zStellplaetze	GewEinheit	StelEinheit	Anlagedatum
1	LI-MS-0001	offen	2345,2	6	800	2	KG	EPAL	01/23/2021
2	LI-MS-0002	offen	353,5	9	1300	5	KG	EPAL	01/15/2021
3	LI-MS-0003	offen	66	1,5	1300	6	KG	EPAL	01/15/2021
4	LI-MS-0004	unterwegs	25,1	1	3200	16	KG	EPAL	01.05.2021
5	LI-MS-0005	unterwegs	50,2	2	5500	18	KG	EPAL	01.05.2021
6	LI-MS-0006	unterwegs	480	2	24000	34	KG	EPAL	01.05.2021
7	LI-MS-0007	erledigt	400	1	3500	10	KG	EPAL	01.01.2021
8	LI-MS-0008	erledigt	1260	3	1500	5	KG	EPAL	01/24/2021
9	LI-MS-0009	offen	4121.0	12	250	1	KG	EPAL	08/22/2021
10	LI-MS-0010	offen	246.7	2	500	2	KG	EPAL	09/14/2021
11	LI-MS-0007	offen	3000.5	12	3500	10	KG	EPAL	01/22/2023

Abb. 5.26 Tour. Kopfdaten

5.6 Stamm- und Bewegungsdaten als CSV-Dateien

Abb. 5.27
Tour-Positionsdaten

	A	B	C
1	Tour	Lieferung	
2	1	1	
3	2	2	
4	3	3	
5	4	4	
6	5	5	
7	5	6	
8	6	7	
9	6	8	
10	7	9	
11	8	10	
12	9	12	
13	10	13	
14	11	17	
15			
16			

Für die Änderung der Daten gelten dieselben Regeln wie für die Auslieferungen.

5.6.19 tourpos.csv

In den *Positionen zur Tour* sind die zugeordneten *Auslieferungen* abgespeichert (Abb. 5.27).

Es liegen Bewegungsdaten vor, die erst in der GUI-Version Anwendung finden.
Für die Datenänderung gelten dieselben Regeln wie für Auslieferungen.

5.6.20 tourstati.csv

Die *Status der Tour* sind Stammdaten, die erst in der GUI-Version benutzt werden. Eine Tour ist (Abb. 5.28)

- **offen** – wenn sie nicht erledigt oder unterwegs ist
- **unterwegs** – wenn das Fahrzeug vom Lager abgefahren ist
- **erledigt** – wenn das Fahrzeug alle Lieferungen ausgeliefert hat.

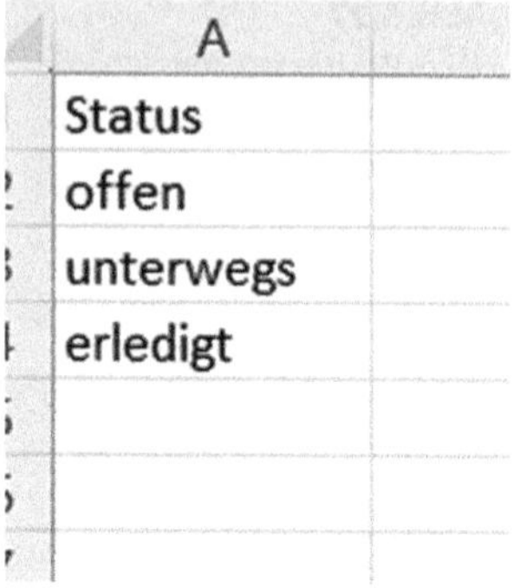

Abb. 5.28 Status der Tour

A
Status
offen
unterwegs
erledigt

Für die Änderung der Daten gelten dieselben Regeln wie für Auslieferungen.

5.7 notwendige Python-Pakete

Für einige SMILE-Anwendungen ist es notwendig, ‚*Python – Pakete*' zu installieren. Dies geschieht auf der Konsole (hier mit Spyder) durch den Befehl
   pip install <<paketname>>,
   also z. B. ‚**pip install numpy**' zur Installation des ‚*numpy-Paketes*'. Erst dadurch können die Funktionen, wie z. B. random zur Erzeugung von Zufallszahlen, des Paketes auch in einem Python-Programm verwendet werden. Ohne Paket-Installation erhält man bei Verwendung des SMILE-Prototyp eine Fehlermeldung (Abb. 5.29):

Eine Installation auf der Konsole des Pakets ‚*mlpy*' mit ‚*pip install mlpy*' zeigt an, was installiert wird und ob die Installation erfolgreich war (Abb. 5.30):

Bei erneuter Installation eines Pakets weist Python daraufhin, das bereits eine Installation durchgeführt worden ist. Ggfs. werden Updates installiert (Abb. 5.31 und 5.32):

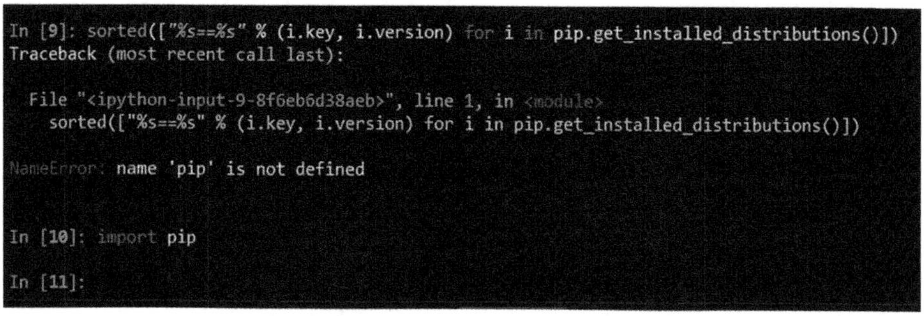

```
In [9]: sorted(["%s==%s" % (i.key, i.version) for i in pip.get_installed_distributions()])
Traceback (most recent call last):

  File "<ipython-input-9-8f6eb6d38aeb>", line 1, in <module>
    sorted(["%s==%s" % (i.key, i.version) for i in pip.get_installed_distributions()])
NameError: name 'pip' is not defined

In [10]: import pip

In [11]:
```

Abb. 5.29 pip, Fehlermeldung

5.7 notwendige Python-Pakete

```
In [4]: pip install mlpy
Collecting mlpy
  Downloading mlpy-0.1.0.tar.gz (4.4 MB)
Requirement already satisfied: numpy>=1.6.2 in c:\users\user\anaconda3\lib\site-packages (from mlpy)
(1.18.5)
Requirement already satisfied: scipy>=0.11 in c:\users\user\anaconda3\lib\site-packages (from mlpy)
(1.5.0)
Requirement already satisfied: matplotlib in c:\users\user\anaconda3\lib\site-packages (from mlpy)
(3.2.2)
Requirement already satisfied: scikit-learn in c:\users\user\anaconda3\lib\site-packages (from mlpy)
(0.23.1)
Requirement already satisfied: six>=1.9.0 in c:\users\user\anaconda3\lib\site-packages (from mlpy)
(1.15.0)
Requirement already satisfied: python-dateutil>=2.1 in c:\users\user\anaconda3\lib\site-packages (from
matplotlib->mlpy) (2.8.1)
Requirement already satisfied: pyparsing!=2.0.4,!=2.1.2,!=2.1.6,>=2.0.1 in c:\users\user\anaconda3\lib
\site-packages (from matplotlib->mlpy) (2.4.7)
Requirement already satisfied: cycler>=0.10 in c:\users\user\anaconda3\lib\site-packages (from
matplotlib->mlpy) (0.10.0)
Requirement already satisfied: kiwisolver>=1.0.1 in c:\users\user\anaconda3\lib\site-packages (from
```

Abb. 5.30 pip install

```
In [4]: pip install numpy
Requirement already satisfied: numpy in c:\users\user\anaconda3\lib\site-packages (1.18.5)
Note: you may need to restart the kernel to use updated packages.
```

Abb. 5.31 pip install, erneut

```
In [7]: pip install matplotlib
Requirement already satisfied: matplotlib in c:\users\user\anaconda3\lib\site-packages (3.2.2)
Requirement already satisfied: kiwisolver>=1.0.1 in c:\users\user\anaconda3\lib\site-packages (from
matplotlib) (1.2.0)
Requirement already satisfied: pyparsing!=2.0.4,!=2.1.2,!=2.1.6,>=2.0.1 in c:\users\user\anaconda3\lib
\site-packages (from matplotlib) (2.4.7)
Requirement already satisfied: python-dateutil>=2.1 in c:\users\user\anaconda3\lib\site-packages (from
matplotlib) (2.8.1)
Requirement already satisfied: numpy>=1.11 in c:\users\user\anaconda3\lib\site-packages (from matplotlib)
(1.18.5)
Requirement already satisfied: cycler>=0.10 in c:\users\user\anaconda3\lib\site-packages (from
matplotlib) (0.10.0)
Requirement already satisfied: six>=1.5 in c:\users\user\anaconda3\lib\site-packages (from python-
dateutil>=2.1->matplotlib) (1.15.0)
Note: you may need to restart the kernel to use updated packages.
```

Abb. 5.32 pip install, erneut II

Alle erfolgreich installierten Pakete sind mit dem Befehl *„pip list'* anzeigbar (Abb. 5.33):

Für den SMILE-Prototypen mussten folgende *„Pakete'* installiert werden:

- **pip install numpy**
- **pip install qrcode**

```
In [8]: pip list
Package                        Version
------------------------------ ----------
alabaster                      0.7.12
anaconda-client                1.7.2
anaconda-navigator             1.9.12
anaconda-project               0.8.3
argh                           0.26.2
asn1crypto                     1.3.0
astroid                        2.4.2
astropy                        4.0.1.post1
atomicwrites                   1.4.0
attrs                          19.3.0
autopep8                       1.5.3
Babel                          2.8.0
backcall                       0.2.0
Note: you may need to restart the kernel to use updated packages.backports.functools-lru-cache
backports.shutil-get-terminal-size 1.0.0
backports.tempfile             1.0
backports.weakref              1.0.post1

bcrypt                         3.1.7
beautifulsoup4                 4.9.1
bitarray                       1.4.0
bkcharts                       0.2
bleach                         3.1.5
bokeh                          2.1.1
```

Abb. 5.33 pip list

- pip install opencv-python
- pip install gTTS
- pip install tk-tools
- pip install tkcalendar
- pip install playsound
- pip install numpy
- pip install fpdf
- pip install opencv-python
- pip install matplotlib

Diese Pakete müssen direkt nach der Installation durch den „*pip-Befehl*" auf der Konsole aktiviert werden.

5.8 Prototyping

Die vorliegenden Python-Dateien „*LVS.PY*" und „*LVS_GUI_TKINTER.PY*" sind Prototypen zur Lagerverwaltung.

Ein „*Prototyp*" steht für ein lauffähiges Stück Software oder eine anderweitige konkrete Modellierung (z. B. Mock-up) einer Teilkomponente des Zielsystems. Der Prototyp dient anschließend oft als Basis für eine bessere Abstimmung mit den Kunden oder auch

5.8 Prototyping

innerhalb des Entwicklungsteams über konkrete Dinge (statt abstrakte Modelle). Insofern illustriert der hier kreierte lauffähige Prototyp, wie die logistischen Prozesse durch IT und Digitalisierung unterstützt werden können. Er stellt jedoch kein komplettes LVS dar. Dennoch eignet er sich, um die im Kompaktband dargestellten Logistik-Prozesse durchzuspielen und das Programmieren mit Python an ihm zu erlernen.

Den Vorgang, einen Prototyp zu erstellen, nennt man ‚*Prototyping*'. Prototyping bzw. Prototypenbau ist eine Methode der Softwareentwicklung, die schnell zu ersten Ergebnissen führt und frühzeitiges Feedback bezüglich der Eignung eines Lösungsansatzes ermöglicht. Dadurch ist es möglich, Probleme und Änderungswünsche frühzeitig zu erkennen und mit weniger Aufwand zu beheben, als es nach der kompletten Fertigstellung möglich gewesen wäre.

Keine Software ist zu 100 % fehlerfrei. Insbesondere bei einem Prototyp ist dieser Sachverhalt durch die agile Methodik mehr ausgeprägt. Sollten also Fehler auftauchen, so dürfen diese gerne korrigiert werden. Der Prototyp lädt gerade dazu ein, ihn zu verbessern und zu erweitern.

Bedienung der SMILE – CLI – Version 6

Inhaltsverzeichnis

6.1	Start der Anwendung	56
	6.1.1 Start von ‚LVS.PY'	56
	6.1.2 Menü und Codes	57
6.2	Wareneingangsprozesse	57
	6.2.1 Gebinde-Avisierung mit ‚AVIS'	58
	6.2.2 Stichdialog mit ‚STICH'	60
	6.2.3 I-Punkt-Dialog mit ‚IPUNKT'	62
	6.2.4 K-Punkt-Dialog mit ‚KPUNKT'	65
	6.2.5 manueller Wareneingang mit ‚WEMA'	69
	6.2.5.1 manueller Wareneingang mit neuer Charge	70
	6.2.5.2 manueller Wareneingang mit bekannter Charge	72
	6.2.5.3 manueller Wareneingang ohne Charge	72
6.3	Interne Prozesse	73
	6.3.1 Umlagern mit ‚PLATZ'	73
	6.3.2 Einlagern mit ‚EINLAG'	78
	6.3.3 Verschrotten mit ‚SCHR'	80
	6.3.4 Lieferantenretoure mit ‚RET'	82
6.4	Labels	83
	6.4.1 Label-Druck mit ‚LABL'	83
6.5	Auswertungen	86
	6.5.1 Bewegungsauswertung mit ‚BEWE'	86
	6.5.2 Bestandsanzeige mit ‚BEST'	87
	6.5.3 Bestand zum Platz mit ‚BPLA'	87
	6.5.4 Bestand zum Material mit ‚BMAT'	87
	6.5.5 Gebinde-Info mit ‚INFO'	89
	6.5.6 Kühlgut im Lager mit ‚KUHL'	90
6.6	Stammdatenanzeigen	90
	6.6.1 Chargenstamm mit ‚CHAR'	90
	6.6.2 Materialstamm mit ‚MATS'	91

© Der/die Autor(en), exklusiv lizenziert an Springer-Verlag GmbH, DE, ein Teil von Springer Nature 2025
S. Wirsing, *Prototyp zur Lagerverwaltung in Python*, Schule für Mathematik, Informatik, Logistik und Erfolg, https://doi.org/10.1007/978-3-662-70935-1_6

6.6.3	Lagerplätze mit ‚PLAETZE'	93
6.6.4	Fehlerflags mit ‚FLAGS'	93
6.6.5	Fehler am I-Punkt mit ‚FEHLER'	93
6.6.6	Nummernkreise mit ‚SNRO'	95
6.7	Ende der Anwendung	96
6.7.1	Beenden mit ‚ENDE'	96

6.1 Start der Anwendung

6.1.1 Start von ‚LVS.PY'

Die ‚*CLI = Command-Line-Interface*' – Version von SMILE wird in einem Editor wie etwa Spyder gestartet. Dazu ist zunächst die Datei ‚*LVS.PY*' im Editor mit 📂 zu öffnen (Abb. 6.1):

Anschließend kann die Datei mit ▶ ausgeführt werden (Abb. 6.2):

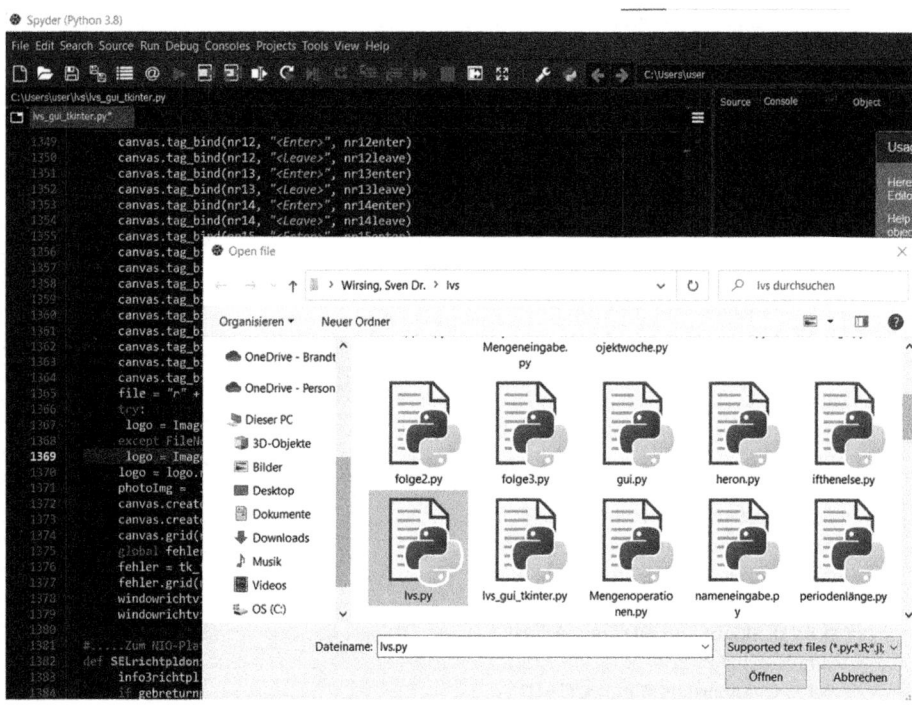

Abb. 6.1 LVS.PY öffnen

6.2 Wareneingangsprozesse

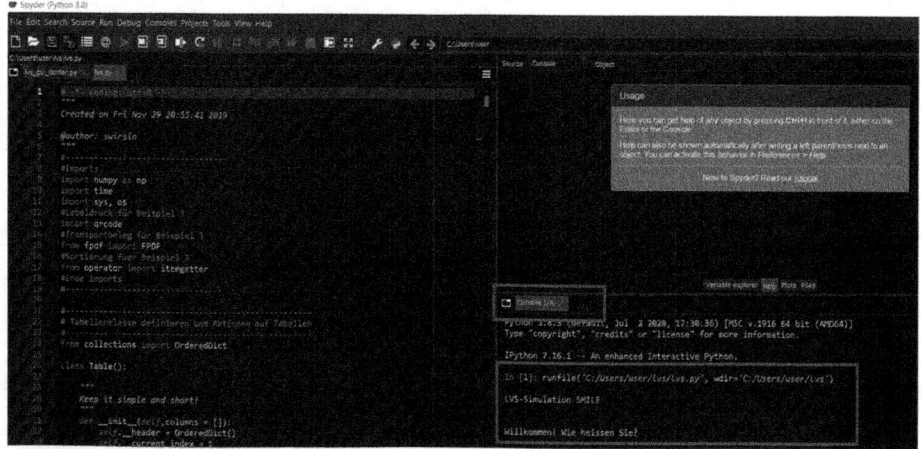

Abb. 6.2 LVS.PY ausführen

Es erscheint der Text *„Willkommen! Wie heissen Sie?"*. Nach Eingabe des Benutzer-Namens in der Konsole wird das Menü angezeigt.

6.1.2 Menü und Codes

Das *„Menü"* hat folgende Struktur (Abb. 6.3):

Nachfolgend ist ein Menü-Code einzugeben, um eine bestimmte Anwendung zu starten. Möglich sind etwa *„MATS"* für den Materialstamm, *„AVIS"* für die Gebinde-Avisierung oder *„WEMA"* für den manuellen Wareneingang. Alle Funktionen, die auf Basis dieser Codes ausgeführt werden können, sind in den Folgeabschnitten erläutert.

6.2 Wareneingangsprozesse

Die Wareneingangsprozesse beschreiben einerseits den Ablauf der avisierten Wareneingänge *„AVIS"* für die Fördertechnik mit den nachgelagerten Transaktionen *„STICH"* für die Stichkontrolle, *„IPUNKT"* für die Scanner-Simulation am I-Punkt und *„KPUNKT"* für den Richtplatzdialog. Anderseits wird durch den manuellen Wareneingang *„WEMA"* der Wareneingangsprozess für nicht avisierte Waren, wie etwa Kühlgut, dargestellt. Derartige Paletten werden nicht über die Fördertechnik abgewickelt.

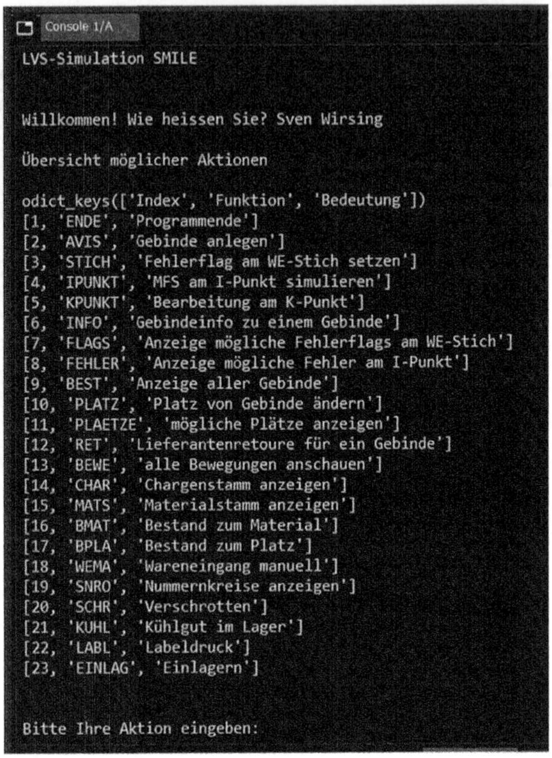

Abb. 6.3 Menü LVS.PY

```
Console 1/A
LVS-Simulation SMILE

Willkommen! Wie heissen Sie? Sven Wirsing
Übersicht möglicher Aktionen

odict_keys(['Index', 'Funktion', 'Bedeutung'])
[1, 'ENDE', 'Programmende']
[2, 'AVIS', 'Gebinde anlegen']
[3, 'STICH', 'Fehlerflag am WE-Stich setzen']
[4, 'IPUNKT', 'MFS am I-Punkt simulieren']
[5, 'KPUNKT', 'Bearbeitung am K-Punkt']
[6, 'INFO', 'Gebindeinfo zu einem Gebinde']
[7, 'FLAGS', 'Anzeige mögliche Fehlerflags am WE-Stich']
[8, 'FEHLER', 'Anzeige mögliche Fehler am I-Punkt']
[9, 'BEST', 'Anzeige aller Gebinde']
[10, 'PLATZ', 'Platz von Gebinde ändern']
[11, 'PLAETZE', 'mögliche Plätze anzeigen']
[12, 'RET', 'Lieferantenretoure für ein Gebinde']
[13, 'BEWE', 'alle Bewegungen anschauen']
[14, 'CHAR', 'Chargenstamm anzeigen']
[15, 'MATS', 'Materialstamm anzeigen']
[16, 'BMAT', 'Bestand zum Material']
[17, 'BPLA', 'Bestand zum Platz']
[18, 'WEMA', 'Wareneingang manuell']
[19, 'SNRO', 'Nummernkreise anzeigen']
[20, 'SCHR', 'Verschrotten']
[21, 'KUHL', 'Kühlgut im Lager']
[22, 'LABL', 'Labeldruck']
[23, 'EINLAG', 'Einlagern']

Bitte Ihre Aktion eingeben:
```

6.2.1 Gebinde-Avisierung mit ‚AVIS'

Der Aufruf der Funktion erfolgt durch den Code ‚*AVIS*' aus dem Menü heraus.

In einem ersten Schritt sind das zu avisierende ‚*Gebinde*' (im Beispiel 343), der ‚*Lieferant*' (im Beispiel Sven), Das ‚*Material*' (im Beispiel M001), die ‚*Charge*' und der ‚*Split*' (im Beispiel CH001 und 01) sowie die ‚*Menge in BME*' des Materials (im Beispiel 12) einzugeben. Sind alle Prüfungen erfolgreich (Gebinde darf noch nicht existieren, Material, Charge und Split müssen existieren, Menge sinnvoll und ganzzahlig & numerisch, Lieferant ohne Prüfung, Material darf kein Kühlgut sein), wird das avisierte Gebinde auf dem Platz ‚*WE_STICH*' angelegt und ein entsprechender Bewegungssatz ausgegeben (Abb. 6.4):

Es folgt die Userabfrage, ob ein Label für das Gebinde gedruckt werden soll. Bestätigt man dies durch die Eingabe von ‚*JA*', erfolgt die Ablage eines Labels sowie dessen Anzeige (Abb. 6.5 und 6.6):

Mit der Eingabe von ‚*NEIN*' wird weder ein Label erzeugt noch eines angezeigt (Abb. 6.7):

Nach Bestätigung mittels beliebiger Taste erscheint erneut das Menü mit allen möglichen ausführbaren Aktionen (Abb. 6.8):

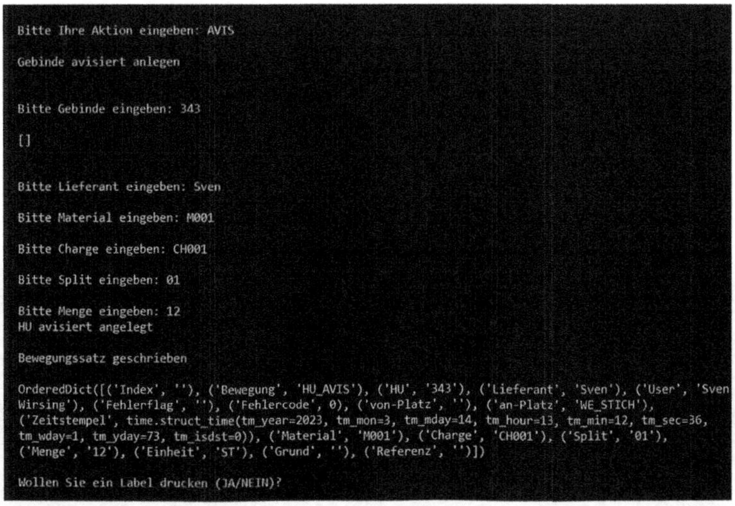

6.2 Wareneingangsprozesse

Abb. 6.4 Gebindeavisierung LVS.PY

Abb. 6.5 Labelanzeige LVS.PY

Abb. 6.6 Labelablage LVS.PY

```
Bitte Ihre Aktion eingeben: AVIS

Gebinde avisiert anlegen


Bitte Gebinde eingeben: 344

[]


Bitte Lieferant eingeben: sven

Bitte Material eingeben: M001

Bitte Charge eingeben: CH001

Bitte Split eingeben: 01

Bitte Menge eingeben: 12,9
HU avisiert angelegt

Bewegungssatz geschrieben

OrderedDict([('Index', ''), ('Bewegung', 'HU_AVIS'), ('HU', '344'), ('Lieferant', 'sven'), ('User',
'sven'), ('Fehlerflag', ''), ('Fehlercode', 0), ('von-Platz', ''), ('an-Platz', 'WE_STICH'),
('Zeitstempel', time.struct_time(tm_year=2023, tm_mon=3, tm_mday=14, tm_hour=22, tm_min=23, tm_sec=3,
tm_wday=1, tm_yday=73, tm_isdst=0)), ('Material', 'M001'), ('Charge', 'CH001'), ('Split', '01'),
('Menge', '12,9'), ('Einheit', 'ST'), ('Grund', ''), ('Referenz', '')])

Wollen Sie ein Label drucken (JA/NEIN)?NEIN


Bitte eine Taste drücken:
```

Abb. 6.7 Avisierung ohne Label LVS.PY

Sind obige Prüfungen zum Material, zur Charge, Kühlgut etc. nicht erfolgreich, bricht der Dialog mit entsprechender Fehlermeldung ab (Abb. 6.9 und 6.10):

6.2.2 Stichdialog mit ‚STICH'

Der Aufruf der Funktion erfolgt aus dem Menü heraus durch den Code *‚STICH'*. Es wird exemplarisch der Stichdialog zum *‚Gebinde'* mit der Nummer *‚343'* aus der Gebinde-Avisierung dargestellt. Mögliche Fehlerkennzeichen für das Gebinde sind:

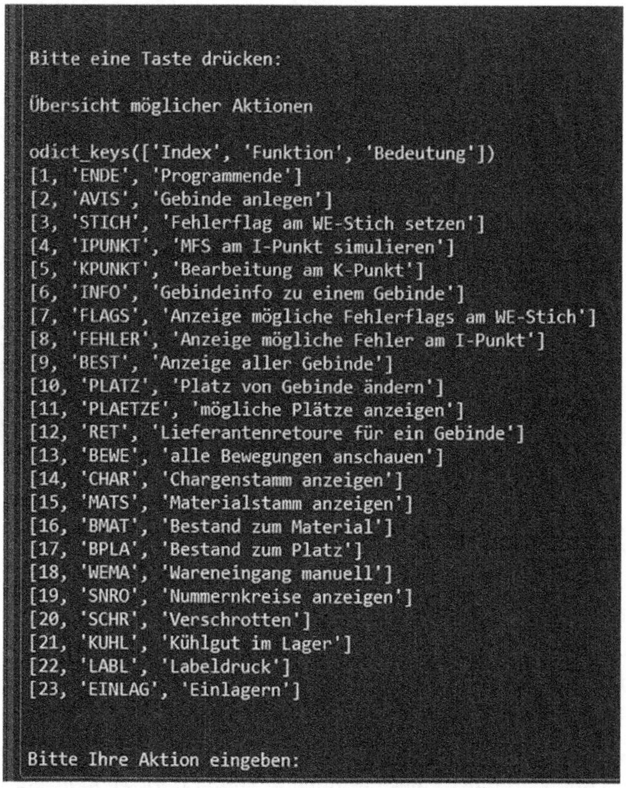

6.2 Wareneingangsprozesse

```
Bitte eine Taste drücken:

Übersicht möglicher Aktionen

odict_keys(['Index', 'Funktion', 'Bedeutung'])
[1, 'ENDE', 'Programmende']
[2, 'AVIS', 'Gebinde anlegen']
[3, 'STICH', 'Fehlerflag am WE-Stich setzen']
[4, 'IPUNKT', 'MFS am I-Punkt simulieren']
[5, 'KPUNKT', 'Bearbeitung am K-Punkt']
[6, 'INFO', 'Gebindeinfo zu einem Gebinde']
[7, 'FLAGS', 'Anzeige mögliche Fehlerflags am WE-Stich']
[8, 'FEHLER', 'Anzeige mögliche Fehler am I-Punkt']
[9, 'BEST', 'Anzeige aller Gebinde']
[10, 'PLATZ', 'Platz von Gebinde ändern']
[11, 'PLAETZE', 'mögliche Plätze anzeigen']
[12, 'RET', 'Lieferantenretoure für ein Gebinde']
[13, 'BEWE', 'alle Bewegungen anschauen']
[14, 'CHAR', 'Chargenstamm anzeigen']
[15, 'MATS', 'Materialstamm anzeigen']
[16, 'BMAT', 'Bestand zum Material']
[17, 'BPLA', 'Bestand zum Platz']
[18, 'WEMA', 'Wareneingang manuell']
[19, 'SNRO', 'Nummernkreise anzeigen']
[20, 'SCHR', 'Verschrotten']
[21, 'KUHL', 'Kühlgut im Lager']
[22, 'LABL', 'Labeldruck']
[23, 'EINLAG', 'Einlagern']

Bitte Ihre Aktion eingeben:
```

Abb. 6.8 Menü LVS.PY

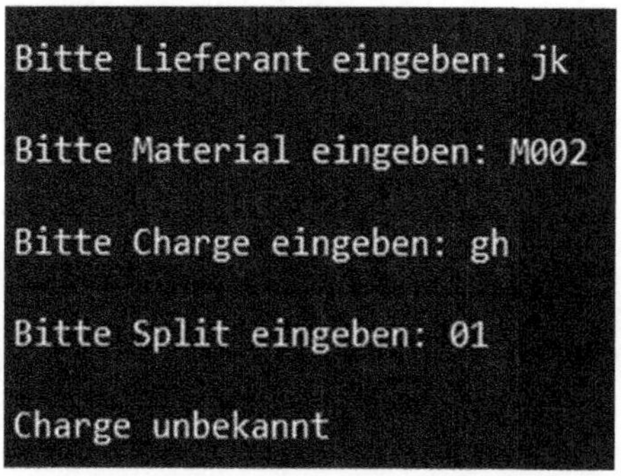

Abb. 6.9 Prüfungen Avisierung LVS:PY

```
Bitte Lieferant eingeben: jk

Bitte Material eingeben: M002

Bitte Charge eingeben: gh

Bitte Split eingeben: 01

Charge unbekannt
```

- ‚ ‘, ‚fördertechniktauglich'
- ‚F', ‚fördertechnikuntauglich'
- ‚D', ‚Mengenfehler'
- ‚M', ‚Materialfehler'

Abb. 6.10 Prüfungen Avisierung LVS.PY II

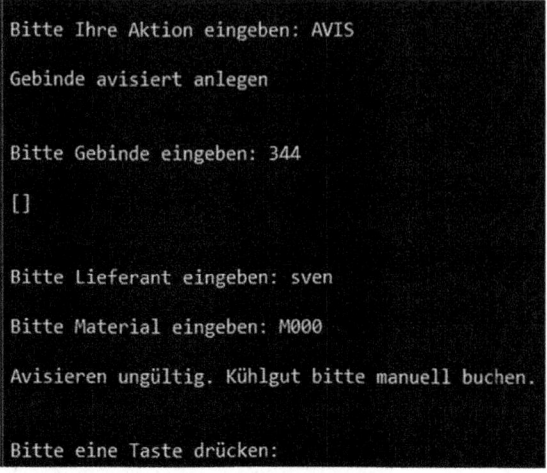

- ‚C', ‚Chargenfehler'
- ‚B', ‚Barcodefehler'
- ‚K', ‚Kartonage defekt'
- ‚P', ‚Palette defekt'
- ‚O', ‚Stretchfolie defekt'.

Nach Eingabe der Gebindenummer ‚*343*' werden zunächst die Stammdaten des Gebindes angezeigt. Anschließend muss eines der obigen ‚*Fehlerkennzeichen*' eingegeben werden. Das gewählte Kennzeichen wird im Gebindestamm gespeichert und das Gebinde zum I-Punkt transportiert. Ein zugehöriger Bewegungssatz wird datentechnisch abgelegt und angezeigt. Die folgende Spyder-Abbildung visualisiert diese Schritte (Abb. 6.11):

Das Gebinde befindet sich jetzt auf dem technischen Lagerplatz ‚*TRANSPORT_I_PUNKT*'.

Der Stichdialog prüft das eingegebene Gebinde auf Stammdaten-Existenz und auch darauf, ob es am Platz ‚*WE_STICH*' liegt. Im Fehlerfall erfolgt ein Abbruch (Abb. 6.12 und 6.13):

6.2.3 I-Punkt-Dialog mit ‚IPUNKT'

Am I-Punkt werden avisierte Gebinde per Laserstrahl – in SMILE per Zufallszahlen-Simulation – auf Fehler abgetastet und erhalten ggfs. einen ‚*Fehlercode*'. Dies führt im Falle eines Fehlercodes ungleich Null zu einem Weitertransport zum K-Punkt. Im anderen Fall erfolgt eine Umlagerung in Richtung HRL, so daß anschließend eine Einlagerung im HRL stattfinden kann. In jedem Fall wird eine automatische Wareneingangsbuchung des Gebindes vorgenommen.

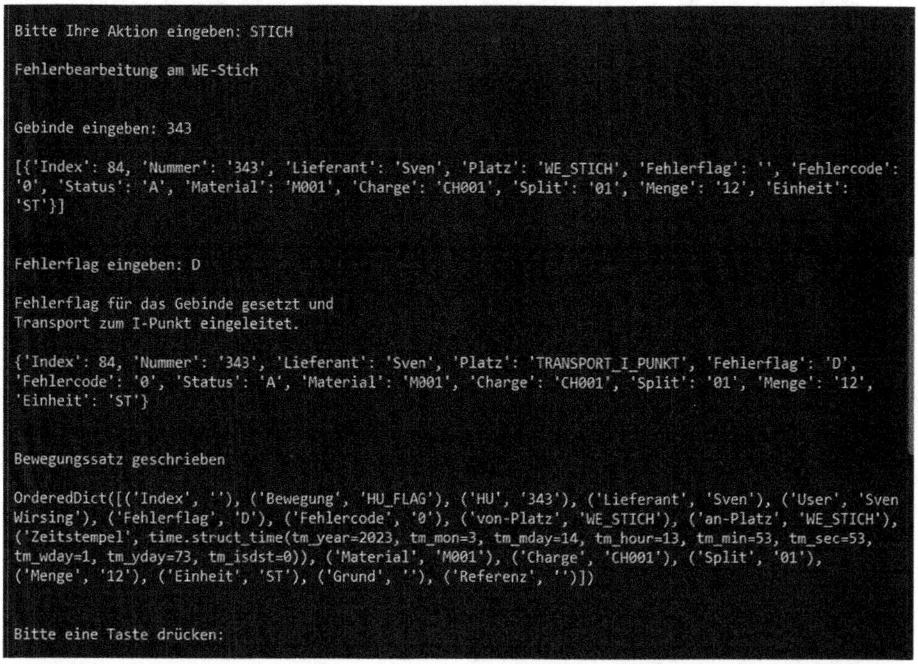

6.2 Wareneingangsprozesse

```
Bitte Ihre Aktion eingeben: STICH

Fehlerbearbeitung am WE-Stich

Gebinde eingeben: 343

[{'Index': 84, 'Nummer': '343', 'Lieferant': 'Sven', 'Platz': 'WE_STICH', 'Fehlerflag': '', 'Fehlercode':
'0', 'Status': 'A', 'Material': 'M001', 'Charge': 'CH001', 'Split': '01', 'Menge': '12', 'Einheit':
'ST'}]

Fehlerflag eingeben: D

Fehlerflag für das Gebinde gesetzt und
Transport zum I-Punkt eingeleitet.

{'Index': 84, 'Nummer': '343', 'Lieferant': 'Sven', 'Platz': 'TRANSPORT_I_PUNKT', 'Fehlerflag': 'D',
'Fehlercode': '0', 'Status': 'A', 'Material': 'M001', 'Charge': 'CH001', 'Split': '01', 'Menge': '12',
'Einheit': 'ST'}

Bewegungssatz geschrieben

OrderedDict([('Index', ''), ('Bewegung', 'HU_FLAG'), ('HU', '343'), ('Lieferant', 'Sven'), ('User', 'Sven
Wirsing'), ('Fehlerflag', 'D'), ('Fehlercode', '0'), ('von-Platz', 'WE_STICH'), ('an-Platz', 'WE_STICH'),
('Zeitstempel', time.struct_time(tm_year=2023, tm_mon=3, tm_mday=14, tm_hour=13, tm_min=53, tm_sec=53,
tm_wday=1, tm_yday=73, tm_isdst=0)), ('Material', 'M001'), ('Charge', 'CH001'), ('Split', '01'),
('Menge', '12'), ('Einheit', 'ST'), ('Grund', ''), ('Referenz', '')])

Bitte eine Taste drücken:
```

Abb. 6.11 Stichdialog LVS:PY

Abb. 6.12 Stichdialog Fehlerfall LVS.PY

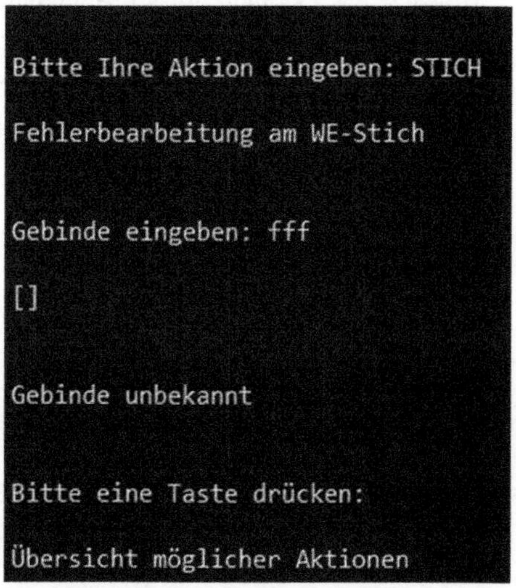

```
Bitte Ihre Aktion eingeben: STICH

Fehlerbearbeitung am WE-Stich

Gebinde eingeben: fff

[]

Gebinde unbekannt

Bitte eine Taste drücken:

Übersicht möglicher Aktionen
```

```
Fehlerbearbeitung am WE-Stich

Gebinde eingeben: 344

[OrderedDict([('Index', 85), ('Nummer', '344'), ('Lieferant', 'sven'), ('Platz', 'TRANSPORT_I_PUNKT'),
('Fehlerflag', 'op'), ('Fehlercode', 0), ('Status', 'A'), ('Material', 'M001'), ('Charge', 'CH001'),
('Split', '01'), ('Menge', '12,9'), ('Einheit', 'ST')])]

Gebinde ist nicht am WE-Stich


Bitte eine Taste drücken:
```

Abb. 6.13 Stichdialog Fehlerfall II LVS.PY

Der Aufruf der Funktion erfolgt durch den Menü-Code *‚IPUNKT'*.

Zunächst muss das *‚Gebinde'* vom User eingegeben werden. Es muss datentechnisch existieren, avisiert sein und sich auf einem der Lagerplätze *‚I_PUNKT'* oder *‚TRANSPORT_I_PUNKT'* befinden. Ansonsten bricht der Dialog mit einem Fehler ab (Abb. 6.14, 6.15 und 6.16).

Anschließend wird der Fehlercode durch Zufallszahlen ermittelt. Dazu werden zunächst die Fehleranzahl und anschließend die Fehler selbst zufallsbasiert bestimmt. Der Fehlercode als Summe aller 2er-Potenzen der zufällig ermittelten Fehler wird ausgegeben. Ein zugehöriger Bewegungssatz wird abgespeichert und angezeigt (Abb. 6.17).

Besitzt das Gebinde ein am Stichdialog erfasstes *‚Fehlerflag'* oder wurde ein *‚Fehlercode'* ungleich Null am I-Punkt ermittelt, folgen automatische Wareneingangsbuchung und Weitertransport des Gebindes zum K-Punkt. Zu diesem Zweck wird das Gebinde auf den Platz *‚TRANSPORT_K_PUNKT'* umgebucht. Zu diesem Vorgang wird ein Bewegungssatz geschrieben = abgespeichert. Falls das Gebinde nicht am I-Punkt, sondern auf

Abb. 6.14 I-Punktdialog LVS.PY, Gebinde unbekannt

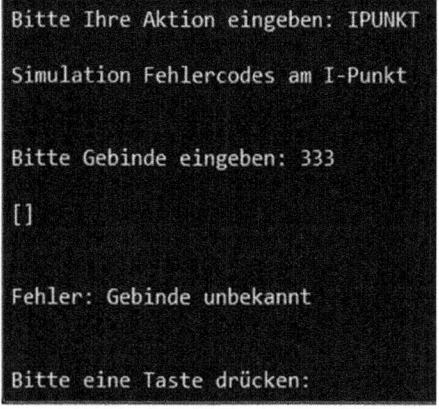

6.2 Wareneingangsprozesse

```
Bitte Ihre Aktion eingeben: IPUNKT

Simulation Fehlercodes am I-Punkt

Bitte Gebinde eingeben: 343

[{'Index': 84, 'Nummer': '343', 'Lieferant': 'Sven', 'Platz': 'WE_STICH', 'Fehlerflag': '', 'Fehlercode':
'0', 'Status': 'A', 'Material': 'M001', 'Charge': 'CH001', 'Split': '01', 'Menge': '12', 'Einheit':
'ST'}]

Fehler: Gebinde befindet sich auf falschem Platz.

Bitte eine Taste drücken:
```

Abb. 6.15 I-Punktdialog LVS.PY, Gebinde auf falschem Lagerplatz

```
Bitte Ihre Aktion eingeben: IPUNKT

Simulation Fehlercodes am I-Punkt

Bitte Gebinde eingeben: 111112

[{'Index': 71, 'Nummer': '111112', 'Lieferant': 'K', 'Platz': 'I_PUNKT', 'Fehlerflag': '', 'Fehlercode':
'0', 'Status': 'L', 'Material': 'M002', 'Charge': 'CH002', 'Split': '01', 'Menge': '12', 'Einheit':
'ST'}]

Fehler: Gebinde nicht avisert.

Bitte eine Taste drücken:
```

Abb. 6.16 I-Punktdialog LVS.PY, Gebinde nicht avisiert

dem Lagerplatz *‚TRANSPORT_I_PUNKT'* liegt, wird es vor der eigentlichen Umbuchung zunächst auf den *‚I_PUNKT'* umgebucht und ein Bewegungssatz gespeichert (Abb. 6.18).

Im anderen Fall ist das Gebinde bereit zur Einlagerung. Der Status wird von *‚A'* zu *‚L'* geändert und ein automatischer Wareneingang des avisierten Gebindes prozessiert. Eine entsprechende Wareneingangs-Bewegung wird gespeichert. Das Gebinde wird folgend auf den Lagerplatz *‚TRANSPORT_HRL'* umgelagert. Auch zu diesem Transport wird automatisch ein Bewegungssatz erfasst (Abb. 6.19).

Mit Betätigung einer beliebigen Taste kehrt man zum Menü zurück (Abb. 6.20):

6.2.4 K-Punkt-Dialog mit ‚KPUNKT'

Die Funktion wird mittels Code *‚KPUNKT'* aus dem Menü heraus gestartet. Zu Beginn erfolgt die Eingabe der *‚Gebindenummer'*. Das Gebinde muss datentechnisch existieren

```
Gebinde am I-Punkt bekannt!

HU automatisch WE-gebucht

Bewegungssatz geschrieben

OrderedDict([('Index', ''), ('Bewegung', 'HU_WE'), ('HU', '4714'), ('Lieferant', '123-TOP'), ('User',
'd'), ('Fehlerflag', 'B'), ('Fehlercode', '164368'), ('von-Platz', 'I_PUNKT'), ('an-Platz', 'I_PUNKT'),
('Zeitstempel', time.struct_time(tm_year=2023, tm_mon=3, tm_mday=15, tm_hour=21, tm_min=0, tm_sec=36,
tm_wday=2, tm_yday=74, tm_isdst=0)), ('Material', 'M001'), ('Charge', 'CH001'), ('Split', '10'),
('Menge', '42'), ('Einheit', 'ST'), ('Grund', ''), ('Referenz', '')])
[12]
[128]
[2176]
[2688]
[68224]
[68288]
[199360]
[232128]
[232136]
[248520]
[248524]
[248528]
[248656]

Fehlercode ermittelt:
[248656]
```

Abb. 6.17 I-Punktdialog LVS.PY, Fehlercode

```
Transport zum K-Punkt eingeleitet.

Bewegungssatz geschrieben

OrderedDict([('Index', ''), ('Bewegung', 'HU_CODE'), ('HU', '4714'), ('Lieferant', '123-TOP'), ('User',
'd'), ('Fehlerflag', 'B'), ('Fehlercode', array([248656], dtype=int32)), ('von-Platz', 'I_PUNKT'), ('an-
Platz', 'I_PUNKT'), ('Zeitstempel', time.struct_time(tm_year=2023, tm_mon=3, tm_mday=15, tm_hour=21,
tm_min=0, tm_sec=36, tm_wday=2, tm_yday=74, tm_isdst=0)), ('Material', 'M001'), ('Charge', 'CH001'),
('Split', '10'), ('Menge', '42'), ('Einheit', 'ST'), ('Grund', ''), ('Referenz', '')])

Bewegungssatz geschrieben

OrderedDict([('Index', ''), ('Bewegung', 'HU_TA'), ('HU', '4714'), ('Lieferant', '123-TOP'), ('User',
'd'), ('Fehlerflag', 'B'), ('Fehlercode', array([248656], dtype=int32)), ('von-Platz', 'I_PUNKT'), ('an-
Platz', 'TRANSPORT_K_PUNKT'), ('Zeitstempel', time.struct_time(tm_year=2023, tm_mon=3, tm_mday=15,
tm_hour=21, tm_min=0, tm_sec=36, tm_wday=2, tm_yday=74, tm_isdst=0)), ('Material', 'M001'), ('Charge',
'CH001'), ('Split', '10'), ('Menge', '42'), ('Einheit', 'ST'), ('Grund', ''), ('Referenz', '')])

Bitte eine Taste drücken:
```

Abb. 6.18 I-Punktdialog LVS.PY, Weitertransport K-Punkt

6.2 Wareneingangsprozesse

```
Konnten Sie die Palette richten (JA/NEIN)? JA

Gebindetransport ins HRL eingeleitet

Gebinde nicht avisert: keine automatische WE-Buchung durchgeführt.

Bewegungssatz geschrieben

OrderedDict([('Index', ''), ('Bewegung', 'HU_TA'), ('HU', '4724'), ('Lieferant', 'TIP-TOP'), ('User',
'ddd'), ('Fehlerflag', ''), ('Fehlercode', 0), ('von-Platz', 'K_PUNKT'), ('an-Platz', 'TRANSPORT_HRL'),
('Zeitstempel', time.struct_time(tm_year=2023, tm_mon=3, tm_mday=15, tm_hour=21, tm_min=21, tm_sec=7,
tm_wday=2, tm_yday=74, tm_isdst=0)), ('Material', 'M002'), ('Charge', 'CH002'), ('Split', '0'), ('Menge',
'42'), ('Einheit', 'ST'), ('Grund', ''), ('Referenz', '')])

Bewegungssatz geschrieben

OrderedDict([('Index', ''), ('Bewegung', 'HU_TA'), ('HU', '4724'), ('Lieferant', 'TIP-TOP'), ('User',
'ddd'), ('Fehlerflag', ''), ('Fehlercode', ''), ('von-Platz', 'TRANSPORT_K_PUNKT'), ('an-Platz',
'K_PUNKT'), ('Zeitstempel', time.struct_time(tm_year=2023, tm_mon=3, tm_mday=15, tm_hour=21, tm_min=21,
tm_sec=7, tm_wday=2, tm_yday=74, tm_isdst=0)), ('Material', 'M002'), ('Charge', 'CH002'), ('Split', '0'),
('Menge', '42'), ('Einheit', 'ST'), ('Grund', ''), ('Referenz', '')])

Bitte eine Taste drücken:
```

Abb. 6.24 K-Punktdialog LVS.PY, Einlagerung HRL

```
Konnten Sie die Palette richten (JA/NEIN)? NEIN

Gebindetransport zur Lieferantenretoure eingeleitet

Bewegungssatz geschrieben

OrderedDict([('Index', ''), ('Bewegung', 'HU_TA'), ('HU', '4714'), ('Lieferant', '123-TOP'), ('User',
's'), ('Fehlerflag', 'B'), ('Fehlercode', '164368'), ('von-Platz', 'K_PUNKT'), ('an-Platz',
'TRANSPORT_RETOURE'), ('Zeitstempel', time.struct_time(tm_year=2023, tm_mon=3, tm_mday=15, tm_hour=21,
tm_min=23, tm_sec=32, tm_wday=2, tm_yday=74, tm_isdst=0)), ('Material', 'M001'), ('Charge', 'CH001'),
('Split', '10'), ('Menge', '42'), ('Einheit', 'ST'), ('Grund', ''), ('Referenz', '')])

Bitte eine Taste drücken:
```

Abb. 6.25 K-Punktdialog LVS.PY, Weitertransport zum Retourenplatz

Im Positivfall werden Fehlerflag und Fehlercode zur Palette entfernt und das Gebinde zur Einlagerung auf den Platz ‚*TRANSPORT_HRL*' umgelagert. Entsprechende Bewegungssätze werden geschrieben (Abb. 6.24).

Im anderen Fall erfolgt eine Umlagerung zum Lieferanten-Retourenplatz ‚*TRANSPORT_RETOURE*' nebst Bewegungssatzanlage (Abb. 6.25).

Mit Betätigung einer beliebigen Taste kehrt man zum Menü zurück (Abb. 6.26):

6.2.5 manueller Wareneingang mit ‚WEMA'

Der Aufruf der Funktion erfolgt durch den Menü-Code ‚*WEMA*'.

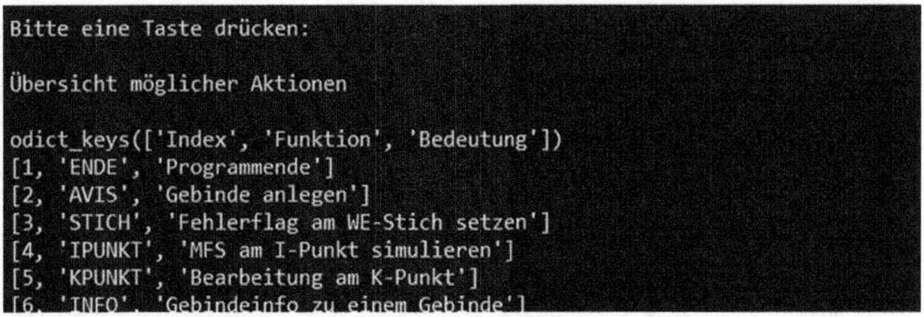

```
Bitte eine Taste drücken:

Übersicht möglicher Aktionen

odict_keys(['Index', 'Funktion', 'Bedeutung'])
[1, 'ENDE', 'Programmende']
[2, 'AVIS', 'Gebinde anlegen']
[3, 'STICH', 'Fehlerflag am WE-Stich setzen']
[4, 'IPUNKT', 'MFS am I-Punkt simulieren']
[5, 'KPUNKT', 'Bearbeitung am K-Punkt']
[6, 'INFO', 'Gebindeinfo zu einem Gebinde']
```

Abb. 6.26 K-Punktdialog LVS.PY, Rückkehr zum Menü

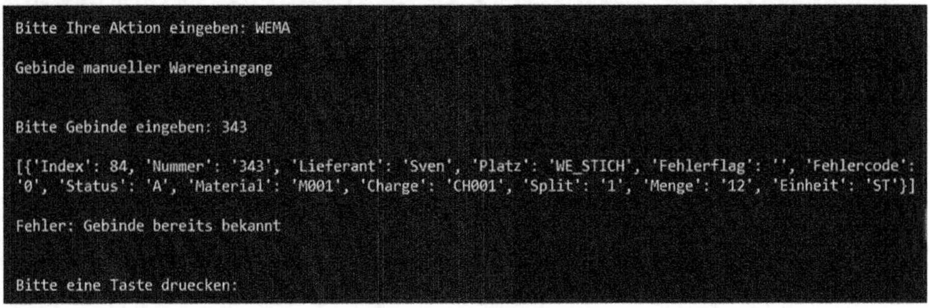

```
Bitte Ihre Aktion eingeben: WEMA

Gebinde manueller Wareneingang

Bitte Gebinde eingeben: 343

[{'Index': 84, 'Nummer': '343', 'Lieferant': 'Sven', 'Platz': 'WE_STICH', 'Fehlerflag': '', 'Fehlercode':
'0', 'Status': 'A', 'Material': 'M001', 'Charge': 'CH001', 'Split': '1', 'Menge': '12', 'Einheit': 'ST'}]

Fehler: Gebinde bereits bekannt

Bitte eine Taste druecken:
```

Abb. 6.27 manueller Wareneingang LVS.PY, Gebinde bekannt

Als erstes muss die ‚*Gebindenummer*' vom User verifiziert werden. Diese darf nicht IT-seitig bekannt sein. Ansonsten bricht der Dialog ab (Abb. 6.27):

Die Eingabe des ‚*Lieferanten*' ist prüfungsfrei. Ein bereits datentechnisch existierendes ‚*Material*' (sonst erfolgt in Abbruch) ist vom User zu erfassen (Abb. 6.28):

6.2.5.1 manueller Wareneingang mit neuer Charge

Ist das Material chargenpflichtig, müssen ‚*Charge*' und ‚*Split*' vom User erfasst werden. Ist diese Kombination datentechnisch noch nicht bekannt, wird die Chargenprüfung (Länge, Alphabet etc.) durchgeführt und ggfs. der Dialog im Fehlerfall abgebrochen (Abb. 6.29):

Ansonsten wird die Chargen-Split-Kombination nach zusätzlicher Erfassung des Verfallsdatums angelegt (Abb. 6.30):

In jedem Fall sind nun Gebinde, Lieferant, Material und ggfs. Charge und Split bekannt. Nach Eingabe der ‚*Menge*' wird für die folgende Wareneingangsbuchung – die

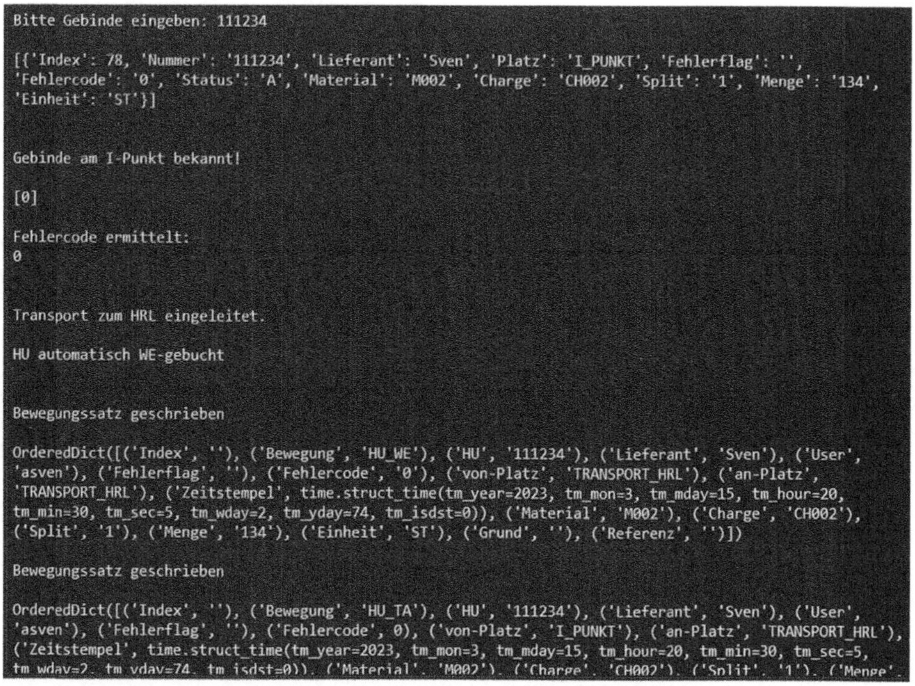

6.2 Wareneingangsprozesse

```
Bitte Gebinde eingeben: 111234

[{'Index': 78, 'Nummer': '111234', 'Lieferant': 'Sven', 'Platz': 'I_PUNKT', 'Fehlerflag': '',
'Fehlercode': '0', 'Status': 'A', 'Material': 'M002', 'Charge': 'CH002', 'Split': '1', 'Menge': '134',
'Einheit': 'ST'}]

Gebinde am I-Punkt bekannt!

[0]

Fehlercode ermittelt:
0

Transport zum HRL eingeleitet.

HU automatisch WE-gebucht

Bewegungssatz geschrieben

OrderedDict([('Index', ''), ('Bewegung', 'HU_WE'), ('HU', '111234'), ('Lieferant', 'Sven'), ('User',
'asven'), ('Fehlerflag', ''), ('Fehlercode', '0'), ('von-Platz', 'I_PUNKT'), ('an-Platz',
'TRANSPORT_HRL'), ('Zeitstempel', time.struct_time(tm_year=2023, tm_mon=3, tm_mday=15, tm_hour=20,
tm_min=30, tm_sec=5, tm_wday=2, tm_yday=74, tm_isdst=0)), ('Material', 'M002'), ('Charge', 'CH002'),
('Split', '1'), ('Menge', '134'), ('Einheit', 'ST'), ('Grund', ''), ('Referenz', '')])

Bewegungssatz geschrieben

OrderedDict([('Index', ''), ('Bewegung', 'HU_TA'), ('HU', '111234'), ('Lieferant', 'Sven'), ('User',
'asven'), ('Fehlerflag', ''), ('Fehlercode', 0), ('von-Platz', 'I_PUNKT'), ('an-Platz', 'TRANSPORT_HRL'),
('Zeitstempel', time.struct_time(tm_year=2023, tm_mon=3, tm_mday=15, tm_hour=20, tm_min=30, tm_sec=5,
tm_wday=2, tm_yday=74, tm_isdst=0)), ('Material', 'M002'), ('Charge', 'CH002'), ('Split', '1'), ('Menge',
```

Abb. 6.19 I-Punktdialog LVS.PY, Einlagerung HRL

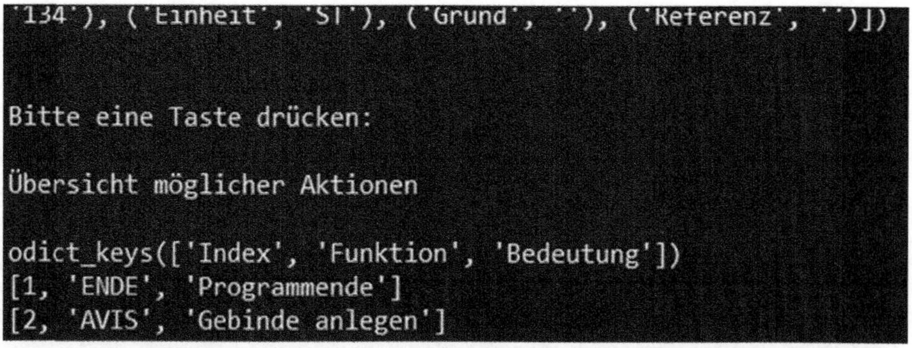

```
'134'), ('Einheit', 'ST'), ('Grund', ''), ('Referenz', '')])


Bitte eine Taste drücken:

Übersicht möglicher Aktionen

odict_keys(['Index', 'Funktion', 'Bedeutung'])
[1, 'ENDE', 'Programmende']
[2, 'AVIS', 'Gebinde anlegen']
```

Abb. 6.20 I-Punktdialog LVS.PY, Rückkehr zum Menü

und entweder am Platz ‚*K_PUNKT*' oder ‚*TRANSPORT_K_PUNKT*' liegen. Ansonsten bricht der Dialog ab (Abb. 6.21 und 6.22).

Folgend werden dem User der Text zum Fehlerflag und basierend auf der Binärzerlegung des Fehlercodes auch die Fehlercodetexte angezeigt. Nun muss der User die Palette

Abb. 6.21 K-Punktdialog
LVS.PY, Gebinde unbekannt

```
Bitte Ihre Aktion eingeben: KPUNKT

Fehlerbearbeitung am K-Punkt

Bitte Gebinde eingeben: 45

Fehler: Gebinde unbekannt

Bitte eine Taste drücken:
```

Abb. 6.22 K-Punktdialog
LVS.PY, Gebinde auf falschem
Lagerplatz

```
Bitte Ihre Aktion eingeben: KPUNKT
Fehlerbearbeitung am K-Punkt

Bitte Gebinde eingeben: 4726
Fehler: ebinde befindet sich auf falschem Platz.

Bitte eine Taste drücken:
```

richten. Gelingt es ihm, bestätigt er die nächste Frage mit *„JA"* ansonsten mit *„NEIN"* (Abb. 6.23).

```
Fehlerbearbeitung am K-Punkt

Bitte Gebinde eingeben: 4724

Gebinde am K-Punkt bekannt!

[{'Index': 10, 'Nummer': '4724', 'Lieferant': 'TIP-TOP', 'Platz': 'TRANSPORT_K_PUNKT', 'Fehlerflag': '',
'Fehlercode': '13316', 'Status': 'L', 'Material': 'M002', 'Charge': 'CH002', 'Split': '0', 'Menge': '42',
'Einheit': 'ST'}]

Ermittlung Fehlertext vom WE-Stich:
[]

Fehlercode: 13316
[1, 1, 0, 1, 0, 0, 0, 0, 0, 0, 1, 0, 0]
Barcodedaten fehlerhaft übermittelt
links
vordere Kante
hintere Kante

Konnten Sie die Palette richten (JA/NEIN)?
```

Abb. 6.23 K-Punktdialog LVS.PY, Anzeige Fehler und Richtfrage

6.2 Wareneingangsprozesse

Abb. 6.28 manueller Wareneingang LVS.PY, Material unbekannt

```
Bitte Ihre Aktion eingeben: WEMA
Gebinde manueller Wareneingang

Bitte Gebinde eingeben: 123
[]

Bitte Lieferant eingeben: Sven
Bitte Material eingeben: M0023
Fehler: Material unbekannt

Bitte eine Taste druecken:
```

Abb. 6.29 manueller Wareneingang LVS.PY, fehlerhafte Chargenprüfung

```
Bitte Ihre Aktion eingeben: WEMA
Gebinde manueller Wareneingang

Bitte Gebinde eingeben: 1221
[]

Bitte Lieferant eingeben: Sven
Bitte Material eingeben: M001
Bitte Charge eingeben: CH000000000000000
Bitte Split eingeben: 12
Pruefung neuer Charge
1
Fehler: Chargenlaenge max. 10 verletzt

Bitte eine Taste druecken:
```

den Bestand nebst Gebinde auf den Lagerplatz ‚*WE_LIEF*' anlegt – die ‚*Basismengeneinheit = BME*' des Materials im Hintergrund aus dem Materialstamm ermittelt (Abb. 6.31):

Zuletzt erfolgt eine Abfrage zum ‚*Labeldruck*'. Das Label wird bei Beantwortung mit „*JA*" zum Gebinde erzeugt, abgespeichert und angezeigt (Abb. 6.32):

Die Ablage erfolgt analog zum avisierten Wareneingang (siehe 6.2.1). Mit Bestätigung mittels beliebiger Taste kehrt man zum Menü zurück (siehe auch 6.2.19).

```
Gebinde manueller Wareneingang

Bitte Gebinde eingeben: 1221

[]

Bitte Lieferant eingeben: Sven

Bitte Material eingeben: M001

Bitte Charge eingeben: CH10

Bitte Split eingeben: 10
Pruefung neuer Charge
1
OKAY

Bitte Verfallsdatum eingeben: 1.1.2025
neue Charge angelegt

Bewegungssatz geschrieben

OrderedDict([('Index', ''), ('Bewegung', 'CH_01'), ('HU', ''), ('Lieferant', 'Sven'), ('User', 'sss'),
('Fehlerflag', ''), ('Fehlercode', 0), ('von-Platz', ''), ('an-Platz', 'WE_LIEF'), ('Zeitstempel',
time.struct_time(tm_year=2023, tm_mon=3, tm_mday=15, tm_hour=21, tm_min=53, tm_sec=0, tm_wday=2,
tm_yday=74, tm_isdst=0)), ('Material', 'M001'), ('Charge', 'CH10'), ('Split', '10'), ('Menge', ''),
('Einheit', ''), ('Grund', ''), ('Referenz', '')])
```

Abb. 6.30 manueller Wareneingang LVS.PY, Chargenanlage

```
Bitte Menge eingeben: 12
HU Wareneingang gebucht

Bewegungssatz geschrieben

OrderedDict([('Index', ''), ('Bewegung', 'HU_WE'), ('HU', '1221'), ('Lieferant', 'Sven'), ('User',
'sss'), ('Fehlerflag', ''), ('Fehlercode', 0), ('von-Platz', ''), ('an-Platz', 'WE_LIEF'),
('Zeitstempel', time.struct_time(tm_year=2023, tm_mon=3, tm_mday=15, tm_hour=21, tm_min=53, tm_sec=46,
tm_wday=2, tm_yday=74, tm_isdst=0)), ('Material', 'M001'), ('Charge', 'CH10'), ('Split', '10'), ('Menge',
'12'), ('Einheit', 'ST'), ('Grund', ''), ('Referenz', '')])

Wollen Sie ein Label drucken (JA/NEIN)?
```

Abb. 6.31 manueller Wareneingang LVS.PY, Menge und Buchung

6.2.5.2 manueller Wareneingang mit bekannter Charge
Im Falle eines chargenpflichtigen Materials mit bekannter Charge ist der Prozessablauf folgendermaßen (Abb. 6.33):

6.2.5.3 manueller Wareneingang ohne Charge
Im Falle eines nicht-chargenpflichtigen Materials ist die Abfolge etwas kürzer (aber fast analog) (Abb. 6.34):

6.3 Interne Prozesse

Abb. 6.32 manueller Wareneingang LVS.PY, Label

6.3 Interne Prozesse

6.3.1 Umlagern mit ‚PLATZ'

Der Menü-Code *‚PLATZ'* startet das *‚Umlagern'*.

Zunächst muss das *‚Gebinde'* eingegeben werden, welches IT-seitig existent sein und sich im Lager befinden muss. Ansonsten bricht der Dialog ab (Abb. 6.35 und 6.36):

Nachfolgend ist vom User der *‚Zielplatz'* einzugeben, der datentechnisch existieren und – falls kein unbegrenzt kapazitativer Platz vorliegt – noch nicht belegt sein darf. Ansonsten erfolgt ein Abbruch des Dialoges (Abb. 6.37 und 6.38):

Zusätzlich wird bei Vorliegen von Kühlgut der Zielplatz bzgl. der Temperatur geprüft. Ist sie zu hoch oder zu niedrig, erfolgt eine Fehlermeldung (Abb. 6.39).

Im Hintergrund wird nun die aktuelle Anzahl an HUs auf dem Zielplatz berechnet, zum Platz gespeichert und ggfs. das Belegtkennzeichen gesetzt. Entsprechend wird die Anzahl

```
Bitte Ihre Aktion eingeben: WEMA
Gebinde manueller Wareneingang

Bitte Gebinde eingeben: 12221
[]

Bitte Lieferant eingeben: Sven
Bitte Material eingeben: M001
Bitte Charge eingeben: CH10
Bitte Split eingeben: 10
Bitte Menge eingeben: 12
HU Wareneingang gebucht

Bewegungssatz geschrieben
OrderedDict([('Index', ''), ('Bewegung', 'HU_WE'), ('HU', '12221'), ('Lieferant', 'Sven'), ('User',
'sss'), ('Fehlerflag', ''), ('Fehlercode', 0), ('von-Platz', ''), ('an-Platz', 'WE_LIEF'),
('Zeitstempel', time.struct_time(tm_year=2023, tm_mon=3, tm_mday=15, tm_hour=22, tm_min=1, tm_sec=4,
tm_wday=2, tm_yday=74, tm_isdst=0)), ('Material', 'M001'), ('Charge', 'CH10'), ('Split', '10'), ('Menge',
'12'), ('Einheit', 'ST'), ('Grund', ''), ('Referenz', '')])

Wollen Sie ein Label drucken (JA/NEIN)?
```

Abb. 6.33 manueller Wareneingang LVS.PY, bekannte Charge

```
Bitte Ihre Aktion eingeben: WEMA
Gebinde manueller Wareneingang

Bitte Gebinde eingeben: 122121
[]

Bitte Lieferant eingeben: Sven
Bitte Material eingeben: M005
Bitte Menge eingeben: 12
HU Wareneingang gebucht

Bewegungssatz geschrieben
OrderedDict([('Index', ''), ('Bewegung', 'HU_WE'), ('HU', '122121'), ('Lieferant', 'Sven'), ('User',
'sven'), ('Fehlerflag', ''), ('Fehlercode', 0), ('von-Platz', ''), ('an-Platz', 'WE_LIEF'),
('Zeitstempel', time.struct_time(tm_year=2023, tm_mon=3, tm_mday=15, tm_hour=22, tm_min=8, tm_sec=24,
tm_wday=2, tm_yday=74, tm_isdst=0)), ('Material', 'M005'), ('Charge', ''), ('Split', ''), ('Menge',
'12'), ('Einheit', 'ST'), ('Grund', ''), ('Referenz', '')])

Wollen Sie ein Label drucken (JA/NEIN)?
```

Abb. 6.34 manueller Wareneingang LVS.PY, ohne Charge

6.3 Interne Prozesse

Abb. 6.35 Umlagern LVS.PY, Gebinde nicht vorhanden

```
Bitte Ihre Aktion eingeben: PLATZ

Platz von Gebinde ändern

Bitte Gebinde eingeben: 123
[]

Fehler: Gebinde unbekannt

Bitte eine Taste drücken
```

```
Bitte Ihre Aktion eingeben: PLATZ

Platz von Gebinde ändern

Bitte Gebinde eingeben: 4730
[{'Index': 14, 'Nummer': '4730', 'Lieferant': 'TIP-TOP', 'Platz': 'RETOURE', 'Fehlerflag': '',
'Fehlercode': '', 'Status': 'A', 'Material': 'M002', 'Charge': 'CH002', 'Split': '0', 'Menge': '42',
'Einheit': 'ST'}]

Fehler: Gebinde ist nicht im Lager, sondern avisiert oder inkonsistenter Zustand.

Bitte eine Taste drücken
```

Abb. 6.36 Umlagern LVS.PY, Gebinde nicht im Lager

```
Bitte Ihre Aktion eingeben: PLATZ

Platz von Gebinde ändern

Bitte Gebinde eingeben: 1234321
[{'Index': 73, 'Nummer': '1234321', 'Lieferant': 'Sven', 'Platz': 'NIO', 'Fehlerflag': ' ', 'Fehlercode':
'13416', 'Status': 'L', 'Material': 'M001', 'Charge': 'CH001', 'Split': '1', 'Menge': '12', 'Einheit':
'ST'}]

Neuen Platz eingeben: Hans

Fehler: Zielplatz unbekannt

Bitte eine Taste drücken
```

Abb. 6.37 Umlagern LVS.PY, Zielplatz unbekannt

```
Bitte Ihre Aktion eingeben: PLATZ

Platz von Gebinde ändern

Bitte Gebinde eingeben: 988766
[{'Index': 78, 'Nummer': '988766', 'Lieferant': 'Sven', 'Platz': 'HRL_01_01_06', 'Fehlerflag': '',
'Fehlercode': '0', 'Status': 'L', 'Material': 'M001', 'Charge': 'CH001', 'Split': '1', 'Menge': '12',
'Einheit': 'ST'}]

Neuen Platz eingeben: HRL_01_01_01

Fehler: An-Platz ist bereits belegt.


Bitte eine Taste drücken
```

Abb. 6.38 Umlagern LVS.PY, Zielplatz belegt

```
Bitte Ihre Aktion eingeben: PLATZ

Platz von Gebinde ändern

Bitte Gebinde eingeben: 1004
[{'Index': 70, 'Nummer': '1004', 'Lieferant': 'sven', 'Platz': 'WE_LIEF', 'Fehlerflag': '', 'Fehlercode':
'0', 'Status': 'L', 'Material': 'M004', 'Charge': 'CH004', 'Split': '0', 'Menge': '12', 'Einheit': 'L'}]

Neuen Platz eingeben: HRL_01_01_01

Fehler: Temperatur-Obergrenze verletzt

Bitte eine Taste drücken
```

Abb. 6.39 Umlagern LVS.PY, Zielplatz nicht geeignet temperiert

HUs auf dem Quellplatz reduziert und ggfs. das Belegtkennzeichen zurückgenommen. Nach erfolgreicher Buchung des Gebindes auf den neuen Platz = Zielplatz kann sich der User einen Transportbeleg zur Unterstützung der physischen Bewegung ausdrucken lassen. Dazu muss er die folgende Frage mit „*JA*" beantworten (Abb. 6.40):

Anbei der gedruckte Beleg, der als PDF-Datei abgespeichert wird (Abb. 6.41, 6.42 und 6.43).

Die Überschrift ist SMILE LVS-Prototyp. Die aus dem „*Nummernkreis*" gezogene Transportnummer, die Gebindenummer, der Quellplatz, der Zielplatz, der angemeldete User und die Hinweise zur Kühlpflicht werden angezeigt. Zudem gibt es weitere Felder (Ausführender, Anmerkungen, Datum, Uhrzeit, Unterschrift), die der Ausführende der

6.3 Interne Prozesse

```
Bitte Ihre Aktion eingeben: PLATZ

Platz von Gebinde ändern

Bitte Gebinde eingeben: 1234321

[{'Index': 73, 'Nummer': '1234321', 'Lieferant': 'Sven', 'Platz': 'NIO', 'Fehlerflag': ' ', 'Fehlercode':
'13416', 'Status': 'L', 'Material': 'M001', 'Charge': 'CH001', 'Split': '1', 'Menge': '12', 'Einheit':
'ST'}]

Neuen Platz eingeben: HRL_01_01_01

Platz für das Gebinde geändert.

Bewegungssatz geschrieben

OrderedDict([('Index', ''), ('Bewegung', 'HU_TA'), ('HU', '1234321'), ('Lieferant', 'Sven'), ('User',
'sss'), ('Fehlerflag', ' '), ('Fehlercode', '13416'), ('von-Platz', 'NIO'), ('an-Platz', 'HRL_01_01_01'),
('Zeitstempel', time.struct_time(tm_year=2023, tm_mon=3, tm_mday=16, tm_hour=19, tm_min=56, tm_sec=39,
tm_wday=3, tm_yday=75, tm_isdst=0)), ('Material', 'M001'), ('Charge', 'CH001'), ('Split', '1'), ('Menge',
'12'), ('Einheit', 'ST'), ('Grund', ''), ('Referenz', '')])
Hallo sss
Wollen Sie ein Transportbeleg drucken (JA/NEIN)?
```

Abb. 6.40 Umlagern LVS.PY, Buchung und Transportbelegabfrage

Abb. 6.41 Umlagern LVS.PY, Transportbeleg „JA"

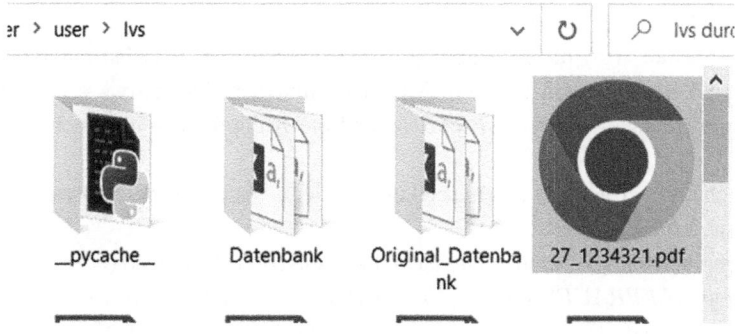

Abb. 6.42 Umlagern LVS.PY, Transportbelegablage

SMILE LVS-Prototyp

Transport: 27

Gebinde: 1234321

Hinweise: keine Kühlpflicht

von-Platz: NIO

an-Platz: HRL_01_01_01

Ersteller: sss

Ausführender: ...

Anmerkungen: ...

Datum, Uhrzeit, Unterschrift: ...

Abb. 6.43 Umlagern LVS.PY, Transportbeleg – PDF

physischen Bewegung auf dem gedruckten Beleg nach Durchführung der Umlagerung ausfüllen sollte.
Mit Betätigung einer beliebigen Taste kehrt man zum Menü zurück (siehe auch 6.2.19).

6.3.2 Einlagern mit ‚EINLAG'

Der Aufruf dieser Funktion erfolgt durch den Code ‚*EINLAG*' aus dem Menü heraus.
   Der User muss ein ‚*Gebinde*' eingeben, welches im Lager im Status = ‚*L*' vorhanden sein muss (Abb. 6.44, 6.45 und 6.46):
   Im Erfolgsfall wird die Einlagerung vorgenommen und zunächst ein Platz gesucht. Zu diesem Zweck werden aus dem Materialstamm der Einlagertyp – hier ‚*HRL*' –, die Einlagerstrategie – hier ‚*LEERAB*' – und die Kühlpflicht – hier nicht vorhanden – ermittelt.
   Mögliche Lagerplätze werden selektiert, belegte und falsch temperierte Zielplätze werden aussortiert.
   Die möglichen Plätze werden nun nach ihrer Kapazität absteigend (oder aufsteigend bei der Strategie ‚*LEERAUF*') mittels ‚*Tim-Sort*' durch Python sortiert. Der in der sortierten Lagerplatzliste erste Platz wird zur Einlagerung ausgewählt (Abb. 6.47 und 6.48):

6.3 Interne Prozesse

```
Bitte Ihre Aktion eingeben: EINLAG

Gebinde einlagern


Bitte Gebinde eingeben: 33333
Gebinde einlagern


Fehler: Gebinde unbekannt


Bitte eine Taste drücken
```

Abb. 6.44 Einlagern LVS.PY, Gebinde unbekannt

```
Protokoll Platzfindung zu HU  4714
Material: M001
Einlagertyp HRL
Strategie  LEERAUF
Kuehlpflicht  NEIN
nicht belegte Plätze im Einlagertyp
[{'Index': 12, 'Platz': 'HRL_01_01_02', 'Bedeutung': 'HRL, Gang 1, Säule 1, Platz 2', 'Lagertyp': 'HRL',
'belegt': 'NEIN', 'Temperatur': '20', 'Kapazitaet': '2', 'aktAnzahl': '1'}, {'Index': 13, 'Platz':
'HRL_01_01_03', 'Bedeutung': 'HRL, Gang 1, Säule 1, Platz 3', 'Lagertyp': 'HRL', 'belegt': 'NEIN',
'Temperatur': '20', 'Kapazitaet': '2', 'aktAnzahl': '1'}, {'Index': 14, 'Platz': 'HRL_01_01_04',
'Bedeutung': 'HRL, Gang 1, Säule 1, Platz 4', 'Lagertyp': 'HRL', 'belegt': 'NEIN', 'Temperatur': '20',
'Kapazitaet': '2', 'aktAnzahl': '1'}, {'Index': 15, 'Platz': 'HRL_01_01_05', 'Bedeutung': 'HRL, Gang 1,
Säule 1, Platz 5', 'Lagertyp': 'HRL', 'belegt': 'NEIN', 'Temperatur': '20', 'Kapazitaet': '2',
'aktAnzahl': '1'}, {'Index': 16, 'Platz': 'HRL_01_01_06', 'Bedeutung': 'HRL, Gang 1, Säule 1, Platz 6',
'Lagertyp': 'HRL', 'belegt': 'NEIN', 'Temperatur': '20', 'Kapazitaet': '2', 'aktAnzahl': '1'}]
Platz  HRL_01_01_02 wird in mögliche Plätze übernommen.
Platz  HRL_01_01_02  hat freie Kapazität  1
Platz  HRL_01_01_03 wird in mögliche Plätze übernommen.
Platz  HRL_01_01_03  hat freie Kapazität  1
Platz  HRL_01_01_04 wird in mögliche Plätze übernommen.
Platz  HRL_01_01_04  hat freie Kapazität  1
Platz  HRL_01_01_05 wird in mögliche Plätze übernommen.
Platz  HRL_01_01_05  hat freie Kapazität  1
Platz  HRL_01_01_06 wird in mögliche Plätze übernommen.
Platz  HRL_01_01_06  hat freie Kapazität  1
```

Abb. 6.45 Einlagern LVS.PY, Gebinde nicht im Lager

Zuletzt erfolgt dieselbe Abwicklung wie in Abschn. 6.3.1 (Platzumlagerung) dargestellt. Das Gebinde wird folgend auf den gefunden Platz umgebucht. Es gelten analoge Abläufe.

Mit Betätigung einer frei wählbaren Taste kehrt man zum Menü zurück (siehe auch 6.2.19).

```
unsortierte mögliche Plätze mit freien Kapazitäten sind:
[('HRL_01_01_02', 1), ('HRL_01_01_03', 1), ('HRL_01_01_04', 1), ('HRL_01_01_05', 1), ('HRL_01_01_06', 1)]
Liste aufsteigend sortieren
sortierte mögliche Plätze mit freien Kapazitäten sind:
[('HRL_01_01_02', 1), ('HRL_01_01_03', 1), ('HRL_01_01_04', 1), ('HRL_01_01_05', 1), ('HRL_01_01_06', 1)]
Platz gefunden  HRL_01_01_02

[{'Index': 3, 'Nummer': '4714', 'Lieferant': '123-TOP', 'Platz': 'TRANSPORT_RETOURE', 'Fehlerflag': 'B',
'Fehlercode': '164368', 'Status': 'A', 'Material': 'M001', 'Charge': 'CH001', 'Split': '10', 'Menge':
'42', 'Einheit': 'ST'}]

Fehler: Gebinde ist nicht im Lager, sondern avisiert oder inkonsistenter Zustand.


Bitte eine Taste drücken
```

Abb. 6.46 Einlagern LVS.PY, Gebinde nicht im Lager II

```
Protokoll Platzfindung zu HU  34567
Material:    M002
Einlagertyp  HRL
Strategie   LEERAB
Kuehlpflicht NEIN
nicht belegte Plätze im Einlagertyp
[{'Index': 12, 'Platz': 'HRL_01_01_02', 'Bedeutung': 'HRL, Gang 1, Säule 1, Platz 2', 'Lagertyp': 'HRL',
'belegt': 'NEIN', 'Temperatur': '20', 'Kapazitaet': '2', 'aktAnzahl': '1'}, {'Index': 13, 'Platz':
'HRL_01_01_03', 'Bedeutung': 'HRL, Gang 1, Säule 1, Platz 3', 'Lagertyp': 'HRL', 'belegt': 'NEIN',
'Temperatur': '20', 'Kapazitaet': '2', 'aktAnzahl': '1'}, {'Index': 14, 'Platz': 'HRL_01_01_04',
'Bedeutung': 'HRL, Gang 1, Säule 1, Platz 4', 'Lagertyp': 'HRL', 'belegt': 'NEIN', 'Temperatur': '20',
'Kapazitaet': '2', 'aktAnzahl': '1'}, {'Index': 15, 'Platz': 'HRL_01_01_05', 'Bedeutung': 'HRL, Gang 1,
Säule 1, Platz 5', 'Lagertyp': 'HRL', 'belegt': 'NEIN', 'Temperatur': '20', 'Kapazitaet': '2',
'aktAnzahl': '1'}, {'Index': 16, 'Platz': 'HRL_01_01_06', 'Bedeutung': 'HRL, Gang 1, Säule 1, Platz 6',
'Lagertyp': 'HRL', 'belegt': 'NEIN', 'Temperatur': '20', 'Kapazitaet': '2', 'aktAnzahl': '1'}]
Platz  HRL_01_01_02 wird in mögliche Plätze übernommen.
Platz  HRL_01_01_02  hat freie Kapazität 1
Platz  HRL_01_01_03 wird in mögliche Plätze übernommen.
Platz  HRL_01_01_03  hat freie Kapazität 1
Platz  HRL_01_01_04 wird in mögliche Plätze übernommen.
Platz  HRL_01_01_04  hat freie Kapazität 1
Platz  HRL_01_01_05 wird in mögliche Plätze übernommen.
Platz  HRL_01_01_05  hat freie Kapazität 1
Platz  HRL_01_01_06 wird in mögliche Plätze übernommen.
Platz  HRL_01_01_06  hat freie Kapazität 1
```

Abb. 6.47 Platzfindung LVS.PY

6.3.3 Verschrotten mit ‚SCHR'

Die Verschrottung wird mittels Code ‚*SCHR*' ausgeführt.

Der User hat das ‚*Gebinde*' anzugeben, daß sich am Platz ‚*RETOURE*' befinden muss und nicht avisiert sein darf. Ansonsten bricht der Dialog ab (Abb. 6.49, 6.50 und 6.51):

Das Gebinde wird – nach Eingabe des Verschrottungsgrundes – mit einem entsprechenden Bewegungssatz aus dem Bestand entfernt (Abb. 6.52).

Mit Betätigung einer beliebig gewählten Taste kehrt man zum Menü zurück (siehe auch 6.2.19).

6.3 Interne Prozesse

```
unsortierte mögliche Plätze mit freien Kapazitäten sind:
[('HRL_01_01_02', 1), ('HRL_01_01_03', 1), ('HRL_01_01_04', 1), ('HRL_01_01_05', 1), ('HRL_01_01_06', 1)]
Liste absteigend sortieren
sortierte mögliche Plätze mit freien Kapazitäten sind:
[('HRL_01_01_02', 1), ('HRL_01_01_03', 1), ('HRL_01_01_04', 1), ('HRL_01_01_05', 1), ('HRL_01_01_06', 1)]
Platz gefunden  HRL_01_01_02

[{'Index': 67, 'Nummer': '34567', 'Lieferant': 'Genius', 'Platz': 'WE_LIEF', 'Fehlerflag': '',
'Fehlercode': '0', 'Status': 'L', 'Material': 'M002', 'Charge': 'CH002', 'Split': '1', 'Menge': '12',
'Einheit': 'ST'}]

Platz für das Gebinde geändert.

Bewegungssatz geschrieben

OrderedDict([('Index', ''), ('Bewegung', 'HU_TA'), ('HU', '34567'), ('Lieferant', 'Genius'), ('User',
'sven'), ('Fehlerflag', ''), ('Fehlercode', '0'), ('von-Platz', 'WE_LIEF'), ('an-Platz', 'HRL_01_01_02'),
('Zeitstempel', time.struct_time(tm_year=2023, tm_mon=3, tm_mday=17, tm_hour=21, tm_min=48, tm_sec=4,
tm_wday=4, tm_yday=76, tm_isdst=0)), ('Material', 'M002'), ('Charge', 'CH002'), ('Split', '1'), ('Menge',
'12'), ('Einheit', 'ST'), ('Grund', ''), ('Referenz', '')])
Hallo  sven

Wollen Sie ein Transportbeleg drucken (JA/NEIN)?
```

Abb. 6.48 Platzfindung LVS.PY II

Abb. 6.49 Verschrottung LVS.PY, Gebinde unbekannt

```
Bitte Ihre Aktion eingeben: SCHR

Gebinde verschrotten


Bitte Gebinde eingeben: 123



Fehler: Gebinde unbekannt

Bitte eine Taste drücken
```

Abb. 6.50 Verschrottung LVS.PY, Gebinde am falschen Platz

```
Bitte Ihre Aktion eingeben: SCHR

Gebinde verschrotten


Bitte Gebinde eingeben: 4730



Fehler: Gebinde ist nicht am Schrott-Platz

Bitte eine Taste drücken
```

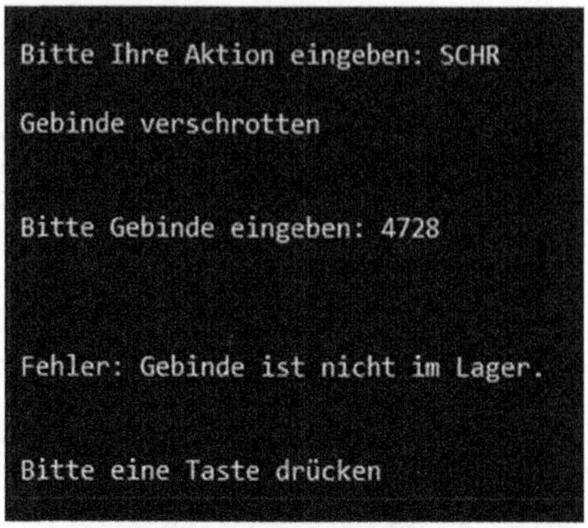

Abb. 6.51 Verschrottung
LVS.PY, Gebinde nicht im
Lager (sondern avisiert)

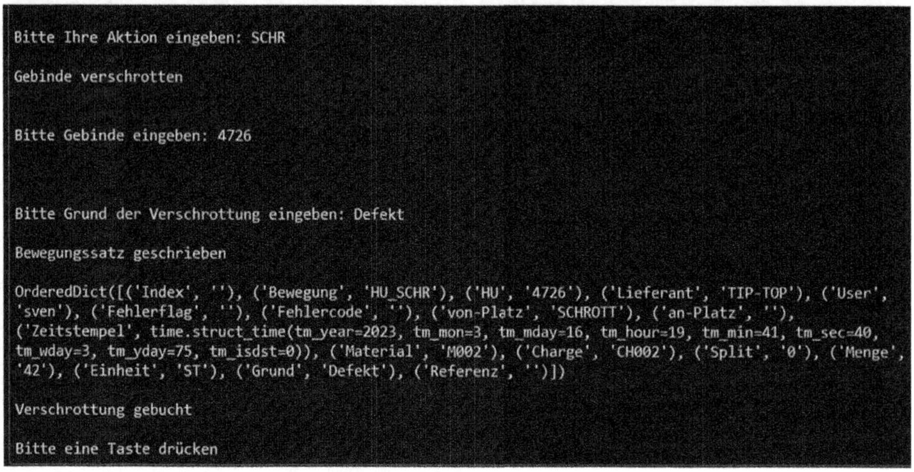

```
Bitte Ihre Aktion eingeben: SCHR

Gebinde verschrotten


Bitte Gebinde eingeben: 4728



Fehler: Gebinde ist nicht im Lager.

Bitte eine Taste drücken
```

```
Bitte Ihre Aktion eingeben: SCHR

Gebinde verschrotten

Bitte Gebinde eingeben: 4726


Bitte Grund der Verschrottung eingeben: Defekt

Bewegungssatz geschrieben

OrderedDict([('Index', ''), ('Bewegung', 'HU_SCHR'), ('HU', '4726'), ('Lieferant', 'TIP-TOP'), ('User',
'sven'), ('Fehlerflag', ''), ('Fehlercode', ''), ('von-Platz', 'SCHROTT'), ('an-Platz', ''),
('Zeitstempel', time.struct_time(tm_year=2023, tm_mon=3, tm_mday=16, tm_hour=19, tm_min=41, tm_sec=40,
tm_wday=3, tm_yday=75, tm_isdst=0)), ('Material', 'M002'), ('Charge', 'CH002'), ('Split', '0'), ('Menge',
'42'), ('Einheit', 'ST'), ('Grund', 'Defekt'), ('Referenz', '')])

Verschrottung gebucht

Bitte eine Taste drücken
```

Abb. 6.52 Verschrottung LVS.PY, Gebinde verschrottet

6.3.4 Lieferantenretoure mit ‚RET'

Die Lieferantenretoure kann durch den Code *‚RET'* aus dem Menü heraus gestartet werden.

Das vom User einzugebende *‚Gebinde'* muss sich am Platz *‚RETOURE'* befinden. Ansonsten erfolgt ein Dialogabbruch (Abb. 6.53, 6.54 und 6.55):

Das Gebinde wird mit einem entsprechenden Bewegungssatz aus dem Bestand entfernt.

Mittels beliebigem Tastendruck erscheint nachfolgend das Menü (siehe auch 6.2.19).

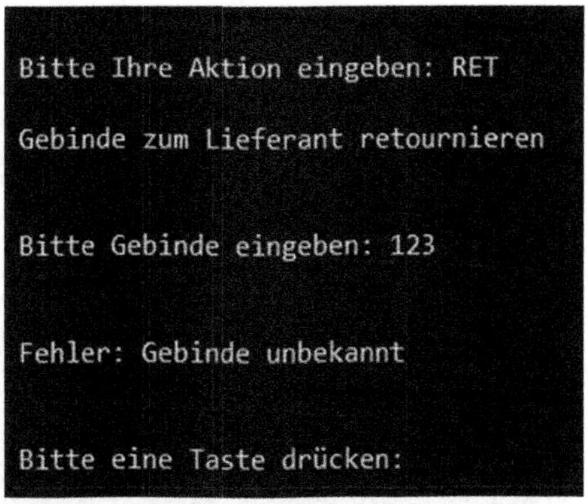

Abb. 6.53 Lieferantenretoure
LVS.PY, Gebinde unbekannt

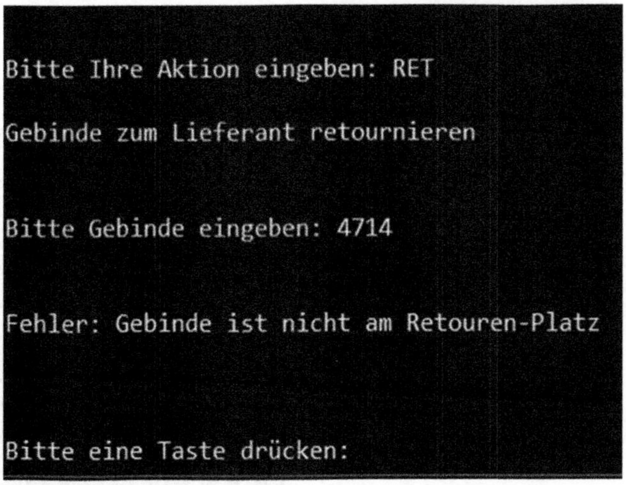

Abb. 6.54 Lieferantenretoure LVS.PY, Gebinde nicht am Retourenplatz

6.4 Labels

6.4.1 Label-Druck mit ‚LABL'

Der Code ‚*LABL*' löst den Label-Druck aus.

Zum Labeldruck muss ein ‚*Gebinde*' eingegeben werden. Dieses muss IT-seitig existieren, sonst bricht der Dialog mit einem Fehler ab (Abb. 6.56):

Im Erfolgsfall wird das Label angezeigt und zusätzlich als Datei abgelegt (Abb. 6.57 und 6.58):

```
Bitte Ihre Aktion eingeben: RET

Gebinde zum Lieferant retournieren


Bitte Gebinde eingeben: 4729


Bewegungssatz geschrieben

OrderedDict([('Index', ''), ('Bewegung', 'HU_LRET'), ('HU', '4729'), ('Lieferant', 'TIP-TOP'), ('User',
'sven'), ('Fehlerflag', ''), ('Fehlercode', ''), ('von-Platz', 'RETOURE'), ('an-Platz', ''),
('Zeitstempel', time.struct_time(tm_year=2023, tm_mon=3, tm_mday=16, tm_hour=19, tm_min=33, tm_sec=18,
tm_wday=3, tm_yday=75, tm_isdst=0)), ('Material', 'M002'), ('Charge', 'CH002'), ('Split', '0'), ('Menge',
'42'), ('Einheit', 'ST'), ('Grund', ''), ('Referenz', '')])

Lieferanteretoure gebucht


Bitte eine Taste drücken:
```

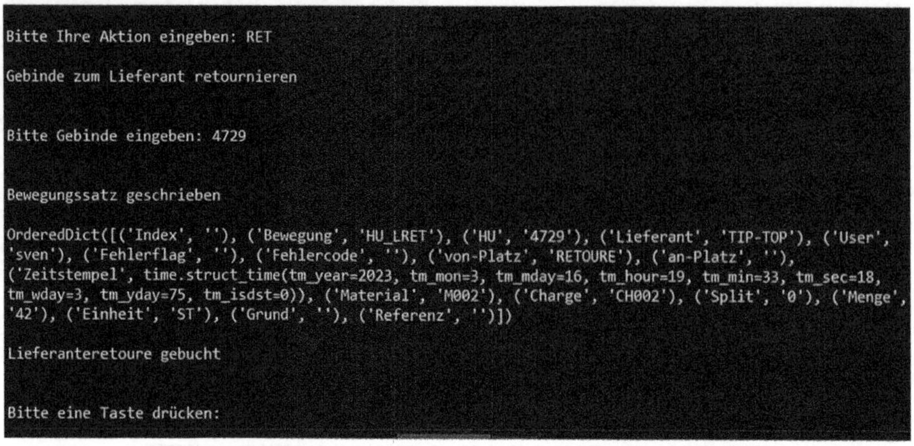

Abb. 6.55 Lieferantenretoure LVS.PY, Ausbuchung

```
Bitte Ihre Aktion eingeben: LABL

Gebindelabel drucken als QR-Code


Bitte Gebinde eingeben: 1111


Fehler: Gebinde unbekannt


Bitte eine Taste drücken:
```

Abb. 6.56 Labeldruck LVS.PY, Gebinde existiert nicht

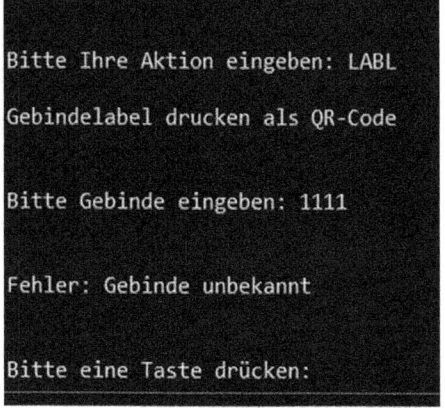

Der ‚***QR-Barcode***‘ kann jetzt z. B. mit einem Handy gescannt werden. In der GUI-Version ist zusätzlich eine Scan-Funktion über die Kamera des PCs/Laptops implementiert.

Inhaltlich sind die folgenden Werte enthalten, die mit ‚/‘ konkateniert sind:

- **Überschrift ‚SMILE‘**
- **Gebindenummer**
- **Materialnummer**
- **ggfs. Chargennummer**
- **ggfs. Splitnummer.**

6.4 Labels

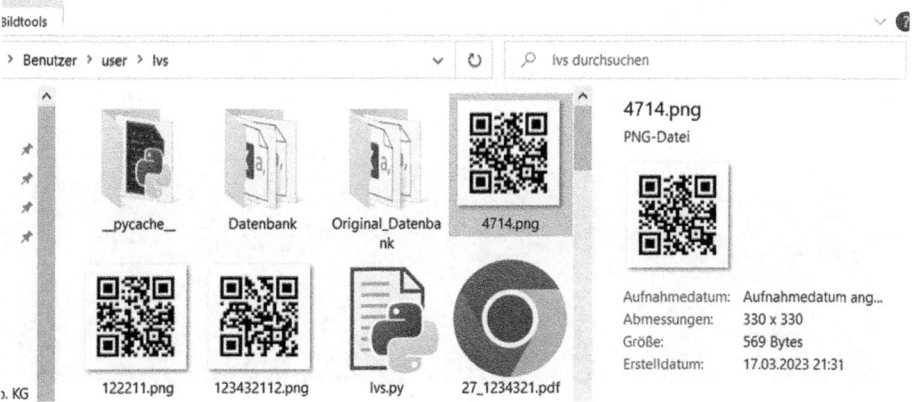

Abb. 6.57 Labeldruck LVS.PY, Label

Abb. 6.58 Labeldruck LVS.PY, Labelablage

Beispiele sind

‚*SMILE/1234/M001/CH001/01*'

und

‚*SMILE/12.345/M003//*'

Mit Betätigung einer frei zu wählenden Taste kehrt man zum Menü zurück (siehe auch 6.2.19).

6.5 Auswertungen

6.5.1 Bewegungsauswertung mit ‚BEWE'

Der Code ‚*BEWE*' bewirkt das Ausführen der Bewegungsauswertung.
Es werden alle ‚*Bewegungen*' angezeigt (Abb. 6.59):
Mittels beliebigen Tastendrucks wird wieder das Ausgangs-Menü angezeigt (siehe auch 6.2.19).

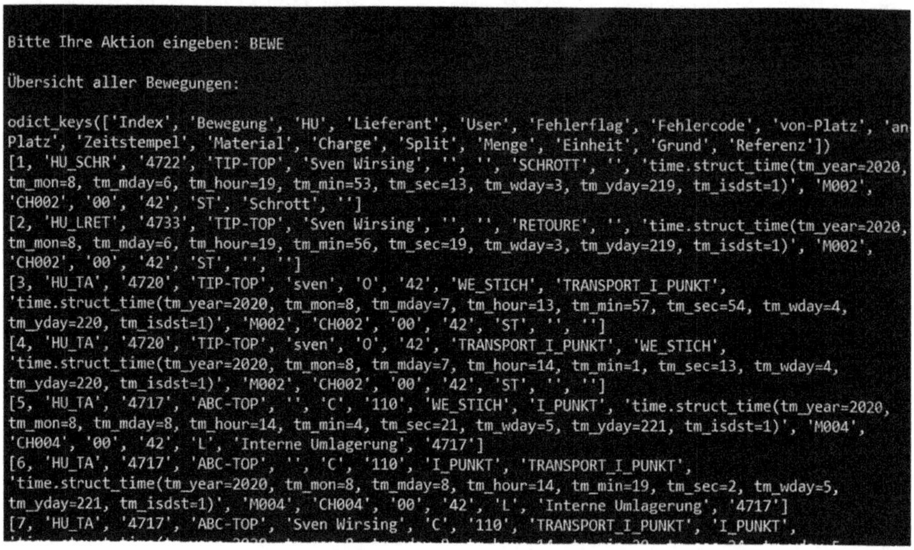

```
Bitte Ihre Aktion eingeben: BEWE
Übersicht aller Bewegungen:
odict_keys(['Index', 'Bewegung', 'HU', 'Lieferant', 'User', 'Fehlerflag', 'Fehlercode', 'von-Platz', 'an Platz', 'Zeitstempel', 'Material', 'Charge', 'Split', 'Menge', 'Einheit', 'Grund', 'Referenz'])
[1, 'HU_SCHR', '4722', 'TIP-TOP', 'Sven Wirsing', '', '', 'SCHROTT', '', 'time.struct_time(tm_year=2020, tm_mon=8, tm_mday=6, tm_hour=19, tm_min=53, tm_sec=13, tm_wday=3, tm_yday=219, tm_isdst=1)', 'M002', 'CH002', '00', '42', 'ST', 'Schrott', '']
[2, 'HU_LRET', '4733', 'TIP-TOP', 'Sven Wirsing', '', '', 'RETOURE', '', 'time.struct_time(tm_year=2020, tm_mon=8, tm_mday=6, tm_hour=19, tm_min=56, tm_sec=19, tm_wday=3, tm_yday=219, tm_isdst=1)', 'M002', 'CH002', '00', '42', 'ST', '', '']
[3, 'HU_TA', '4720', 'TIP-TOP', 'sven', '0', '42', 'WE_STICH', 'TRANSPORT_I_PUNKT', 'time.struct_time(tm_year=2020, tm_mon=8, tm_mday=7, tm_hour=13, tm_min=57, tm_sec=54, tm_wday=4, tm_yday=220, tm_isdst=1)', 'M002', 'CH002', '00', '42', 'ST', '', '']
[4, 'HU_TA', '4720', 'TIP-TOP', 'sven', '0', '42', 'TRANSPORT_I_PUNKT', 'WE_STICH', 'time.struct_time(tm_year=2020, tm_mon=8, tm_mday=7, tm_hour=14, tm_min=1, tm_sec=13, tm_wday=4, tm_yday=220, tm_isdst=1)', 'M002', 'CH002', '00', '42', 'ST', '', '']
[5, 'HU_TA', '4717', 'ABC-TOP', '', 'C', '110', 'WE_STICH', 'I_PUNKT', 'time.struct_time(tm_year=2020, tm_mon=8, tm_mday=8, tm_hour=14, tm_min=4, tm_sec=21, tm_wday=5, tm_yday=221, tm_isdst=1)', 'M004', 'CH004', '00', '42', 'L', 'Interne Umlagerung', '4717']
[6, 'HU_TA', '4717', 'ABC-TOP', '', 'C', '110', 'I_PUNKT', 'TRANSPORT_I_PUNKT', 'time.struct_time(tm_year=2020, tm_mon=8, tm_mday=8, tm_hour=14, tm_min=19, tm_sec=2, tm_wday=5, tm_yday=221, tm_isdst=1)', 'M004', 'CH004', '00', '42', 'L', 'Interne Umlagerung', '4717']
[7, 'HU_TA', '4717', 'ABC-TOP', 'Sven Wirsing', 'C', '110', 'TRANSPORT_I_PUNKT', 'I_PUNKT',
```

Abb. 6.59 Bewegungsanzeige LVS.PY

6.5 Auswertungen

```
Bitte Ihre Aktion eingeben: BEST

Anzeige aller Gebinde

odict_keys(['Index', 'Nummer', 'Lieferant', 'Platz', 'Fehlerflag', 'Fehlercode', 'Status', 'Material',
'Charge', 'Split', 'Menge', 'Einheit'])
[1,   '4712', '123-TOP',  'HRL_01_01_02',      'D',  '0',      'L', 'M001', 'CH001',  '10',  '42', 'ST']
[2,   '4713', '123-TOP',  'NIO',               '',   '98428',  'L', 'M000', 'CH000',  '0',   '120','ST']
[3,   '4714', '123-TOP',  'TRANSPORT_RETOURE', 'B',  '164368', 'A', 'M001', 'CH001',  '10',  '42', 'ST']
[4,   '4715', 'ABC-TOP',  'I_PUNKT',           'K',  '259',    'A', 'M002', 'CH002',  '0',   '42', 'ST']
[5,   '4716', 'ABC-TOP',  'WE_STICH',          'P',  '259',    'A', 'M003', 'CH003',  '0',   '42', 'M']
[6,   '4718', 'ABC-TOP',  'WE_STICH',          '',   '0',      'A', 'M002', 'CH002',  '0',   '42', 'ST']
[7,   '4719', 'TIP-TOP',  'NIO',               'C',  '23',     'L', 'M002', 'CH0010', '10',  '42', 'ST']
[8,   '4721', 'TIP-TOP',  'NIO',               '',   '606248', 'L', 'M002', 'CH002',  '0',   '42', 'ST']
[9,   '4723', 'TIP-TOP',  'TRANSPORT_K_PUNKT', '',   '591104', 'L', 'M002', 'CH002',  '0',   '42', 'ST']
[10,  '4724', 'TIP-TOP',  'TRANSPORT_HRL',     '',   '',       'L', 'M002', 'CH002',  '0',   '42', 'ST']
[11,  '4728', 'TIP-TOP',  'SCHROTT',           '',   '',       'A', 'M002', 'CH002',  '0',   '42', 'ST']
[12,  '4730', 'TIP-TOP',  'RETOURE',           '',   '',       'A', 'M002', 'CH002',  '0',   '42', 'ST']
[13,  '4731', 'TIP-TOP',  'RETOURE',           '',   '',       'A', 'M002', 'CH002',  '0',   '42', 'ST']
[14,  '4732', 'TIP-TOP',  'RETOURE',           '',   '',       'A', 'M002', 'CH002',  '0',   '42', 'ST']
[15,  '4733', 'TIP-TOP',  'RETOURE',           '',   '',       'A', 'M002', 'CH002',  '0',   '42', 'ST']
[16,  '4734', 'TIP-TOP',  'RETOURE',           '',   '',       'A', 'M002', 'CH002',  '0',   '42', 'ST']
[17,  '4735', 'TIP-TOP',  'RETOURE',           '',   '',       'A', 'M002', 'CH002',  '0',   '42', 'ST']
[18,  '4736', 'TIP-TOP',  'RETOURE',           '',   '',       'A', 'M002', 'CH002',  '0',   '42', 'ST']
[19,  '316',  'Sven',     'WE_STICH',          '',   '0',      'A', 'M005', '',       '',    '32', 'ST']
[20,  '345',  'Svennnnn', 'WE_STICH',          '',   '0',      'A', 'M005', '',       '',    '32', 'ST']
```

Abb. 6.60 Bestandsanzeige LVS.PY

6.5.2 Bestandsanzeige mit ‚BEST'

Mittels Code ‚*BEST*' werden alle ‚*Bestände*' angezeigt (Abb. 6.60):
Mittels frei wählbarer Taste gelangt man zum Menü zurück (siehe auch 6.2.19).

6.5.3 Bestand zum Platz mit ‚BPLA'

Die Auswertung zum ‚Lagerplatzbestand' wird durch Menü-Code ‚*BPLA*' initiiert.
Der User muss einen ‚*Lagerplatz*' eingeben, für den alle Bestände im Status ‚*L*' angezeigt werden. Ist der Lagerplatz datentechnisch nicht existent, bricht der Dialog ab (Abb. 6.61):
Im anderen Fall werden alle Bestände zum Platz im Status ‚*L*' angezeigt (Abb. 6.62):
Mittels frei wählbarem Tastendrucks erscheint das Menü (siehe auch 6.2.19).

6.5.4 Bestand zum Material mit ‚BMAT'

Die Auswertung ‚*Bestand zum Material*' erfolgt durch den Code ‚*BMAT*' aus dem Menü heraus.
Der User muss ein IT-seitig existierendes ‚*Material*' eingeben. Ansonsten bricht der Dialog ab (Abb. 6.63):

Abb. 6.61 Bestand zum Platz LVS.PY, Platz unbekannt

```
Bitte Ihre Aktion eingeben: BPLA

Platzbestand anzeigen:


Bitte Platz eingeben: 999

[]



Bitte eine Taste drücken:
```

```
Bitte Ihre Aktion eingeben: BPLA

Platzbestand anzeigen:

Bitte Platz eingeben: HRL_01_01_01
[{'Index': 59, 'Nummer': '2', 'Lieferant': 'der', 'Platz': 'HRL_01_01_01', 'Fehlerflag': '',
'Fehlercode': '0', 'Status': 'L', 'Material': 'M001', 'Charge': 'CH001', 'Split': '10', 'Menge': '32',
'Einheit': 'ST'}, {'Index': 73, 'Nummer': '1234321', 'Lieferant': 'Sven', 'Platz': 'HRL_01_01_01',
'Fehlerflag': ' ', 'Fehlercode': '13416', 'Status': 'L', 'Material': 'M001', 'Charge': 'CH001', 'Split':
'1', 'Menge': '12', 'Einheit': 'ST'}]


Bitte eine Taste drücken:
```

Abb. 6.62 Bestand zum Platz LVS.PY, Bestandsanzeige

Abb. 6.63 Bestand zum Material LVS.PY, Material unbekannt

```
Bitte Ihre Aktion eingeben: BMAT

Materialbestand anzeigen:


Bitte Material eingeben: Mk

[]



Bitte eine Taste drücken:
```

6.5 Auswertungen

```
Bitte Material eingeben: M005

[{'Index': 21, 'Nummer': '1234567', 'Lieferant': 'Der', 'Platz': 'TRANSPORT_K_PUNKT', 'Fehlerflag': '',
'Fehlercode': '0', 'Status': 'L', 'Material': 'M005', 'Charge': '', 'Split': '', 'Menge': '13',
'Einheit': 'ST'}, {'Index': 24, 'Nummer': '11111', 'Lieferant': 'ser', 'Platz': 'WE_LIEF', 'Fehlerflag':
'', 'Fehlercode': '0', 'Status': 'L', 'Material': 'M005', 'Charge': '', 'Split': '', 'Menge': '12',
'Einheit': 'ST'}, {'Index': 26, 'Nummer': '1111111', 'Lieferant': 'ser', 'Platz': 'WE_LIEF',
'Fehlerflag': '', 'Fehlercode': '0', 'Status': 'L', 'Material': 'M005', 'Charge': 'sven', 'Split': '12',
'Menge': '121', 'Einheit': 'ST'}, {'Index': 27, 'Nummer': '11211', 'Lieferant': 'ser', 'Platz':
'WE_LIEF', 'Fehlerflag': '', 'Fehlercode': '0', 'Status': 'L', 'Material': 'M005', 'Charge': '', 'Split':
'', 'Menge': '12', 'Einheit': 'ST'}, {'Index': 29, 'Nummer': '1121111', 'Lieferant': 'ser', 'Platz':
'WE_LIEF', 'Fehlerflag': '', 'Fehlercode': '0', 'Status': 'L', 'Material': 'M005', 'Charge': 'der',
'Split': '1', 'Menge': '12', 'Einheit': 'ST'}, {'Index': 31, 'Nummer': '2344444', 'Lieferant': 'ser',
'Platz': 'WE_LIEF', 'Fehlerflag': '', 'Fehlercode': '0', 'Status': 'L', 'Material': 'M005', 'Charge': '',
'Split': '', 'Menge': '123', 'Einheit': 'ST'}, {'Index': 84, 'Nummer': '122121', 'Lieferant': 'Sven',
'Platz': 'WE_LIEF', 'Fehlerflag': '', 'Fehlercode': '0', 'Status': 'L', 'Material': 'M005', 'Charge': '',
'Split': '', 'Menge': '12', 'Einheit': 'ST'}]

Bitte eine Taste drücken:
```

Abb. 6.64 Bestand zum Material LVS.PY, Bestandsanzeige

Im Erfolgsfall werden alle Bestände zum Material im Status ‚*L*' angezeigt (Abb. 6.64): Mit Betätigung einer beliebigen Taste kehrt man zum Menü zurück (siehe auch 6.2.19).

6.5.5 Gebinde-Info mit ‚INFO'

Durch Wahl des Codes ‚*INFO*' wird der ‚*Gebinde-Info-Dialog*' gestartet.

Der User muss ein datentechnisch existierendes ‚*Gebinde*' eingeben. Ansonsten bricht der Dialog ab (Abb. 6.65):

Im Erfolgsfall wird der Bestand zum Gebinde angezeigt (Abb. 6.66):

Mit Betätigung einer beliebigen Taste kehrt man zum Menü zurück (siehe auch 6.2.19).

Abb. 6.65 Gebindeinfo LVS.PY, Gebinde unbekannt

```
Bitte Ihre Aktion eingeben: INFO

Gebinde-Information

Bitte Gebinde eingeben: 111

Fehler: Gebinde unbekannt

Bitte eine Taste drücken:
```

```
Bitte Ihre Aktion eingeben: INFO
Gebinde-Information

Bitte Gebinde eingeben: 4714
[{'Index': 3, 'Nummer': '4714', 'Lieferant': '123-TOP', 'Platz': 'TRANSPORT_RETOURE', 'Fehlerflag': 'B',
'Fehlercode': '164368', 'Status': 'A', 'Material': 'M001', 'Charge': 'CH001', 'Split': '10', 'Menge':
'42', 'Einheit': 'ST'}]



Bitte eine Taste drücken:
```

Abb. 6.66 Gebindeinfo LVS.PY, Gebindeanzeige

6.5.6 Kühlgut im Lager mit ‚KUHL'

Der Aufruf der Kühlgutanalyse erfolgt durch den Menü-Code ‚*KUHL*'.

Es wird für jedes Kühlgut-Material geprüft, ob seine Lagerung bzgl. der Temperaturen korrekt ist:

- Liegt die Platztemperatur unterhalb oder oberhalb des Temperatur-Intervalls zur Lagerung des Materials aus dem Materialstamm, ist die Lagerung fehlerhaft und wird angezeigt.
- Im anderen Fall wird protokolliert, daß die Lagerung korrekt ist.
- Die Prüfung wird für jedes Gebinde zum Material überprüft.

Folgefunktionen wie Verschrotten, Lieferantenretoure, Umlagern etc. müssen manuell durchgeführt werden. Ein mögliches Auswertungs- Resultat (Abb. 6.67):

Zum Ausgangsmenü kehrt man wie gewohnt per Tastendruck zurück (siehe auch 6.2.19).

6.6 Stammdatenanzeigen

6.6.1 Chargenstamm mit ‚CHAR'

Die ‚*Chargenstammanzeige*' erfolgt durch Wahl des Menü-Codes ‚*CHAR*'.

Es sind vom User das ‚*Material*', die ‚*Charge*' und der ‚*Split*' einzugeben. Ist die Kombination IT-seitig nicht vorhanden, wird der Dialog abgebrochen (Abb. 6.68).

Ansonsten wir der Chargenstamm dargestellt (Abb. 6.69).

Mit Betätigung einer beliebigen Taste kehrt man zum Menü zurück (siehe auch 6.2.19).

6.6 Stammdatenanzeigen

```
Bitte Ihre Aktion eingeben: KUHL

Kühlgut im Lager anzeigen und analysieren

{'Index': 2, 'Nummer': '4713', 'Lieferant': '123-TOP', 'Platz': 'NIO', 'Fehlerflag': ' ', 'Fehlercode':
'98428', 'Status': 'L', 'Material': 'M000', 'Charge': 'CH000', 'Split': '0', 'Menge': '120', 'Einheit':
'ST'}
Kuehlpflicht vorhanden für Material M000 :   1 °C bis  4 °C.
Platz NIO mit Temperatur ungeprüft °C.
Platz nicht temperiert. Gebinde 4713 bitte umlagern oder verschrotten.

{'Index': 33, 'Nummer': '12222', 'Lieferant': 'sw', 'Platz': 'WE_LIEF', 'Fehlerflag': ' ', 'Fehlercode':
'0', 'Status': 'L', 'Material': 'M000', 'Charge': 'CH00', 'Split': '1', 'Menge': '22', 'Einheit': 'ST'}
Kuehlpflicht vorhanden für Material M000 :   1 °C bis  4 °C.
Platz WE_LIEF mit Temperatur ungeprüft °C.
Platz nicht temperiert. Gebinde 12222 bitte umlagern oder verschrotten.

{'Index': 34, 'Nummer': '47456', 'Lieferant': 'AndreasLuxGmbH', 'Platz': 'KUEHL_3', 'Fehlerflag': ' ',
'Fehlercode': '0', 'Status': 'L', 'Material': 'M000', 'Charge': 'CHoi', 'Split': '1', 'Menge': '12',
'Einheit': 'ST'}
Kuehlpflicht vorhanden für Material M000 :   1 °C bis  4 °C.
Platz KUEHL_3 mit Temperatur 1 °C.
Alles okay. Gebinde stehen lassen.
```

Abb. 6.67 Kühlgutauswertung LVS.PY, Beispielergebnis

Abb. 6.68 Chargenstamm LVS.PY, nicht existierende Charge

```
Bitte Ihre Aktion eingeben: CHAR

Chargenstamm anzeigen:

Bitte Material eingeben: m

Bitte Charge eingeben: j

Bitte Split eingeben: 0

Fehler: Charge unbekannt

Bitte eine Taste drücken:
```

6.6.2 Materialstamm mit ‚MATS'

Der Aufruf der Funktion erfolgt durch den Code ‚*MATS*' aus dem Menü heraus.

Das ‚*Material*' ist einzugeben. Es muss datentechnisch existieren (sonst Abbruch des Dialoges) (Abb. 6.70):

Im Erfolgsfall wird der Materialstamm angezeigt (Abb. 6.71):

Mit Betätigung einer beliebigen Taste kehrt man zum Menü zurück (siehe auch 6.2.19).

```
Bitte Ihre Aktion eingeben: CHAR

Chargenstamm anzeigen:

Bitte Material eingeben: M001

Bitte Charge eingeben: CH01

Bitte Split eingeben: 01

[{'Index': 30, 'Material': 'M001', 'Charge': 'CH01', 'Split': '01', 'Verfall': '10/26/21', 'ERP_Charge':
 'CH0101'}]

Bitte eine Taste drücken:
```

Abb. 6.69 Chargenstamm LVS.PY, Anzeige

Abb. 6.70 Materialstamm LVS.PY, nicht existierendes Material

```
Bitte Ihre Aktion eingeben: MATS

Materialstamm anzeigen:

Bitte Material eingeben: Mk

Fehler: Material unbekannt

Bitte eine Taste drücken:
```

```
Bitte Ihre Aktion eingeben: MATS

Materialstamm anzeigen:

Bitte Material eingeben: M001

[{'Index': 2, 'Material': 'M001', 'Labor': 'LAB001', 'Split00': 'NEIN', 'BME': 'ST', 'Chargenpflicht':
 'JA', 'Kuehlpflicht': 'NEIN', 'vonTemp': '', 'bisTemp': '', 'TempEinheit': '°C', 'Einlstrat': 'LEERAUF',
 'Einltyp': 'HRL', 'LHM': 'EPAL7', 'Gewicht': '10.0', 'GewEinheit': 'KG', 'Palette': '100'}]

Bitte eine Taste drücken:
```

Abb. 6.71 Materialstamm LVS.PY, Anzeige

6.6 Stammdatenanzeigen 93

```
Bitte Ihre Aktion eingeben: PLAETZE

Übersicht aller Plätze

odict_keys(['Index', 'Platz', 'Bedeutung', 'Lagertyp', 'belegt', 'Temperatur', 'Kapazitaet',
'aktAnzahl'])
[1, 'WE_STICH', 'Wareneingangs-Stich', 'WE', 'NEIN', 'ungeprüft', 'unbegrenzt', '0']
[2, 'TRANSPORT_I_PUNKT', 'Transport zum I-Punkt: unterwegs', 'WE', 'NEIN', 'ungeprüft', 'unbegrenzt',
'0']
[3, 'I_PUNKT', 'I-Punkt', 'WE', 'NEIN', 'ungeprüft', 'unbegrenzt', '0']
[4, 'NIO', 'Kontroll-Platz', 'WE', 'NEIN', 'ungeprüft', '1', '-4']
[5, 'TRANSPORT_HRL', 'Transport ins HRL: unterwegs', 'WE', 'NEIN', 'ungeprüft', 'unbegrenzt', '0']
[6, 'TRANSPORT_K_PUNKT', 'Transport zum K-Punkt: unterwegs', 'WE', 'NEIN', 'ungeprüft', 'unbegrenzt',
'0']
[7, 'K_PUNKT', 'K-Punkt', 'WE', 'NEIN', 'ungeprüft', 'unbegrenzt', '1']
[8, 'TRANSPORT_RETOURE', 'Transport zum Retouren-Platz: unterwegs', 'RETOURE', 'NEIN', 'ungeprüft', '10',
'0']
[9, 'RETOURE', 'Retouren-Platz', 'RETOURE', 'NEIN', 'ungeprüft', 'unbegrenzt', '0']
[10, 'WE_LIEF', 'manueller Wareneingang', 'WE', 'NEIN', 'ungeprüft', 'unbegrenzt', '0']
[11, 'HRL_01_01_01', 'HRL, Gang 1, Säule 1, Platz 1', 'HRL', 'JA', '20', '2', '2']
[12, 'HRL_01_01_02', 'HRL, Gang 1, Säule 1, Platz 2', 'HRL', 'NEIN', '20', '2', '1']
[13, 'HRL_01_01_03', 'HRL, Gang 1, Säule 1, Platz 3', 'HRL', 'NEIN', '20', '2', '1']
[14, 'HRL_01_01_04', 'HRL, Gang 1, Säule 1, Platz 4', 'HRL', 'NEIN', '20', '2', '1']
[15, 'HRL_01_01_05', 'HRL, Gang 1, Säule 1, Platz 5', 'HRL', 'NEIN', '20', '2', '1']
[16, 'HRL_01_01_06', 'HRL, Gang 1, Säule 1, Platz 6', 'HRL', 'NEIN', '20', '2', '1']
[17, 'KUEHL_1', 'Kühlturm, Platz 1', 'KUEHL', 'NEIN', '-1', '5', '0']
[18, 'KUEHL_2', 'Kühlturm, Platz 2', 'KUEHL', 'NEIN', '0', '5', '0']
[19, 'KUEHL_3', 'Kühlturm, Platz 3', 'KUEHL', 'NEIN', '1', '5', '1']
[20, 'KUEHL_4', 'Kühlturm, Platz 4', 'KUEHL', 'NEIN', '2', '5', '0']
[21, 'KUEHL_5', 'Kühlturm, Platz 5', 'KUEHL', 'NEIN', '3', '5', '0']
```

Abb. 6.72 Lagerplatzanzeige LVS.PY

6.6.3 Lagerplätze mit ‚PLAETZE'

Es werden alle *‚Lagerplätze'* nebst ihren Ausprägungen durch Wahl des Codes *‚PLAETZE'* angezeigt (Abb. 6.72):
Mittels Tastendruck gelangt man zum Menü zurück (siehe auch 6.2.19).

6.6.4 Fehlerflags mit ‚FLAGS'

Der Aufruf der Funktion erfolgt durch den Code *‚FLAGS'* aus dem Menü heraus.
Es werden alle *‚Fehlerflags'* zum *‚WE-Stich'* angezeigt, die beim Stichdialog mögliche Fehler darstellen könnten (Abb. 6.73):
Mittels frei wählbarer Taste kehrt man zum Menü zurück (siehe auch 6.2.19).

6.6.5 Fehler am I-Punkt mit ‚FEHLER'

Die möglichen *‚Fehlercodes 1–19'* beim Scannen einer Palette am I-Punkt werden durch den Menü-Code *‚FEHLER'* angezeigt (Abb. 6.74):

```
Bitte Ihre Aktion eingeben: FLAGS

Mögliche Fehler am WE-Stich

odict_keys(['Index', 'Fehlerflag', 'Fehlerflagtext'])
[1, ' ', 'fördertechniktauglich']
[2, 'F', 'fördertechnikuntauglich']
[3, 'D', 'Mengenfehler']
[4, 'M', 'Materialfehler']
[5, 'C', 'Chargenfehler']
[6, 'B', 'Barcodefehler']
[7, 'K', 'Kartonage defekt']
[8, 'P', 'Palette defekt']
[9, 'O', 'Stretchfolie defekt']

Bitte eine Taste drücken:
```

Abb. 6.73 Fehlerflag-Anzeige LVS.PY

```
Bitte Ihre Aktion eingeben: FEHLER

Mögliche Fehler am I-Punkt

odict_keys(['Index', 'Fehlernummer', 'Fehlertext'])
[1, '0', 'Barcode nicht scannbar']
[2, '1', 'doppelter Barcode existent']
[3, '2', 'Barcodedaten fehlerhaft übermittelt']
[4, '3', 'Paletten-Konturendaten fehlerhaft übermittelt']
[5, '4', 'PalettenKonturenkontrolle nicht durchführbar']
[6, '5', 'Paletten-Konturenfehler links']
[7, '6', 'Paletten-Konturenfehler rechts']
[8, '7', 'Paletten-Konturenfehler vorne']
[9, '8', 'Paletten-Konturenfehler hinten']
[10, '9', 'Überhang links']
[11, '10', 'links']
[12, '11', 'rechts']
[13, '12', 'vordere Kante']
[14, '13', 'hintere Kante']
[15, '14', 'Höhe nicht ermittelbar']
[16, '15', 'Höhe zu gross']
[17, '16', 'Gewicht nicht ermittelbar']
[18, '17', 'Gewicht zu gross']
[19, '18', 'Palettenfuß defekt']
[20, '19', 'Palettenfußfreiraum verdeckt']

Bitte eine Taste drücken:
```

Abb. 6.74 Fehlercodes am I-Punkt LVS.PY

6.6 Stammdatenanzeigen

Mit Betätigung einer beliebigen Taste kehrt man zum Menü zurück (siehe auch 6.2.19).

6.6.6 Nummernkreise mit ‚SNRO'

Der Aufruf der Funktion erfolgt durch den Code ‚*SNRO*' aus dem Menü heraus.

Die ‚*Nummernkreise*' nebst ihrer aktuellen Nummernständen werden angezeigt (Abb. 6.75):

Je Nummernkreis-Objekt werden der aktuelle Stand und die Beschreibung angezeigt sowie dargestellt, ob der der Nummernkreis aktiv in SMILE genutzt wird.

Die internen Transporte ‚*TRAPO*' sind bspw. aktiv mit aktueller Nummer 27, die Anlieferungen ‚*ANLI*' hingegen nicht.

Die Aktivierung ist dann gegeben, wenn die Nummernkreise programmatisch im SMILE-Prototypen genutzt werden. Im CSV-File ist dieser Sachverhalt entsprechend mit ‚*JA*' gekennzeichnet.

Durch Tastendruck kehrt man zum Menü zurück (siehe auch 6.2.19).

```
Bitte Ihre Aktion eingeben: SNRO

Nummernkreise anzeigen

odict_keys(['Index', 'Objekt', 'Stand', 'Beschreibung', 'Aktiv'])
[1, 'TRAPO', 27, 'interne Transporte', 'JA']
[2, 'WE', '0', 'Wareneingang', 'NEIN']
[3, 'AUSL', '20', 'Auslieferung', 'JA']
[4, 'INTL', '0', 'interne Umlagerung', 'NEIN']
[5, 'BELE', '0', 'Materialbeleg', 'NEIN']
[6, 'ANLI', '0', 'Anlieferung', 'NEIN']
[7, 'GEBE', '0', 'Gebinde', 'NEIN']
[8, 'TOUR', '11', 'Touren', 'JA']
[9, 'WA', '0', 'Warenausgang', 'NEIN']
[10, 'PICK', '0', 'Kommissionierungen', 'NEIN']

Bitte eine Taste drücken
```

Abb. 6.75 Nummernkreise LVS.PY

6.7 Ende der Anwendung

6.7.1 Beenden mit ‚ENDE'

Der Aufruf der Funktion erfolgt durch den Code ‚*ENDE*' aus dem Menü heraus.

Der Dialog wird beendet und alle Daten nebst den neuen und geänderten aus den Dialogen werden in den CSV-Dateien abgelegt (Abb. 6.76).

Das Menü wird in diesem Fall nicht mehr angezeigt.

Abb. 6.76 Ende und Datenspeicherung LVS.PY

```
Bitte Ihre Aktion eingeben: ENDE

Programm wird beendet.

benutzer saved to file
bewegungen saved to file
bewegungsarten saved to file
chargstamm saved to file
codes saved to file
fehlerflag saved to file
fehlertabelle saved to file
flotte saved to file
gebinde saved to file
kunde saved to file
lhmstamm saved to file
matstamm saved to file
nummernkreise saved to file
plaetze saved to file
slkopf saved to file
slpos saved to file
slstati saved to file
tourkopf saved to file
tourpos saved to file
tourstati saved to file

In [3]:
```

7 Ausgewählte Szenarien zur SMILE-CLI-Version

Inhaltsverzeichnis

7.1 Szenario 1 – Stamm- und Bewegungsdaten 97
7.2 Szenario 2 – Wareneingangskontrolle 98
7.3 Szenario 3 – manueller Wareneingang 98
7.4 Szenario 4 – Kühlgut 100
7.5 Szenario 5 – Lieferantenretoure 102

In diesem Kapitel werden dem Benutzer zur CLI-Version diverse ‚*Szenarien*' vorgestellt, die nachfolgend im Prototyp prozessiert werden können. Die Szenarien decken alle Menü-Codes der CLI-Version ab. Es handelt sich dabei um Prozesse zu Stamm- und Bewegungsdaten, zu Wareneingangskontrollen, zu manuellen Wareneingängen, zu Kühlguteinlagerungen und zu Lieferantenretouren. Je Szenario werden vom User durchzuführende Schritte aufgelistet.

Wie bereits in Abschn. 5.1 erwähnt, sind ‚*Videos*' zum Download vorhanden, in denen alle Szenarien prozessiert worden sind. Es empfiehlt sich, die Videos nur bei Problemen während oder nach dem eigenen Durchspielen zu nutzen.

7.1 Szenario 1 – Stamm- und Bewegungsdaten

Dieses Szenario beinhaltet grundlegende Funktionen zu ‚*Stamm- und Bewegungsdaten*', und zwar sind dies Lagerplätze, Gesamtbestand, Bewegungen, Nummernkreise, Fehlerflags zum WE-Stich, Fehlernummern am I-Punkt, Chargenstamm, Materialstamm, Gebindestamm, Bestand zum Platz und Bestand zum Gebinde.

Die Schritte des Szenarios werden in folgender Tabelle gelistet (Tab. 7.1):
Das Szenario ist im Video ‚*Test SMILE – CLI-Version-Szenario 1 – Stamm- und Bewegungsdaten.mp4*' prozessiert.

7.2 Szenario 2 – Wareneingangskontrolle

In diesem Szenario soll die ‚*Wareneingangskontrolle*' prozessiert werden. Mathematisch ist in diesem Zusammenhang insbesondere die Binärzerlegung natürlicher Zahlen von Bedeutung.

Für das Prozessieren werden zunächst ein Gebinde ‚*avisiert*', dieses nachfolgend auf dem ‚*Wareneingangsstich*' als fehlerhaft gekennzeichnet, dem Gebinde am ‚*I-Punkt*' per Zufallszahlen ein Fehlercode zugeordnet und abschließend die Fehler am ‚*K-Punkt*' angezeigt, an dem eine ‚*Abnahme von der Fördertechnik*' erfolgt.

Als Material wird ein nicht-chargenpflichtiges verwendet, das bereits im Szenario 7.1 benutzt worden ist: ‚*M005*'.

Bei Eingabe einer Gebindenummer wird geprüft, daß diese datentechnisch noch nicht vorhanden ist.

Die Schritte des Szenarios werden in folgender Tabelle beschrieben (Tab. 7.2):
Das Szenario ist im Video ‚*Test SMILE – CLI-Version-Szenario 1 – Wareneingangskontrolle.mp4*' erfasst.

7.3 Szenario 3 – manueller Wareneingang

In diesem Szenario wird der ‚*manuelle Wareneingang*' vollzogen. Mathematisch ist dabei der Umgang mit Chargen und Splits von Bedeutung. Dieser wird durch Worte, ihre Länge, Alphabete und Prüfungen zu ERP-Chargen abgebildet.

Für das Prozessieren werden zunächst zwei Wareneingänge zum Material ‚*M002*' (chargenpflichtig) gebucht. Dazu werden eine datentechnisch existierende Chargen-Split- und eine IT-seitig neue Kombination benutzt. Die neue Charge und die durch die Wareneingänge gebuchten Gebinde werden nachfolgend angezeigt. Für ein Gebinde wird ein Label gedruckt. Anschließend werden beide Gebinde eingelagert. Zu diesem Zweck wird der Einlagertyp ‚*HRL*' sowie die Strategie ‚*LEERAB*' zum Einlagern ermittelt. Aus diesem Grund wird ein Lagerplatz durch absteigende Sortierung der freien Kapazitäten im ‚*HRL*' bestimmt. Die Informations-Dialoge zum Lagerplatz- und zum Material-Bestand sowie die Übersicht der Lagerplätze bestätigen die Buchungen.

Nachfolgend werden Prüfungen bei der Anlage einer IT-seitig neuen Chargen-Split-Kombination verletzt. Zugehörige Ergebnisse werden im Dialog zum manuellen Wareneingang entsprechend angezeigt. Fehlgeschlagene Prüfungen sind ein zu langer Split,

7.3 Szenario 3 – manueller Wareneingang

Tab. 7.1 CLI-Szenario 1 – Stamm- und Bewegungsdaten

Schritt	Menü-Code	Eingabedaten	Ausführung/Aktionen/Werte
0	**keinen**	User	Aufruf SMILE-CLI-Version ‚LVS.PY' User-Eingabe
1	**PLAETZE**	PLAETZE	Menü-Code eingeben Lagerplatzdaten werden angezeigt
2	**BEST**	BEST	Menü-Code eingeben Bestände werden angezeigt
3	**BEWE**	BEWE	Menü-Code eingeben Bewegungen werden angezeigt
4	**SNRO**	SNRO	Menü-Code eingeben Nummernkreise werden angezeigt
5	**FLAGS**	FLAGS	Menü-Code eingeben Fehlerflags werden angezeigt
6	**FEHLER**	FEHLER	Menü-Code eingeben Fehlernummern werden angezeigt
7	**CHAR**	CHAR	Menü-Code eingeben
7.1	keinen	Material	M001
7.2	keinen	Charge	CH001
7.3	keinen	Split	01
7.4	keinen	Taste	beliebige Taste drücken zurück zum Menü
8	**MATS**	MATS	Menü-Code eingeben
8.1	keinen	Material	M002 SPLIT00 wird angezeigt
8.2	keinen	TASTE	beliebige Taste drücken zurück zum Menü
9	**INFO**	INFO	Menü-Code eingeben
9.1	keinen	Gebindenummer	ein beliebiges Gebinde aus Schritt 2
9.2	keinen	Taste	Gebindedaten werden angezeigt beliebige Taste drücken
10	**BPLA**	BPLA	Menü-Code eingeben
10.1	keinen	Lagerplatz	HRL_01_01_01 Bestand wird angezeigt
10.2	keinen	TASTE	beliebige Taste drücken zurück zum Menü
11	**BMAT**	BMAT	Menü-Code eingeben

(Fortsetzung)

Tab. 7.1 (Fortsetzung)

Schritt	Menü-Code	Eingabedaten	Ausführung/Aktionen/Werte
11.1	keinen	Material	M001 Material hat Bestand
11.2	keinen	TASTE	beliebige Taste drücken zurück zum Menü
12	**ENDE**	ENDE	Anwendung wird geschlossen Daten werden gespeichert

ein nicht-numerischer Split, eine zu lange ERP-Charge sowie eine bereits datentechnisch existierende ERP-Charge.

Für die Wahl der Gebindenummer gilt die Anmerkung zu Szenario 7.1.

Die Schritte des Szenarios sind in folgender Tabelle verzeichnet (Tab. 7.3):

Das Szenario ist im Video ‚*Test SMILE – CLI-Version-Szenario 3 – manueller Wareneingang.mp4*' prozessiert.

7.4 Szenario 4 – Kühlgut

Beim ‚*Kühlgutszenario*' werden zunächst der Materialstamm zu den Materialien ‚*M000*' und ‚*M005*' angezeigt, zu denen nachfolgend ein manueller Wareneingang gebucht wird. Beide durch diesen Vorgang entstehenden Gebinde werden im Lagertyp ‚*KUEHL*' eingelagert. Dabei spielen mathematisch Sortierungen und Temperaturintervalle möglicher Einlagerplätze eine Rolle.

Die Kühlgutauswertung ‚*KUHL*' zeigt dem User, welche Kühlgüter bereits eingelagert sind (insbesondere die beiden WE-gebuchten Gebinde) und welche davon auf korrekt temperierten Plätzen lagern.

Durch eine Umlagerung mittels Code ‚*PLATZ*' wird zunächst versucht, ein Kühlgut auf einen falsch temperierten Platz umzulagern. Folgerichtig erscheint ein Fehler. Nachfolgend wird das Gebinde auf den Schrottplatz ‚*SCHROTT*' eingelagert. Die automatisch ermittelte Umlagerungsnummer wird mittels Nummernkreis überprüft.

Schließlich wird ein Kühlgutgebinde verschrottet, was durch den datentechnisch nicht mehr vorhandenen Gebindestamm sowie durch die Gebindebewegung überprüft wird.

Für die Wahl der Gebindenummer gilt die Anmerkung aus Szenario 7.1.

Die Schritte des Szenarios werden in folgender Tabelle gelistet (Tab. 7.4):

Das Szenario ist im Video ‚*Test SMILE – CLI-Version-Szenario 4 – Kühlgut.mp4*' erfasst.

7.4 Szenario 4 – Kühlgut

Tab. 7.2 CLI-Szenario 2 – WE-Kontrolle

Schritt	Menü-Code	Eingabedaten	Ausführung/Aktionen/Werte
1	**keinen**	User	Aufruf SMILE-CLI-Version ‚LVS.PY' User-Eingabe
2	**AVIS**	AVIS	Menü-Code eingeben
2.1	keinen	Gebinde	ein nicht-existentes Gebinde, z. B. mit einem Kürzel beginnend nebst fortlaufende Nummer, wie etwa TEST001; Gebindenummern beginnend mit 8 und 9 sind auch noch nicht vorhanden
2.2	keinen	Lieferant	freie Auswahl, z. B. Username
2.3	keinen	Material	M005
2.4	keinen	Menge	freie Auswahl, etwa 12
2.5	keinen	Gebindelabeldruck ‚JA/NEIN'	‚JA' Label wird danach angezeigt
2.6	keinen	Taste	Gebinde ist jetzt avisiert angelegt inkl. Bewegungssätze beliebige Taste drücken
3	**INFO**	INFO	Menü-Code eingeben
3.1	keinen	Gebindenummer aus Schritt 2	Gebinde ist nun avisiert auf Platz ‚WE_STICH' vorhanden
3.2	keinen	Taste	Gebindedaten werden angezeigt beliebige Taste drücken
4	**STICH**	STICH	Menü-Code eingeben
4.1	keinen	Gebindenummer aus Schritt 2	Gebinde eingeben
4.2	keinen	D	Fehlerflag ‚D' eingeben
4.3	keinen	Taste	Anpassungen zum Gebinde werden angezeigt inkl. Bewegungssätze Gebinde wird zum Platz ‚TRANSPORT_I_PUNKT' gefahren beliebige Taste drücken
5	**INFO**	INFO	Menü-Code eingeben
5.1	keinen	Gebindenummer aus Schritt 2	Gebinde ist nun avisiert auf dem Platz ‚TRANSPORT_I_PUNKT' vorhanden
5.2	keinen	Taste	Gebindedaten werden angezeigt beliebige Taste drücken

(Fortsetzung)

Tab. 7.2 (Fortsetzung)

Schritt	Menü-Code	Eingabedaten	Ausführung/Aktionen/Werte
6	**IPUNKT**	IPUNKT	Menü-Code eingeben
6.1	keinen	Gebindenummer aus Schritt 2	Fehlercodeermittlung Gebinde wird zum K-Punkt gefahren inkl. Bewegungssätze
6.2	keinen	Taste	Gebindedaten werden angezeigt beliebige Taste drücken
7	**INFO**	INFO	Menü-Code eingeben
7.1	keinen	Gebindenummer aus Schritt 2	Gebinde ist nun WE-gebucht auf dem Platz ‚TRANSPORT_K_PUNKT' vorhanden
7.2	keinen	Taste	Gebindedaten werden angezeigt beliebige Taste drücken
8	**KPUNKT**	KPUNKT	Menü-Code eingeben
8.1	keinen	Gebindenummer aus Schritt 2	Fehlerdarstellung durch Binärzerlegung
8.2	keinen	Richten ‚JA/NEIN'	NEIN Palette wird zum Platz ‚TRANSPORT_ RETOURE' gefahren
9	**INFO**	INFO	Menü-Code eingeben
9.1	keinen	Gebindenummer aus Schritt 2	Gebinde ist nun WE-gebucht auf dem Platz ‚TRANSPORT_RETOURE' vorhanden
9.2	keinen	Taste	Gebindedaten werden angezeigt beliebige Taste drücken
10	**ENDE**	ENDE	Anwendung wird geschlossen Daten werden gespeichert

7.5 Szenario 5 – Lieferantenretoure

Beim Szenario ‚*Lieferantenretoure*' wird anfänglich ein manueller Wareneingang gebucht. Der organisatorisch als fehlerhaft erkannte Wareneingang muss folgend retourniert werden. Zu diesem Zweck wird das Gebinde zum Platz ‚*RETOURE*' umgelagert und per Menü-Code ‚*RET*' an den Lieferanten retourniert. Das Gebinde ist nach Ausführung der Lieferantenretoure datentechnisch nicht mehr vorhanden. Der zugehörige Bewegungssatz wird anschließend angezeigt.

Die Wahl der Gebindenummer ist analog zu Szenario 7.1 zu treffen.

Die Schritte des Szenarios werden in folgender Tabelle beschrieben (Tab. 7.5):

7.5 Szenario 5 – Lieferantenretoure

Tab. 7.3 CLI-Szenario 3 – manueller Wareneingang

Schritt	Menü-Code	Eingabedaten	Ausführung/Aktionen/Werte
1	**keinen**	User	Aufruf SMILE-CLI-Version ‚LVS.PY' User-Eingabe
2	**WEMA**	WEMA	Menü-Code eingeben
2.1	keinen	Gebinde	ein datentechnisch nicht existierendes Gebinde (siehe Ausführungen in Szenario 2 in 7.2)
2.2	keinen	Lieferant	freie Wahl, z. B. Username
2.3	keinen	Material	M001
2.4	keinen	Charge	CH001 (existiert schon in SMILE)
2.5	keinen	Split	01 (existiert ebenfalls innerhalb von SMILE)
2.6	keinen	Menge	12 Wareneingang zum Gebinde wird gebucht Lagerplatz ist ‚WE_LIEF'
2.7	keinen	Druck	‚NEIN'
2.8	Keinen	Taste	beliebige Taste drücken zurück zum Menü
3	**WEMA**	WEMA	Menü-Code eingeben
3.1	keinen	Gebinde	ein IT-seitig nicht existierendes (siehe Ausführungen in Szenario 2 in 7.2)
3.2	keinen	Lieferant	freie Wahl, z. B. Username
3.3	Keinen	Material	M001
3.4	keinen	Charge	CH001 (existiert nicht)
3.5	keinen	Split	10 (existiert schon)
3.6	keinen	Verfallsdatum	1.1.2024
3.7	keinen	Menge	12
3.8	keinen	Druck	‚JA' Label wird gedruckt: Anzeige plus Ablage als Datei im Projektordner
3.9	keinen	Taste	beliebige Taste drücken zurück zum Menü
4	**CHAR**	CHAR	Menü-Code eingeben
4.1	keinen	Material	M001

(Fortsetzung)

Tab. 7.3 (Fortsetzung)

Schritt	Menü-Code	Eingabedaten	Ausführung/Aktionen/Werte
4.2	keinen	Charge	CH001 (die in Schritt 3.4 neu angelegte)
4.3	keinen	Split	10 (der in Schritt 3.4 neu angelegte) Es werden die Chargendaten nebst Verfalldatum aus 3.5 angezeigt
4.4	keinen	Taste	beliebige Taste drücken zurück zum Menü
5	**INFO**	INFO	Menü-Code eingeben
5.1	keinen	Gebinde	Gebinde aus Schritt 2.1 Lagerplatz ist ‚WE_LIEF'
5.2	keinen	Taste	beliebige Taste drücken zurück zum Menü
6	**INFO**	INFO	Menü-Code eingeben
6.1	keinen	Gebinde	Gebinde aus Schritt 3.1 Lagerplatz ist ‚WE_LIEF'
6.2	keinen	Taste	beliebige Taste drücken zurück zum Menü
7	**LABL**	LABL	Menü-Code eingeben
7.1	keinen	Gebinde	Gebinde aus 2.1 Label wird angezeigt und im Projektordner gespeichert
7.2	keinen	Taste	beliebige Taste drücken zurück zum Menü
8	**EINLAG**	EINLAG	Menü-Code eingeben
8.1	keinen	Gebinde	Gebinde aus 2.1 Einlagertyp HRL wird bestimmt und Einlagerung vorgenommen (nebst Strategie, Sortierung nach Kapazität, Ausschluss belegter Plätze etc.)
8.2	keinen	Transportbeleg	‚NEIN'
8.3	keinen	TASTE	beliebige Taste drücken zurück zum Menü
9	**EINLAG**	EINLAG	Menü-Code eingeben

(Fortsetzung)

7.5 Szenario 5 – Lieferantenretoure

Tab. 7.3 (Fortsetzung)

Schritt	Menü-Code	Eingabedaten	Ausführung/Aktionen/Werte
9.1	keinen	Gebinde	Gebinde aus 2.1 Einlagertyp HRL wird bestimmt und Einlagerung vorgenommen (nebst Strategie, Sortierung nach Kapazität, Ausschluss belegter Plätze etc.)
9.2	keinen	Transportbeleg	‚NEIN'
9.3	Keinen	TASTE	beliebige Taste drücken zurück zum Menü
10	**BPLA**	BPLA	Menü-Code eingeben
10.1	keinen	Zielplatz der Einlagerung aus 8.1	Gebinde aus 2.1 steht auf dem Zielplatz
10.2	keinen	TASTE	beliebige Taste drücken zurück zum Menü
11	**BMAT**	BMAT	Menü-Code eingeben
11.1	keinen	Material	M001 Material hat Bestand auf den Zielplätze aus 8.1 und 9.1
11.2	keinen	TASTE	beliebige Taste drücken zurück zum Menü
12	**PLAETZE**	PLAETZE	Menü-Code eingeben Zielplätze aus 8.1 und 9.1 habe mindestens ein aktuelles Gebinde verzeichnet
12.1	keinen	TASTE	beliebige Taste drücken zurück zum Menü
13	**MATS**	MATS	Menü-Code eingeben
13.1	keinen	Material	M002 SPLIT00 ist ‚JA'
13.2	keinen	TASTE	beliebige Taste drücken zurück zum Menü
14	**WEMA**	WEMA	Menü-Code eingeben
14.1	keinen	Gebinde	ein IT-seitig nicht existierendes (siehe Ausführungen in Szenario 2 in 7.2)
14.2	keinen	Lieferant	freie Wahl, z. B. Username und
14.3	keinen	Material	M002
14.4	keinen	Charge	CH001 (existiert schon)

(Fortsetzung)

Tab. 7.3 (Fortsetzung)

Schritt	Menü-Code	Eingabedaten	Ausführung/Aktionen/Werte
14.5	keinen	Split	111 Split numerisch, aber zu lang
14.6	keinen	Taste	beliebige Taste drücken zurück zum Menü
15	**WEMA**	WEMA	Menü-Code eingeben
15.1	keinen	Gebinde	ein datentechnisch nicht existierendes (siehe Ausführungen in Szenario 2 in 7.2)
15.2	keinen	Lieferant	freie Wahl, z. B. Username und
15.3	keinen	Material	M002
15.4	keinen	Charge	CH001 (existiert schon)
15.5	keinen	Split	K1 Splitalphabet verletzt (nur numerisch)
15.6	keinen	Taste	beliebige Taste drücken zurück zum Menü
16	**WEMA**	WEMA	Menü-Code eingeben
16.1	keinen	Gebinde	ein IT-seitig nicht existierendes (siehe Ausführungen in Szenario 2 in 7.2)
16.2	keinen	Lieferant	freie Wahl, z. B. Username und
16.3	keinen	Material	M002
16.4	keinen	Charge	CH0012345678910 (neue Charge)
16.5	keinen	Split	11 (neuer Split) Fehler: ERP-Charge wird zu lang
16.6	keinen	Taste	beliebige Taste drücken zurück zum Menü
17	**MATS**	MATS	Menü-Code eingeben
17.1	keinen	Material	M003 SPLIT00 ist ‚NEIN'
17.2	keinen	TASTE	beliebige Taste drücken zurück zum Menü
18	**CHAR**	CHAR	Menü-Code eingeben
18.1	keinen	Material	M003
18.2	keinen	Charge	CH003 (existiert schon)

(Fortsetzung)

7.5 Szenario 5 – Lieferantenretoure

Tab. 7.3 (Fortsetzung)

Schritt	Menü-Code	Eingabedaten	Ausführung/Aktionen/Werte
18.3	keinen	Split	00 (existiert schon) Es werden die Chargendaten nebst ERP-Charge = ‚CH003' angezeigt
18.4	keinen	Taste	beliebige Taste drücken zurück zum Menü
19	**WEMA**	WEMA	Menü-Code eingeben
19.1	keinen	Gebinde	ein IT-seitig nicht existierendes (siehe Ausführungen in Szenario 2 in 7.2)
19.2	keinen	Lieferant	freie Wahl, z. B. Username und
19.3	keinen	Material	M003
19.4	keinen	Charge	CH0 (neue Charge)
19.5	keinen	Split	03 (neuer Split) Fehler: ERP-Charge CH003 existiert schon im Chargenstamm, weil es die Charge CH003 mit Split 00 gibt
19.6	keinen	Taste	beliebige Taste drücken zurück zum Menü
20	**ENDE**	ENDE	Anwendung wird geschlossen Daten werden gespeichert

Das Video ‚*Test SMILE – CLI-Version-Szenario 5 – Lieferantenretoure.mp4*' visualisiert das Szenario im SMILE-Prototyp.

Tab. 7.4 CLI-Szenario 4 – Kühlgut

Schritt	Menü-Code	Eingabedaten	Ausführung/Aktionen/Werte
1	**keinen**	User	Aufruf SMILE-CLI-Version ‚LVS.PY' User-Eingabe
2	**MATS**	MATS	Menü-Code eingeben
2.1	keinen	Material	M004 Material temperiert Einlagertyp KUEHL
2.2	keinen	TASTE	beliebige Taste drücken zurück zum Menü
3	**MATS**	MATS	Menü-Code eingeben
3.1	keinen	Material	M000 Material temperiert Einlagertyp KUEHL
3.2	keinen	TASTE	beliebige Taste drücken zurück zum Menü
4	**WEMA**	WEMA	Menü-Code eingeben
4.1	keinen	Gebinde	ein nicht existierendes (siehe Ausführungen in Szenario 2 in 7.2)
4.2	keinen	Lieferant	freie Wahl, z. B. Username
4.3	keinen	Material	M000
4.4	keinen	Charge	CH000 (existiert schon)
4.5	keinen	Split	00 (existiert schon)
4.6	keinen	Menge	12 Wareneingang zum Gebinde wird gebucht Lagerplatz ist ‚WE_LIEF'
4.7	keinen	Druck	‚NEIN'
4.8	keinen	Taste	beliebige Taste drücken zurück zum Menü
5	**WEMA**	WEMA	Menü-Code eingeben
5.1	keinen	Gebinde	ein nicht existierendes (siehe Ausführungen in Szenario 2 in 7.2)
5.2	keinen	Lieferant	freie Wahl, z. B. Username
5.3	keinen	Material	M004
5.4	keinen	Charge	CH004 (existiert schon)
5.5	keinen	Split	00 (existiert schon)

(Fortsetzung)

7.5 Szenario 5 – Lieferantenretoure

Tab. 7.4 (Fortsetzung)

Schritt	Menü-Code	Eingabedaten	Ausführung/Aktionen/Werte
5.6	keinen	Menge	12 Wareneingang zum Gebinde wird gebucht Lagerplatz ist ‚WE_LIEF'
5.7	keinen	Druck	‚NEIN'
5.8	keinen	Taste	beliebige Taste drücken zurück zum Menü
6	**EINLAG**	EINLAG	Menü-Code eingeben
6.1	keinen	Gebinde	Gebinde aus 4.1 Einlagertyp KUEHL wird bestimmt und Einlagerung vorgenommen (nebst Strategie, Sortierung nach Kapazität, Ausschluss belegter Plätze etc.)
6.2	keinen	Transportbeleg	‚NEIN'
6.3	keinen	TASTE	beliebige Taste drücken zurück zum Menü
8	**EINLAG**	EINLAG	Menü-Code eingeben
8.1	keinen	Gebinde	Gebinde aus 5.1 Einlagertyp KUEHL wird bestimmt und Einlagerung vorgenommen (nebst Strategie, Sortierung nach Kapazität, Ausschluss belegter Plätze etc.)
8.2	keinen	Transportbeleg	‚NEIN'
8.3	keinen	TASTE	beliebige Taste drücken zurück zum Menü
9	**KUHL**	KUHL	Menü-Code eingeben Kühlgutauswertung wird angezeigt
9.1	keinen	Taste	beliebige Taste drücken zurück zum Menü
10	**SNRO**	SNRO	Menü-Code eingeben TRAPO hat den aktuellen Stand x
10.1	keinen	Taste	beliebige Taste drücken zurück zum Menü
11	**PLATZ**	PLATZ	Menü-Code eingeben
11.1	keinen	Gebinde	Gebinde aus 5.1
11.2	keinen	Zielplatz	KUEHL_01 Fehler wegen Temperatur
11.3	keinen	TASTE	beliebige Taste drücken zurück zum Menü

(Fortsetzung)

Tab. 7.4 (Fortsetzung)

Schritt	Menü-Code	Eingabedaten	Ausführung/Aktionen/Werte
12	**PLATZ**	PLATZ	Menü-Code eingeben
12.1	keinen	Gebinde	Gebinde aus 5.1
12.2	keinen	Zielplatz	SCHROTT
12.3	keinen	Transportbeleg	‚NEIN'
12.4	keinen	TASTE	beliebige Taste drücken zurück zum Menü
13	**SNRO**	SNRO	Menü-Code eingeben TRAPO hat Stand x + 1
13.1	keinen	Taste	beliebige Taste drücken zurück zum Menü
14	**INFO**	INFO	Menü-Code eingeben
14.1	keinen	Gebinde	Gebinde aus Schritt 5.1 Lagerplatz ist ‚SCHROTT'
14.2	keinen	Taste	beliebige Taste drücken zurück zum Menü
15	**SCHR**	SCHR	Menü-Code eingeben
15.1	keinen	Gebinde	Gebinde aus Schritt 5.1
15.2	keinen	Grund	‚Defekt' Verschrottung gebucht
15.3	keinen	Taste	beliebige Taste drücken zurück zum Menü
16	**INFO**	INFO	Menü-Code eingeben
16.1	keinen	Gebinde	Gebinde aus Schritt 5.1 Gebinde nicht gefunden
17	**BEWE**	BEWE	Menü-Code eingeben Letzte Bewegung zum Gebinde aus Schritt 5.1 wird am Ende angezeigt
17.1	keinen	Taste	beliebige Taste drücken zurück zum Menü
18	**ENDE**	ENDE	Anwendung wird geschlossen Daten werden gespeichert

7.5 Szenario 5 – Lieferantenretoure

Tab. 7.5 CLI-Szenario 5 – Lieferantenretoure

Schritt	Menü-Code	Eingabedaten	Ausführung/Aktionen/Werte
1	**keinen**	User	Aufruf SMILE-CLI-Version ‚LVS.PY' User-Eingabe
2	**WEMA**	WEMA	Menü-Code eingeben
2.1	keinen	Gebinde	ein IT-seitig nicht existierendes (siehe Ausführungen in Szenario 2 in 7.2)
2.2	keinen	Lieferant	freie Wahl, z. B. Username
2.3	keinen	Material	M004
2.4	keinen	Charge	CH004 (existiert schon)
2.5	keinen	Split	00 (existiert schon)
2.6	keinen	Menge	12 Wareneingang zum Gebinde wird gebucht Lagerplatz ist ‚WE_LIEF'
2.7	keinen	Druck	‚NEIN'
2.8	keinen	Taste	beliebige Taste drücken zurück zum Menü
3	**PLATZ**	PLATZ	Menü-Code eingeben
3.1	keinen	Gebinde	Gebinde aus 2.1
3.2	keinen	Zielplatz	RETOURE
3.3	keinen	Transportbeleg	‚NEIN'
3.4	keinen	TASTE	beliebige Taste drücken zurück zum Menü
4	**RET**	RET	Menü-Code eingeben
4.1	keinen	Gebinde	Gebinde aus 2.1
4.2	keinen	TASTE	beliebige Taste drücken zurück zum Menü
5	**INFO**	INFO	Menü-Code eingeben
5.1	keinen	Gebinde	Gebinde aus Schritt 2.1 Gebinde nicht gefunden
6	**BEWE**	BEWE	Menü-Code eingeben Letzte Bewegung zum Gebinde aus Schritt 2.1 wird am Ende angezeigt
6.1	keinen	Taste	beliebige Taste drücken zurück zum Menü
7	**ENDE**	ENDE	Anwendung wird geschlossen Daten werden gespeichert

Bedienung der SMILE – GUI – Version 8

Inhaltsverzeichnis

8.1	Useranlage und Passwortvergabe		115
8.2	Start der Anwendung		115
8.3	Login		116
8.4	Wareneingangsprozesse		117
	8.4.1	manueller Wareneingang	117
		8.4.1.1 manueller Wareneingang mit existierender Charge	120
		8.4.1.2 manueller Wareneingang mit neuer Charge	121
		8.4.1.3 manueller Wareneingang für Kühlgut	121
		8.4.1.4 manueller Wareneingang ohne Charge	122
	8.4.2	avisierter Wareneingang	122
		8.4.2.1 avisierter Wareneingang mit existierender Charge	125
		8.4.2.2 avisierter Wareneingang mit neuer Charge	125
		8.4.2.3 avisierter Wareneingang von Kühlgut	126
		8.4.2.4 avisierter Wareneingang ohne Charge	128
	8.4.3	Stichkontrolle	128
		8.4.3.1 Stichkontrolle ohne Fehlerflag und mit Scan	128
		8.4.3.2 Stichkontrolle mit Fehlerflag und manueller Gebindeeingabe	130
	8.4.4	I-Punkt-Simulation	131
		8.4.4.1 I-Punkt-Simulation mit Gebindescan	132
		8.4.4.2 I-Punkt-Simulation ohne Gebindescan	137
	8.4.5	Richtplatz	139
		8.4.5.1 Richtplatz mit Gebindescan	147
		8.4.5.2 Richtplatz ohne Gebindescan	150
	8.4.6	Einlagern	154
		8.4.6.1 Einlagern ohne Zielplatzvorgabe	156
		8.4.6.2 Einlagern mit Zielplatzvorgabe	159
		8.4.6.3 Einlagerungs-Prüfungen	159
	8.4.7	Lieferantenretoure	161
8.5	Warenausgangsprozesse		163

	8.5.1	Auslieferungen anzeigen	163
	8.5.2	Touren anzeigen	167
	8.5.3	Auslieferungen anlegen	169
		8.5.3.1 Aufruf und Vorbelegungen	169
		8.5.3.2 Kopfdaten zur Auslieferung	170
		8.5.3.3 Positionsdaten zur Auslieferung	172
		8.5.3.4 Simulationsmodus zur Auslieferungsanlage	175
		8.5.3.5 Auslieferungsanlage	175
		8.5.3.6 Infomail an Kunde per Hotmail	176
		8.5.3.7 Logo	179
		8.5.3.8 Beenden	181
	8.5.4	Touren anlegen	181
		8.5.4.1 Aufruf und Vorbelegungen	181
		8.5.4.2 Kopfdaten der Tour	181
		8.5.4.3 Positionsdaten zur Tour	183
		8.5.4.4 Simulationsmodus	183
		8.5.4.5 Touranlage	184
		8.5.4.6 Logo	184
		8.5.4.7 Beenden	185
8.6	Interne Bewegungen		187
	8.6.1	Umlagern	187
		8.6.1.1 Umlagern ohne Scan	189
		8.6.1.2 Umlagern mit Scan	189
	8.6.2	Verschrotten	194
8.7	Bewegungsauswertungen		199
	8.7.1	alle Bewegungen	199
8.8	Druck		204
	8.8.1	Gebinde QR-Code	204
8.9	Scan		208
	8.9.1	QR-Code scannen	208
8.10	Bestände		210
	8.10.1	Bestand zum Material	210
	8.10.2	Bestand zum Platz	213
	8.10.3	Bestand zum Gebinde	215
	8.10.4	Gesamtbestand	216
	8.10.5	Kühlgut im Lager	219
8.11	Stammdaten		224
	8.11.1	Material	224
	8.11.2	Chargen	225
	8.11.3	Lagerplätze	226
	8.11.4	Nummernkreise	228
	8.11.5	Fehlercodes am WE-Stich	232
	8.11.6	Fehlercodes am I-Punkt	233
	8.11.7	Ladehilfsmittel	235
	8.11.8	Kunden	238
	8.11.9	Flotte	239
8.12	Informationen		241
	8.12.1	Versions-Information	241
8.13	beteiligte Institutionen und Firmen		241

	8.13.1	beteiligte Institutionen 241
	8.13.2	beteiligte Firmen 242
8.14	Ende	 244
	8.14.1	Beenden mit ‚ENDE' 244

8.1 Useranlage und Passwortvergabe

Bevor die ‚*GUI-Version*' genutzt werden kann, muss zuerst ein ‚*User mit Passwort*' erstellt werden. Zu diesem Zweck ist ein Username festzulegen, hier beispielhaft ‚*SMILE001*'. Der User benötigt ein Passwort, etwa ‚*SMILE42*'. Das Passwort ist dem User geheim zu übermitteln.

Wie in Abschn. 5.6.1 erläutert, wird der Hashwert zum Passwort beim Login abgefragt. Diesen Wert ermittelt man auf der Spyder-Konsole durch die Befehle

- *import hashlib*

und

- *int(hashlib.sha256('SMILE42'.encode('utf-8')).hexdigest(), 16) % 10**8*

. Das Passwort ist entsprechend den eigenen Anforderungen abzuändern. Auf der Spyder-Konsole ergibt sich Folgendes (Abb. 8.1):

Der User ist in der CSV-Datei ‚*benutzer.csv*' zusammen mit dem ermittelten Hashwert – in diesem Beispiel also ‚*89275016*' – zu pflegen (Abb. 8.2).

Der Login mittels User und Passwort (nicht mit dem Hashwert) kann folgend durchgeführt werden (Abbs. 8.3 und 8.4):

8.2 Start der Anwendung

Die ‚*GUI = Graphical-User-Interface*' – Version von SMILE wird mittels Python-Datei ‚*LVS_GUI_TKINTER.PY*' im Spyder-Editor unter Verwendung der Ikone 📂 geöffnet (Abb. 8.5):

Anschließend kann die Anwendung mit ▪ gestartet werden (Abb. 8.6):

In der Task-Leiste erscheint das Symbol ▫ (Abb. 8.7):

Drückt man auf dieses Symbol, gelangt man zum Login (Abb. 8.8):

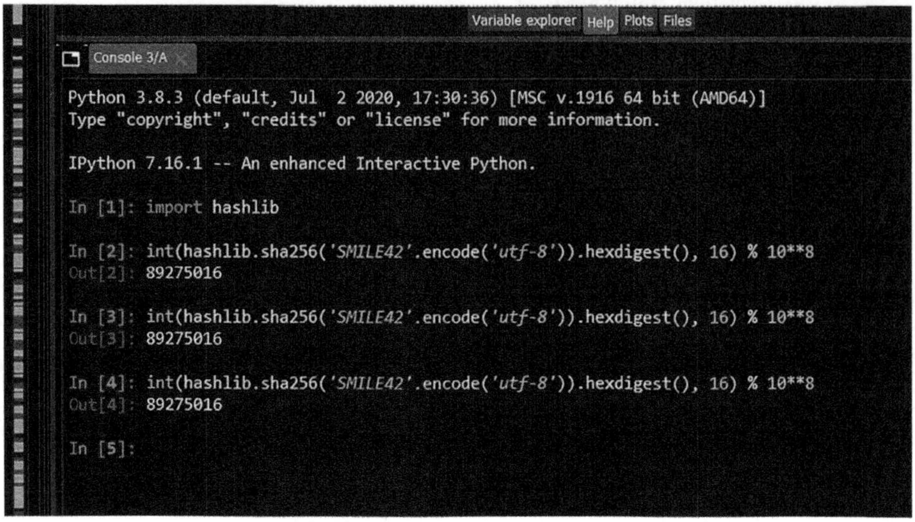

```
                                        Variable explorer  Help  Plots  Files
     Console 3/A

Python 3.8.3 (default, Jul  2 2020, 17:30:36) [MSC v.1916 64 bit (AMD64)]
Type "copyright", "credits" or "license" for more information.

IPython 7.16.1 -- An enhanced Interactive Python.

In [1]: import hashlib

In [2]: int(hashlib.sha256('SMILE42'.encode('utf-8')).hexdigest(), 16) % 10**8
Out[2]: 89275016

In [3]: int(hashlib.sha256('SMILE42'.encode('utf-8')).hexdigest(), 16) % 10**8
Out[3]: 89275016

In [4]: int(hashlib.sha256('SMILE42'.encode('utf-8')).hexdigest(), 16) % 10**8
Out[4]: 89275016

In [5]:
```

Abb. 8.1 SMILE – GUI – Hashwert zum Passwort

Abb. 8.2 SMILE – GUI – Benutzeranlage

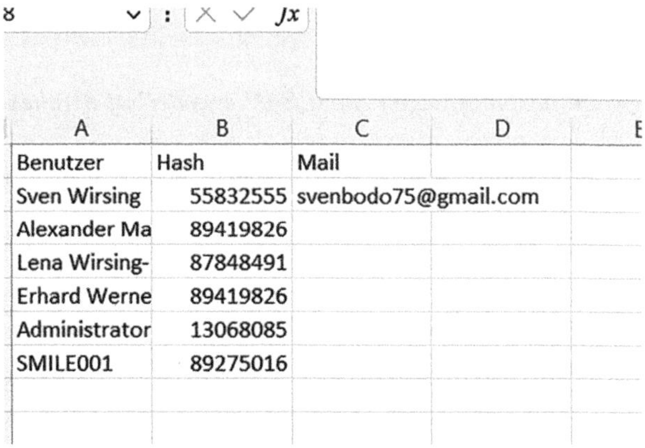

	A	B	C	D
	Benutzer	Hash	Mail	
	Sven Wirsing	55832555	svenbodo75@gmail.com	
	Alexander Ma	89419826		
	Lena Wirsing-	87848491		
	Erhard Werne	89419826		
	Administrator	13068085		
	SMILE001	89275016		

8.3 Login

Für den ‚*Login*' muss der ‚*Username*' und das verdeckt einzutragende ‚*Passwort*' eingegeben werden (siehe zum Passwort Abschn. 5.6.1 und Abb. 8.9):

Führt man keinen Login durch, können die einzelnen Menü-Punkte der SMILE-GUI-Version nicht vom User benutzt werden (Abb. 8.10).

Mit der Taste [Login] wird das eingegebene Passwort zum User überprüft. Im Erfolgsfall wird ein Popup angezeigt (Abb. 8.11):

8.4 Wareneingangsprozesse

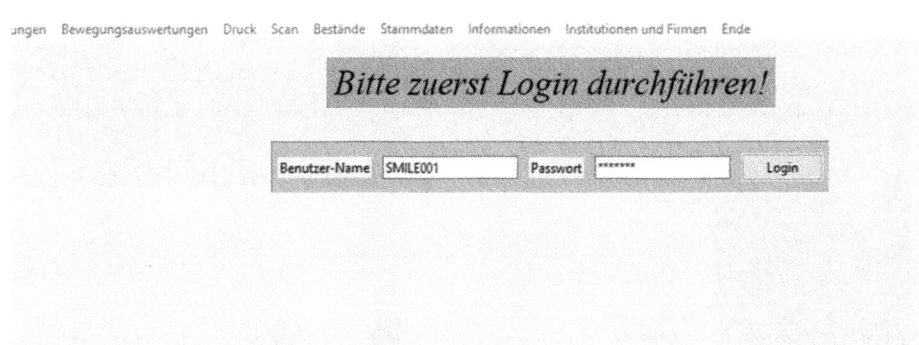

Abb. 8.3 SMILE – GUI – Login

Abb. 8.4
SMILE – GUI – erfolgreicher Login

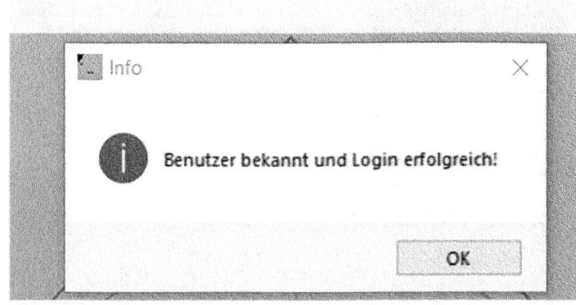

Bestätigt man dieses Popup, gelangt man zur Startseite von SMILE (Abb. 8.12).

Falls der User unbekannt ist oder Passwort und Username nicht zusammenpassen, wird der Login abgelehnt (Abbs. 8.13 und 8.14).

8.4 Wareneingangsprozesse

8.4.1 manueller Wareneingang

Der manuelle Wareneingang erfolgt über den Menü-Punkt ‚*Wareneingang - > manuell*' (Abb. 8.15):

Es öffnet sich folgendes Fenster (Abb. 8.16):
Die Dateneingabe wird nachfolgend erläutert (Abb. 8.17):
‚*Gebinde, Material, Menge*' sowie ggfs. ‚*Charge*' und ‚*Split*' sind einzugeben. Dabei ist im vorherigen Fenster mittels ‚*Tooltip*' erkennbar, daß im Material-Eingabefeld nur ganze Zahlen zwischen 0 und 9 sowie Klein- und Großbuchstaben erlaubt sind. Diese

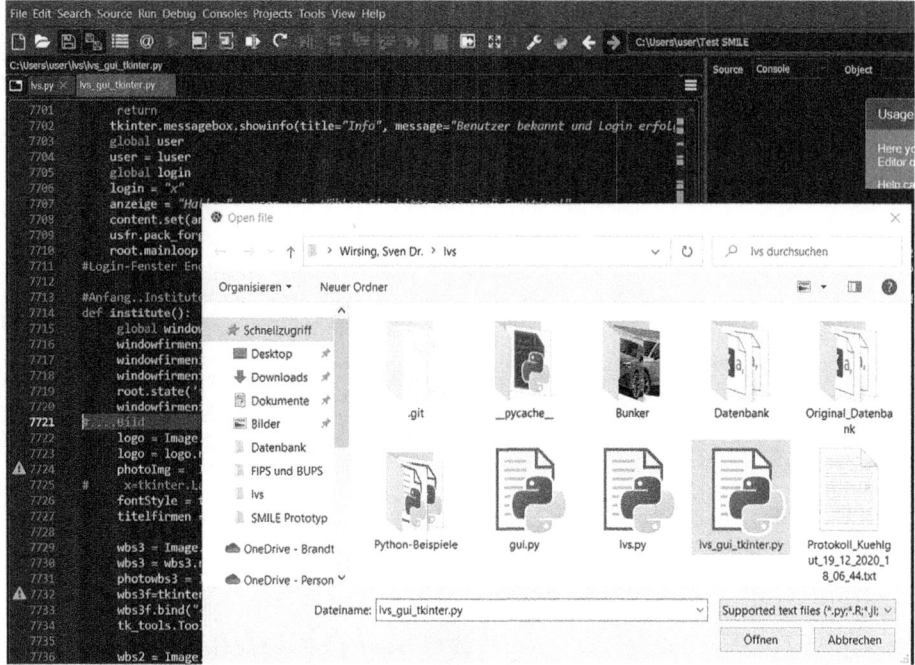

Abb. 8.5 SMILE – GUI – Datei öffnen

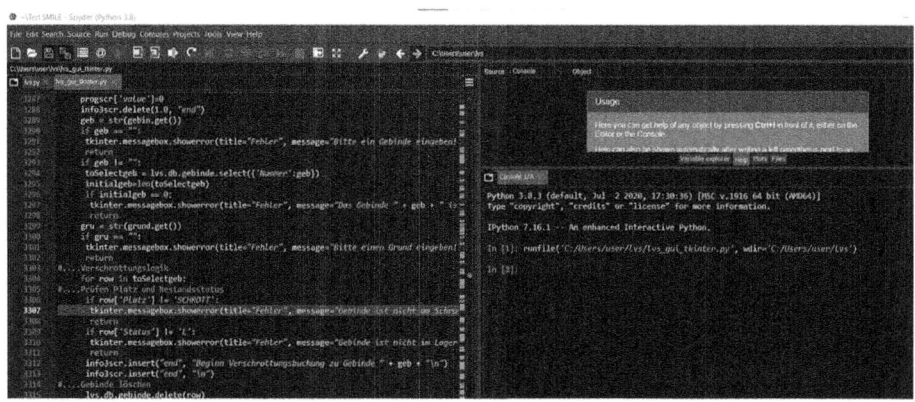

Abb. 8.6 SMILE – GUI – Datei im Editor

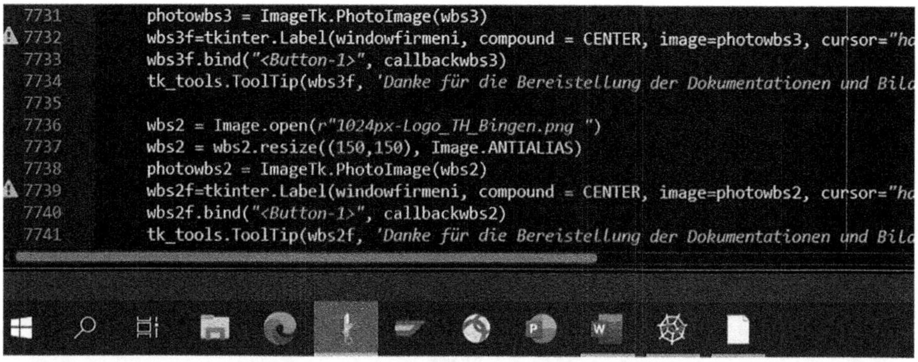

8.4 Wareneingangsprozesse

```
7731        photowbs3 = ImageTk.PhotoImage(wbs3)
7732        wbs3f=tkinter.Label(windowfirmeni, compound = CENTER, image=photowbs3, cursor="hc
7733        wbs3f.bind("<Button-1>", callbackwbs3)
7734        tk_tools.ToolTip(wbs3f, 'Danke für die Bereistellung der Dokumentationen und Bilc
7735
7736        wbs2 = Image.open(r"1024px-Logo_TH_Bingen.png ")
7737        wbs2 = wbs2.resize((150,150), Image.ANTIALIAS)
7738        photowbs2 = ImageTk.PhotoImage(wbs2)
7739        wbs2f=tkinter.Label(windowfirmeni, compound = CENTER, image=photowbs2, cursor="hc
7740        wbs2f.bind("<Button-1>", callbackwbs2)
7741        tk_tools.ToolTip(wbs2f, 'Danke für die Bereistellung der Dokumentationen und Bilc
```

Abb. 8.7 SMILE – GUI – Taskleiste

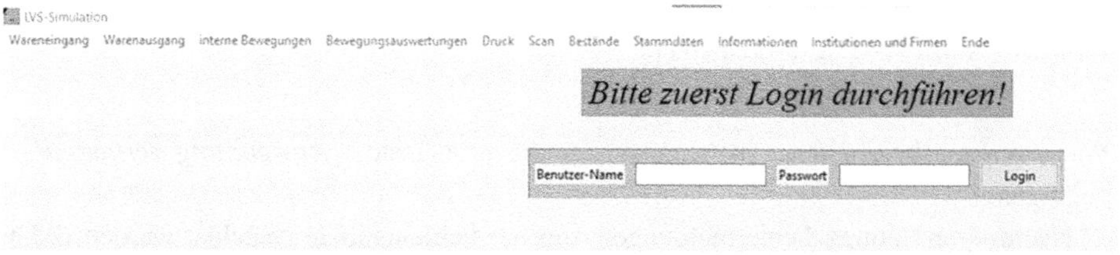

Abb. 8.8 SMILE – GUI – Login-Fenster

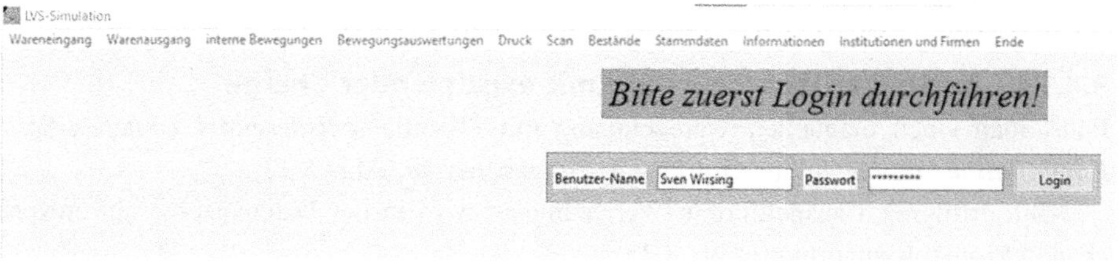

Abb. 8.9 SMILE – Login – User & Passwort

Regeln werden nach Eingabe überprüft. Falls notwendig, ist bei einer für SMILE neuen Charge auch das ‚*Verfallsdatum*' einzutragen.

Folgend wird die Datenverarbeitung beschrieben (Abb. 8.18):

Mit dem grünen Button ‚*Wareneingang anlegen*' wird das Gebinde inkl. Bestand IT-seitig gebucht. Nachfolgend kann der Labeldruck mit der blauen Taste ‚*Labeldruck*' erfolgen . Das Label wird im Projektordner als Datei abgelegt und direkt angezeigt, falls die Checkbox ‚*Label anzeigen*' vom User aktiviert worden ist. Mit dem runden, grünen LED-Symbol kann ein Bild des Gebindes dargestellt werden. Um die

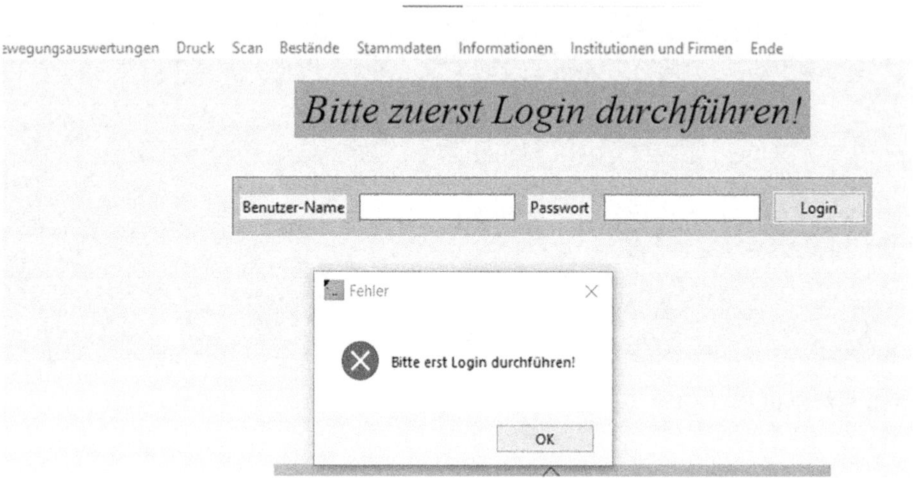

Abb. 8.10 SMILE – Login – Fehlerfall I

Wareneingangsbearbeitung zu beenden, ist die rote Taste ‚*Anwendung verlassen*' zu betätigen.

Nachfolgend einige Fehlermeldungen, die bei Fehleingaben ausgelöst werden (Abbs. 8.19, 8.20, und 8.21):

In den nächsten Abschnitten wird auf spezielle Varianten der manuellen Wareneingangsverarbeitung eingegangen. Für die Abgrenzung der Varianten ist die ‚*Chargenpflicht*' von besonderer Bedeutung.

8.4.1.1 manueller Wareneingang mit existierender Charge

Führt man einen manuellen Wareneingang mit IT-seitig ‚*existierender Chargen-Split-Kombination*' durch, zeigt sich folgende Eingabemaske (Abb. 8.22):

Nach erfolgreich ausgeführtem Wareneingang wird in der Datenanzeige ein entsprechende Protokoll angezeigt (Abb. 8.23):

Mittels Taste ‚*Labeldruck*' erzeugt SMILE eine entsprechende Barcode-Datei und legt sie im PNG-Format ab (Abb. 8.24):

Nach Bestätigung der Informations-Meldung kehrt man zum Wareneingangsbild zurück. Wird dort die grüne LED-Taste betätigt, erhält man eine Visualisierung des gebuchten Gebindes (Abb. 8.25).

Die Visualisierung kann nur nach einem gebuchten Wareneingang ausgeführt werden. Die Daten und der QR-Barcode sind passend zum jeweiligen Gebinde angezeigt. Mittels Handy-Scan kann etwa der angezeigte QR-Barcode überprüft werden.

8.4 Wareneingangsprozesse

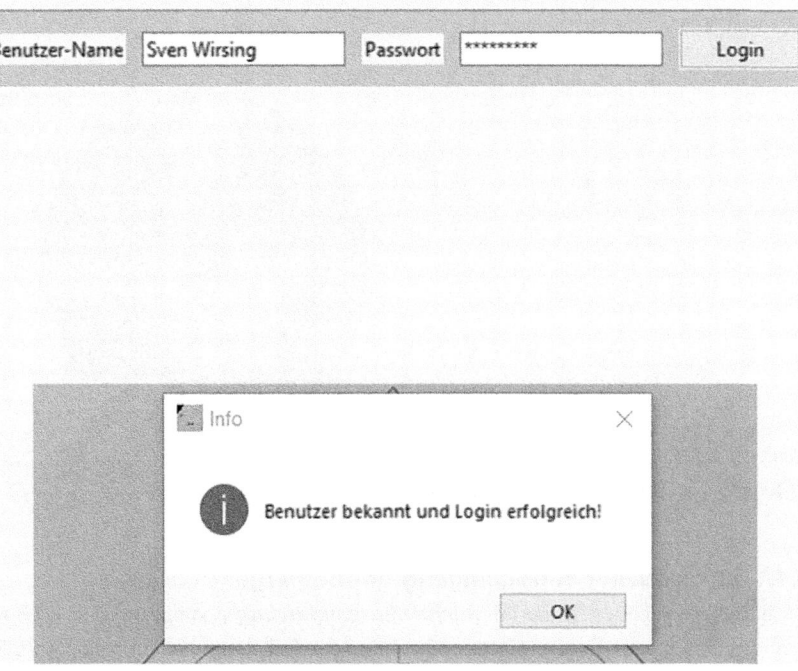

Abb. 8.11 SMILE – Login – erfolgreicher Login

8.4.1.2 manueller Wareneingang mit neuer Charge
Bei der Eingabe einer datentechnisch bisher *‚unbekannten Chargen-Split-Kombination'* ist die Eingabe eines *‚Verfallsdatums'* notwendig (Abb. 8.26).

Zu diesem Zweck ist eine spezielle Wertehilfe verfügbar (Abb. 8.27).

Nach erfolgreichem Buchen des Wareneingangs wird ein Protokoll eingeblendet (Abb. 8.28).

Auch in diesem Beispiel wird ein Label erzeugt und angezeigt (Abbs. 8.29 und 8.30): Die Visualisierung des Gebindes hat in diesem Beispiel folgende Gestalt (Abb. 8.31):

8.4.1.3 manueller Wareneingang für Kühlgut
Bei Verwendung eines *‚Kühlgut-Materials'* sind keine weiteren Angaben zu machen. In SMILE sind Kühlgüter chargenpflichtig (Abb. 8.32).

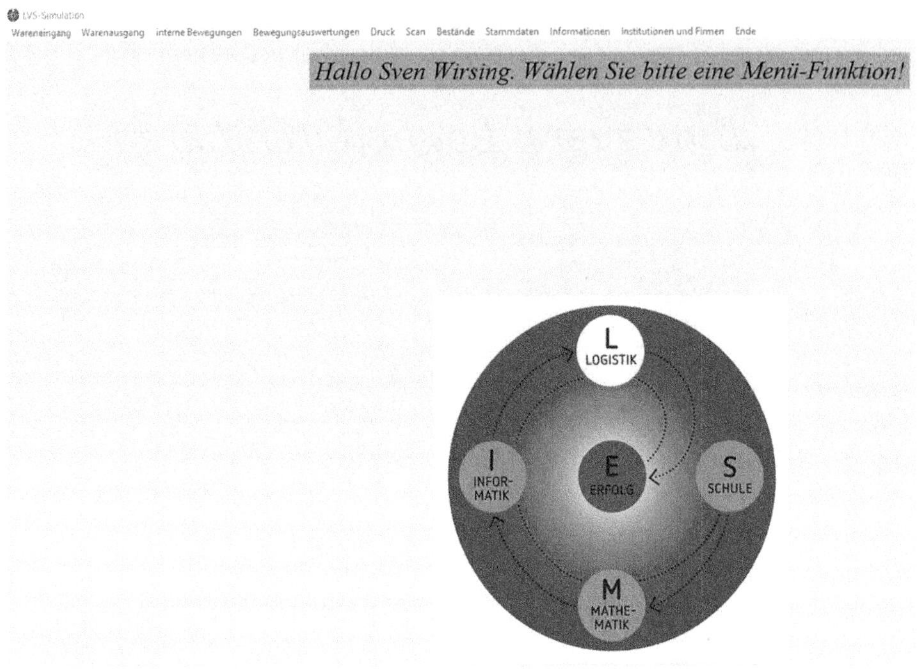

Abb. 8.12 SMILE – Login – Startbildschirm

8.4.1.4 manueller Wareneingang ohne Charge

Ist ein eingegebenes Material *‚nicht chargenpflichtig‘*, sind auf der GUI-Oberfläche weniger Daten zu erfassen. Charge, Split und Verfallsdatum fallen weg (Abb. 8.33).

In diesem Beispiel ebenfalls wurde ein Label erzeugt (Abb. 8.34).

Die Gebindedarstellung ist bzgl. des Barcode-Textes einfacher, da Charge und Split wegfallen (Abb. 8.35).

8.4.2 avisierter Wareneingang

Das Avisieren von Gebinden erreicht man im Menü unter *‚Wareneingang - > avisiert‘*(Abb. 8.36) *:*

Es öffnet sich folgendes Fenster (Abb. 8.37):

Auf dem Bildschirm sind diverse Daten einzugeben. Im linken Bereich findet man *‚Gebinde‘*, zugehöriges *‚Material‘* und *‚Menge‘*(Abb. 8.38).

Im mittleren Bereich ist zunächst ein *‚Lieferant‘* zu erfassen.

8.4 Wareningangsprozesse

Abb. 8.13 SMILE – Login – Fehlerfall II

Die *‚Einheit'* zum Material wird automatisch in das Feld Einheit: mittels Materialstamm eingetragen.
Ist das Material chargenpflichtig, sind zusätzlich *‚Charge'* und *‚Split'* zu füllen.

Charge, Split und Material müssen datentechnisch existieren. Das Gebinde darf hingegen nicht bereits IT-seitig bekannt sein.

Mit dem grünen Button AVIS anlegen kann der avisierte Wareneingang angelegt werden. Der Balken zeigt den IT-technischen Fortschritt der Anlage an.

Soll zum Gebinde ein Label gedruckt werden, ist die blaue Taste Labeldruck ☑ Label anzeigen zu nutzen. Ist die Checkbox *‚Label anzeigen'* aktiviert, so wird das Label = QR-Code direkt angezeigt.

Die QR-Barcode-Datei ist im Ordner abgelegt, in dem auch der GUI-Python-Prototyp hinterlegt ist (Abb. 8.39).

Abb. 8.14 SMILE – Login – Fehlerfall III

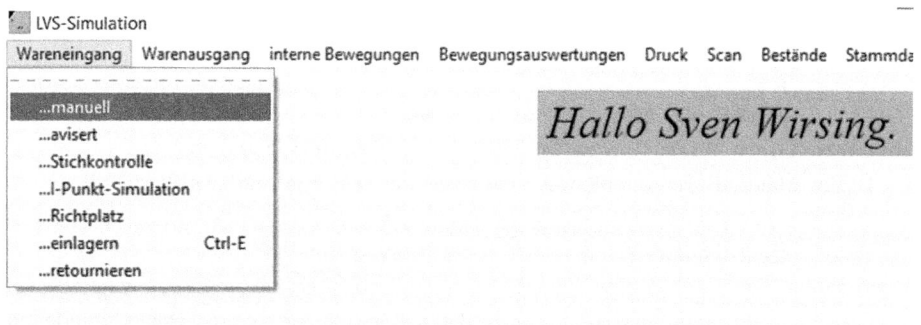

Abb. 8.15 SMILE – Menü – manueller Wareneingang

Mit dem roten Button Anwendung verlassen wird die Avisierung geschlossen.
Es folgen Beispiele zur Avisierung.

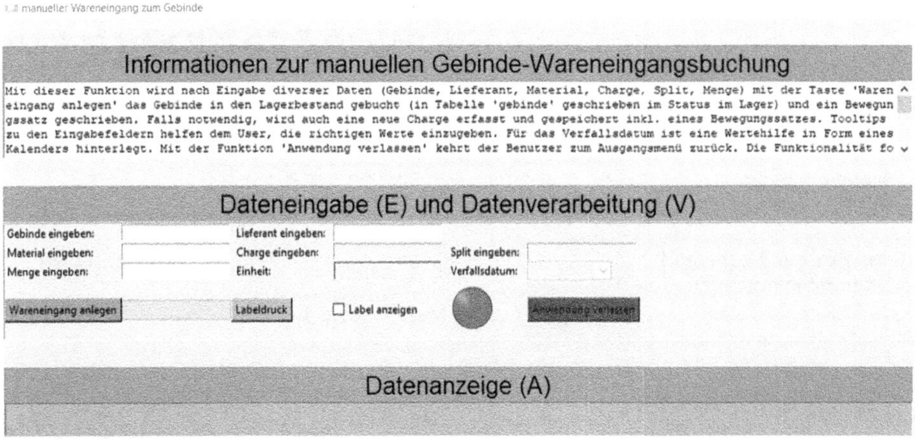

8.4 Wareneingangsprozesse

Abb. 8.16 SMILE – GUI – manueller Wareneingang

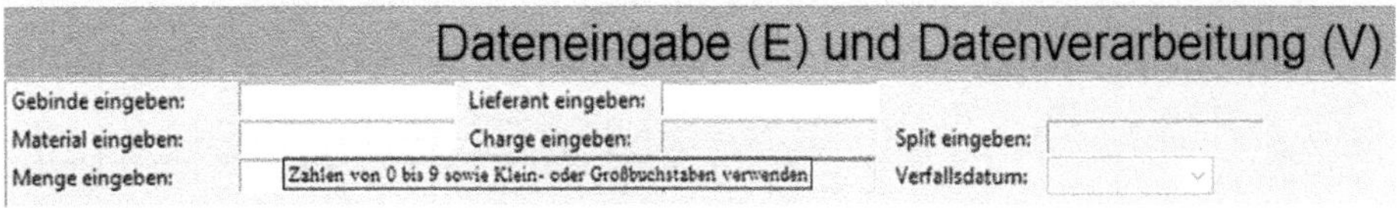

Abb. 8.17 SMILE – GUI – manueller Wareneingang – Dateneingabe

Abb. 8.18 SMILE – GUI – manueller Wareneingang – Funktionen

8.4.2.1 avisierter Wareneingang mit existierender Charge

In folgenden Beispiel wird eine *‚existierende Chargen-Split-Kombination'* eingegeben sowie ein Label erzeugt und angezeigt (Abb. 8.40).

Das Ergebnis wird in der Datenanzeige dargestellt (Abb. 8.41).

Mit einem Druck auf die Labeltaste wird die QR-Barcode-Datei erzeugt (Abb. 8.42).

Durch die Checkbox *‚Label anzeigen'* wird die erzeugte Datei präsentiert (Abb. 8.43).

8.4.2.2 avisierter Wareneingang mit neuer Charge

Eine *‚neue Chargen-Split-Kombination'* ist bei Avisierung nicht erlaubt (Abb. 8.44).

Abb. 8.19 SMILE – GUI – manueller Wareneingang – Fehlermeldung I

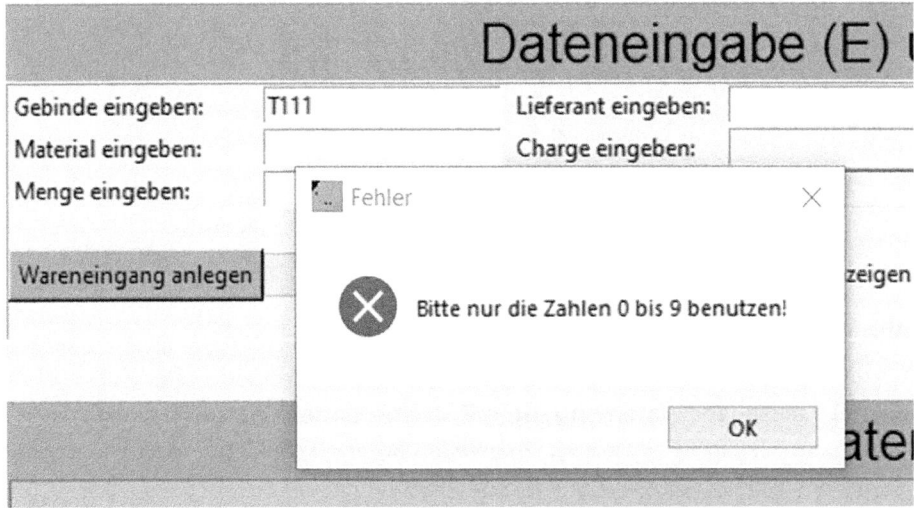

Abb. 8.20 SMILE – GUI – manueller Wareneingang – Fehlermeldung II

8.4.2.3 avisierter Wareneingang von Kühlgut

‚*Kühlgut*' darf nicht avisiert werden, da es nicht über die Fördertechnik, sondern manuell transportiert wird. Im Prototyp sind avisierte Paletten derzeit ausschließlich für eine Lagerung im HRL vorgesehen (Abb. 8.45).

8.4 Wareneingangsprozesse

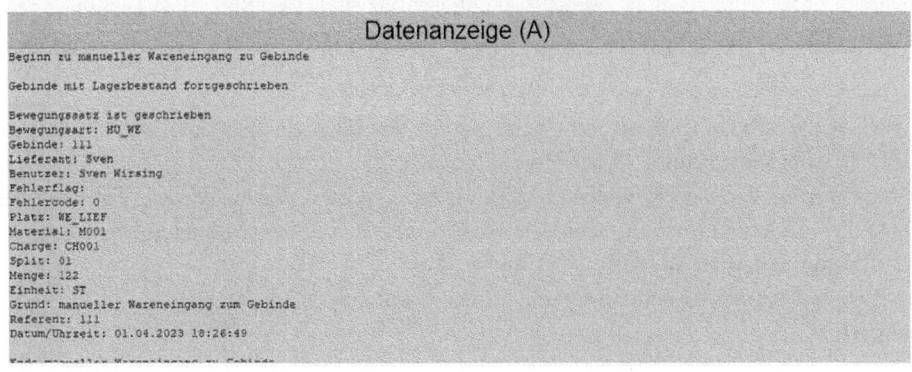

Abb. 8.21 SMILE – GUI – manueller Wareneingang – Fehlermeldung III

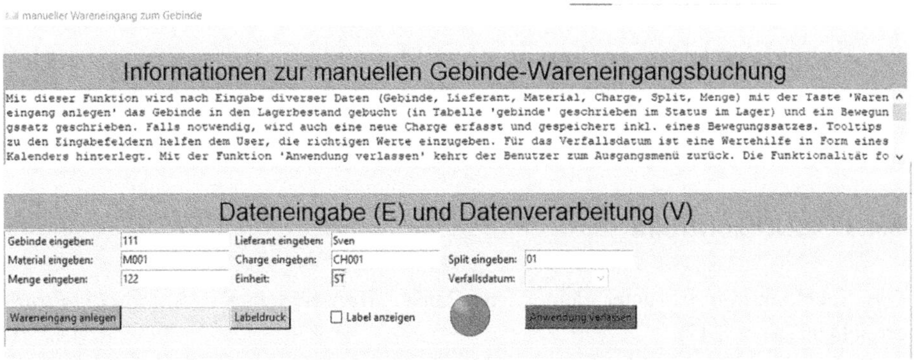

Abb. 8.22 SMILE – GUI – manueller Wareneingang – existierende Charge

Abb. 8.23 SMILE – GUI – manueller Wareneingang – existierende Charge – Protokoll

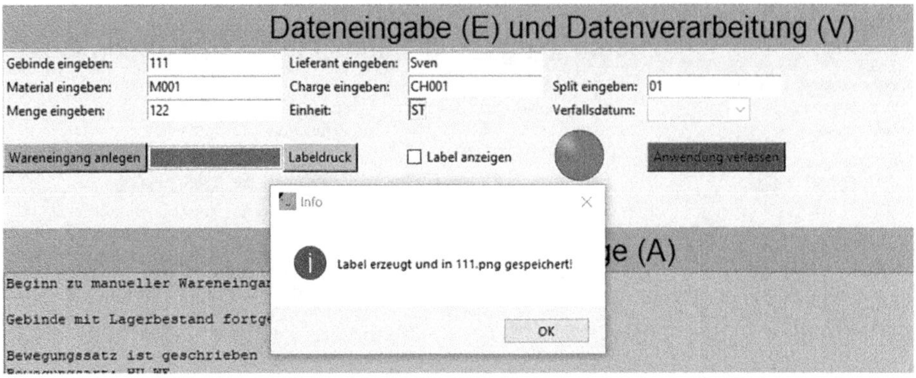

Abb. 8.24 SMILE – GUI – manueller Wareneingang – Labeldruck

8.4.2.4 avisierter Wareneingang ohne Charge

Bei einem ***‚nicht-chargenpflichtigen'*** Material sind weder Charge noch Split einzugeben (Abb. 8.46).

8.4.3 Stichkontrolle

Die Stichkontrolle ist unter dem Menü-Punkt ***‚Wareneingang - > Stichkontrolle'*** erreichbar (Abb. 8.47).

Es öffnet sich folgendes Fenster (Abb. 8.48):

Ein ***‚Gebinde'*** kann über das Gebinde-Eingabefeld bzw. den Scan-Button (Abb. 8.49) wahlweise manuell eingegeben oder über die Laptop/PC-Kamera eingescannt werden. Der rote Button [Flag Ende] schließt das Fenster. Soll das Gebinde nach Abschluss der Stichkontrolle zum I-Punkt transportiert werden, ist die Checkbox ☐ mit Weitertransport zum I-Punkt zu aktivieren. Der Balken zeigt den Bearbeitungs-Fortschritt beim Setzen des Flags an. Für das Eingabefeld zum Flag ist eine Eingabehilfe vorhanden (Abb. 8.50).

Es werden diverse Prüfungen ausgeführt, wie etwa die datentechnische Existenz des aktuellen Lagerplatzes zum Gebindes. Ist mindestens eine der Prüfungen negativ, bricht der Dialog fehlerhaft ab (Abbs. 8.51 und 8.52).

Folgend werden exemplarisch die Eingabe mit und ohne Scannen eines Gebindes betrachtet.

8.4.3.1 Stichkontrolle ohne Fehlerflag und mit Scan

Verwendet man den Button ***‚Scan Gebinde'***, öffnet sich die Kamera am PC/Laptop. Das Scannen kann mit der Taste ***‚q'*** abgebrochen werden (Abb. 8.53).

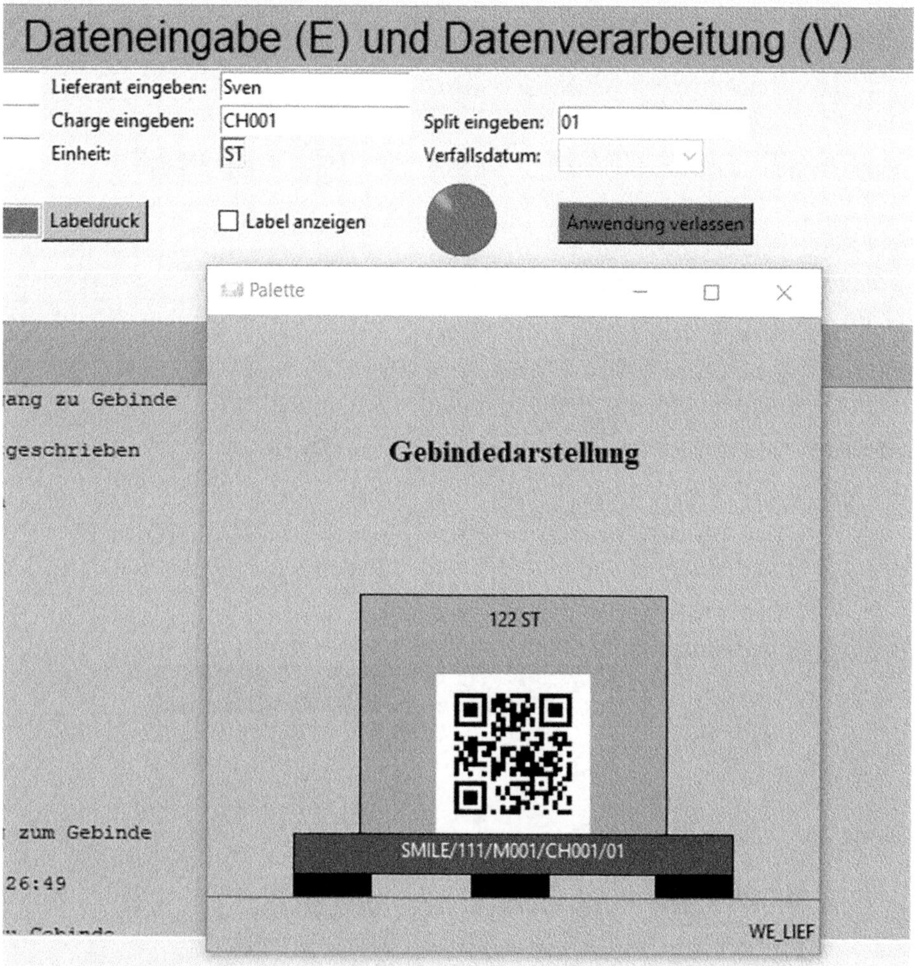

8.4 Wareneingangsprozesse

Abb. 8.25 SMILE – GUI – manueller Wareneingang – Gebindedarstellung

Ein blauer Rahmen sowie Anzeige des Barcode-Inhalts zeigen das erfolgreiche Scannen eines QR-Barcodes an (Abb. 8.54).

Anschließend werden die einzelnen Bestandteile des QR-Codes geprüft. Im Erfolgsfall ist das ‚*Gebindefeld*' entsprechend gefüllt, anderenfalls erscheint ein ‚*?*' (Abb. 8.55).

Nach Eingabe des ‚*Flags*' wird es zum Gebinde im Gebindestamm mittels Button ‚*Flag setzen*' abgespeichert. Das Gebinde wird ggfs. zum I-Punkt weitertransportiert, falls das zugehörige Markier-Feld angekreuzt ist.

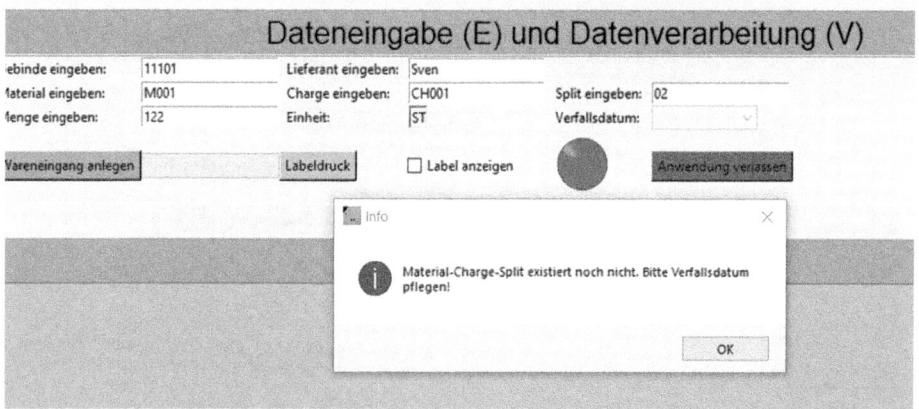

Abb. 8.26 SMILE – GUI – manueller Wareneingang – neue Charge

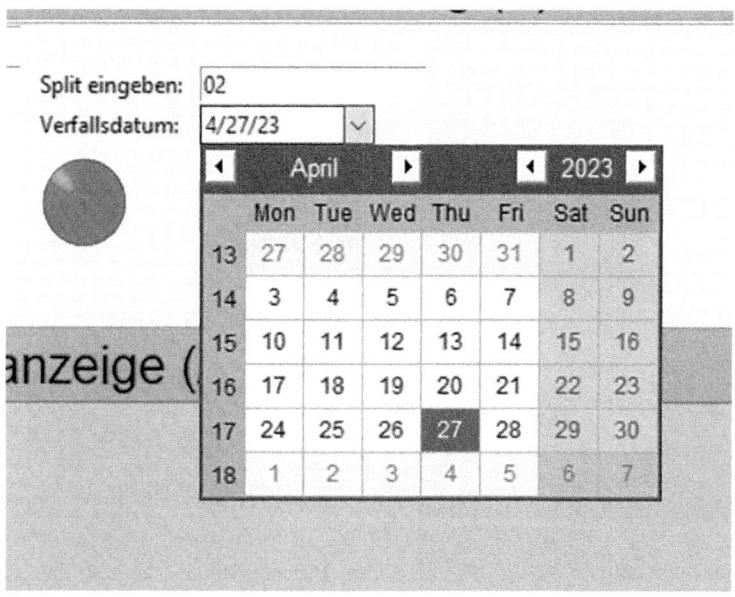

Abb. 8.27 SMILE – GUI – manueller Wareneingang – Verfallsdatum

8.4.3.2 Stichkontrolle mit Fehlerflag und manueller Gebindeeingabe

In diesem Fall ist das ‚*Gebinde*' manuell einzugeben (Abb. 8.56).

Nach Eingabe (in diesem Beispiel ‚*Barcodefehler*') und Speicherung des Fehlerflags erhält der User im Erfolgsfall ein entsprechendes Protokoll im Bereich der Datenanzeige (Abb. 8.57).

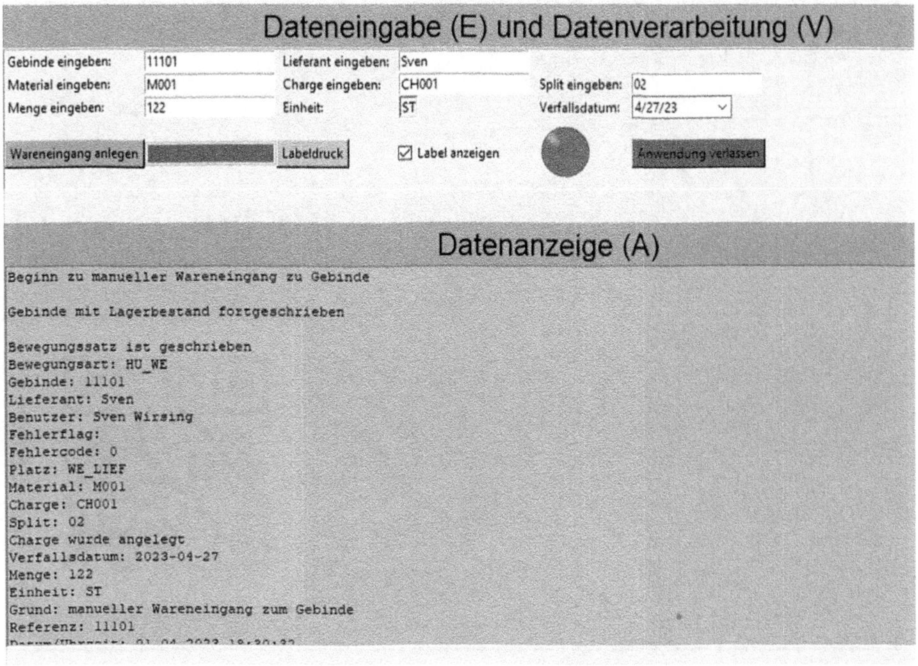

8.4 Wareneingangsprozesse

Abb. 8.28 SMILE – GUI – manueller Wareneingang – Ergebnisprotokoll

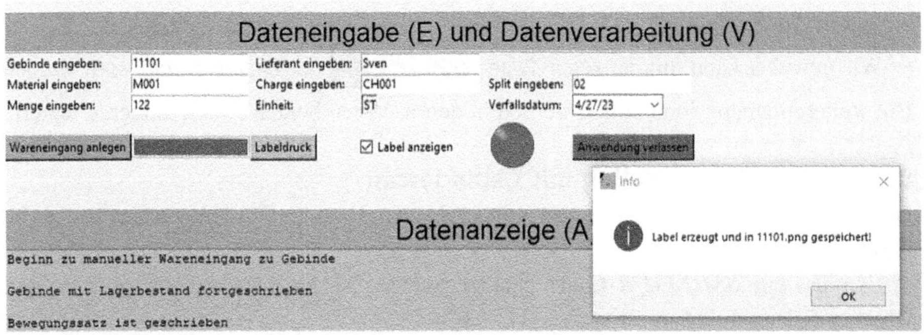

Abb. 8.29 SMILE – GUI – manueller Wareneingang – Labeldruck II

8.4.4 I-Punkt-Simulation

Die I-Punkt-Simulation erreicht man menüseitig unter ‚*Wareneingang - > I-Punkt-Simulation*'(Abb. 8.58):

Folgendes Fenster erscheint (Abb. 8.59):

Abb. 8.30 SMILE – GUI – manueller Wareneingang – Labelanzeige

Es kann das ‚*Gebinde*' wahlweise manuell eingegeben oder per Kamera eingescannt werden (Abb. 8.60).

Wie gewohnt kann mit der roten Taste [Simulation Ende] der Dialog geschlossen werden. Die weiteren Dialog-Funktionen werden in den nächsten beiden Unterpunkten erläutert.

8.4.4.1 I-Punkt-Simulation mit Gebindescan

Das Scannen eines Gebindes wird mittels blauen Button [Scan Gebinde] ausgelöst (Abb. 8.61).

Es muss ein ‚*SMILE-QR-Code*' benutzt werden. Ist der Scan erfolgreich, wird dem User ein Scanprotokoll präsentiert (Abb. 8.62).

Zusätzlich ist nach erfolgreichem Scan das Gebindefeld automatisch gefüllt (Abb. 8.63).

Aktiviert man die Checkbox ‚*mit Gebindeabtransport*', wird nach dem Start der Simulation – grüne Taste [Simulation starten] – das Gebinde vom I-Punkt weitertransportiert. Liegt ein Fehler vor (dies kann ein Fehlercode oder das im Wareneingangsstich gesetzte Flag sein), ist der Zielplatz dieser lagerinternen Umlagerung der Richtplatz. Ansonsten

8.4 Wareneingangsprozesse

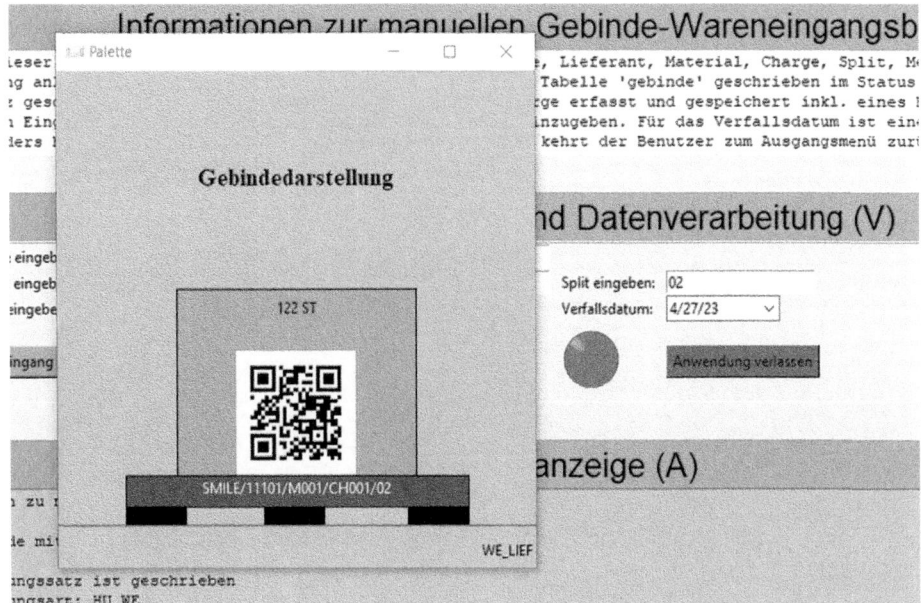

Abb. 8.31 SMILE – GUI – manueller Wareneingang – Gebindedarstellung II

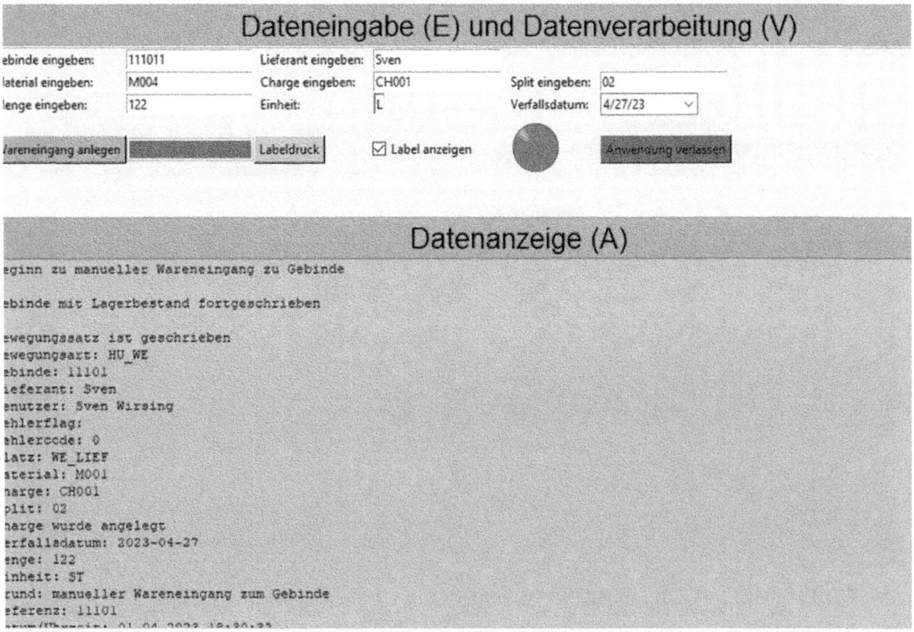

Abb. 8.32 SMILE – GUI – manueller Wareneingang – Protokoll II

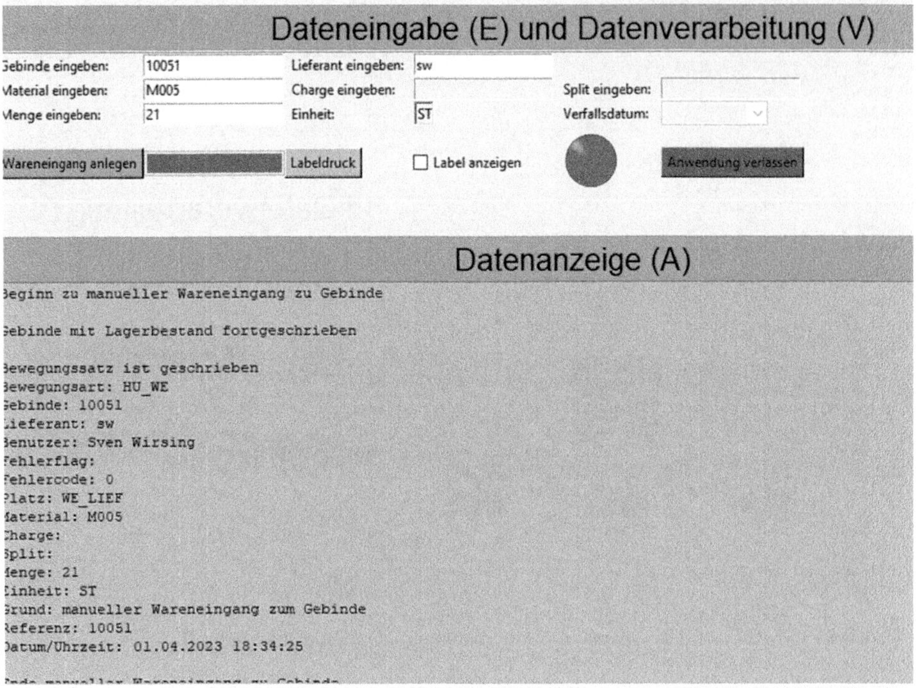

Dateneingabe (E) und Datenverarbeitung (V)

Gebinde eingeben: 10051 Lieferant eingeben: sw
Material eingeben: M005 Charge eingeben: Split eingeben:
Menge eingeben: 21 Einheit: ST Verfallsdatum:

Wareneingang anlegen   Labeldruck   ☐ Label anzeigen   Anwendung verlassen

Datenanzeige (A)

```
Beginn zu manueller Wareneingang zu Gebinde

Gebinde mit Lagerbestand fortgeschrieben

Bewegungssatz ist geschrieben
Bewegungsart: HU_WE
Gebinde: 10051
Lieferant: sw
Benutzer: Sven Wirsing
Fehlerflag:
Fehlercode: 0
Platz: WE_LIEF
Material: M005
Charge:
Split:
Menge: 21
Einheit: ST
Grund: manueller Wareneingang zum Gebinde
Referenz: 10051
Datum/Uhrzeit: 01.04.2023 18:34:25
```

Abb. 8.33 SMILE – GUI – manueller Wareneingang – Protokoll III

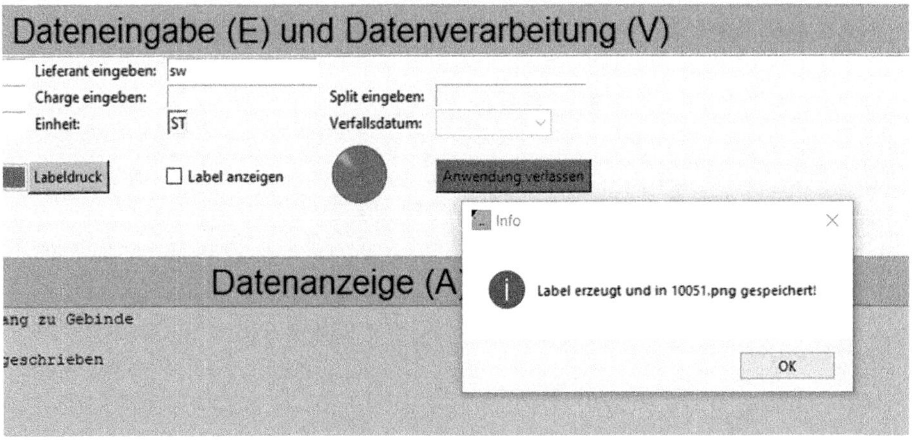

Dateneingabe (E) und Datenverarbeitung (V)

Lieferant eingeben: sw
Charge eingeben: Split eingeben:
Einheit: ST Verfallsdatum:

Labeldruck   ☐ Label anzeigen   Anwendung verlassen

Info

Label erzeugt und in 10051.png gespeichert!

OK

Abb. 8.34 SMILE – GUI – manueller Wareneingang – Labeldruck III

8.4 Wareneingangsprozesse

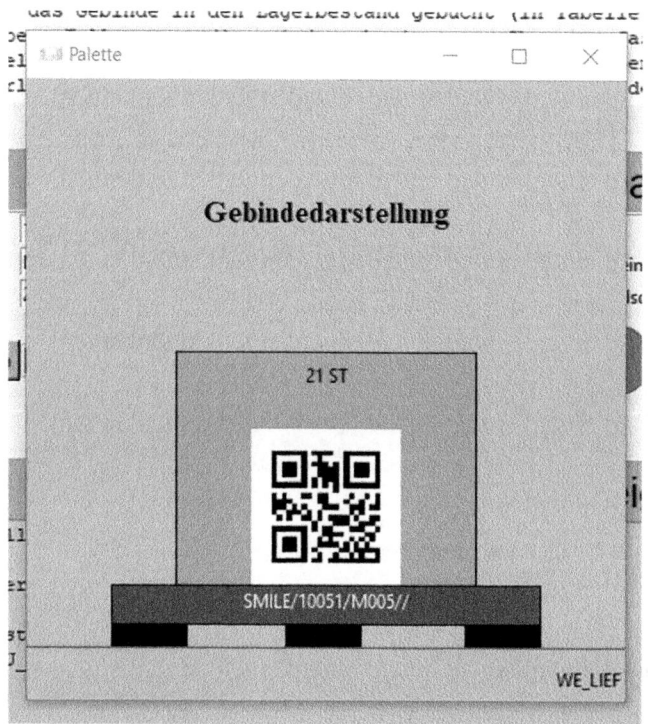

Abb. 8.35 SMILE – GUI – manueller Wareneingang – Gebindedarstellung III

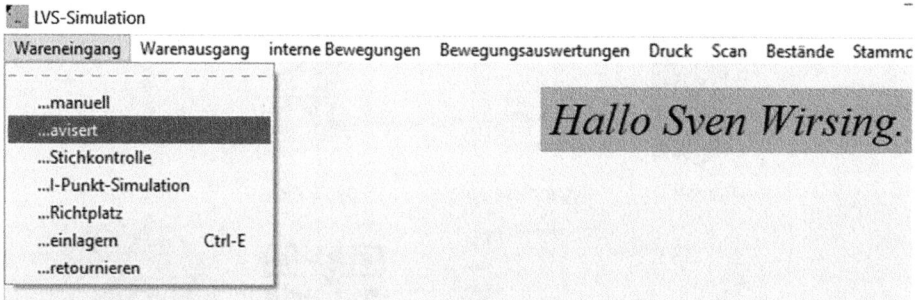

Abb. 8.36 SMILE – Menü – avisierter Wareneingang

fährt das Gebinde automatisch in Richtung HRL. Simulation bedeutet, daß per Zufallszahlen die Anzahl der Fehler und pro Fehler eine Fehlernummer ermittelt werden. Der Fehlercode ist die Summe der 2er-Potenzen sämtlicher Fehlernummern (Abb. 8.64).

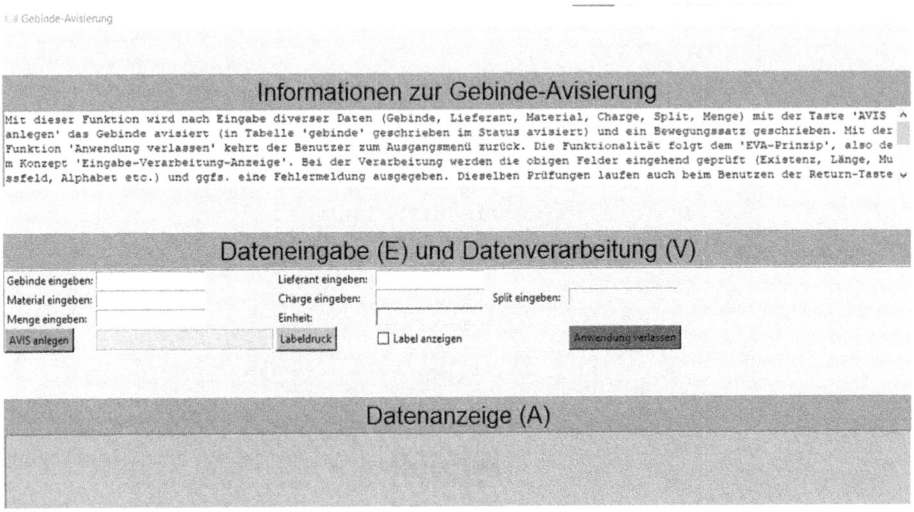

8.4 Gebinde-Avisierung

Informationen zur Gebinde-Avisierung

Mit dieser Funktion wird nach Eingabe diverser Daten (Gebinde, Lieferant, Material, Charge, Split, Menge) mit der Taste 'AVIS anlegen' das Gebinde avisiert (in Tabelle 'gebinde' geschrieben im Status avisiert) und ein Bewegungssatz geschrieben. Mit der Funktion 'Anwendung verlassen' kehrt der Benutzer zum Ausgangsmenü zurück. Die Funktionalität folgt dem 'EVA-Prinzip', also dem Konzept 'Eingabe-Verarbeitung-Anzeige'. Bei der Verarbeitung werden die obigen Felder eingehend geprüft (Existenz, Länge, Mussfeld, Alphabet etc.) und ggfs. eine Fehlermeldung ausgegeben. Dieselben Prüfungen laufen auch beim Benutzen der Return-Taste

Dateneingabe (E) und Datenverarbeitung (V)

Gebinde eingeben: Lieferant eingeben:
Material eingeben: Charge eingeben: Split eingeben:
Menge eingeben: Einheit:
[AVIS anlegen] [Labeldruck] ☐ Label anzeigen [Anwendung verlassen]

Datenanzeige (A)

Abb. 8.37 SMILE – GUI – avisierter Wareneingang

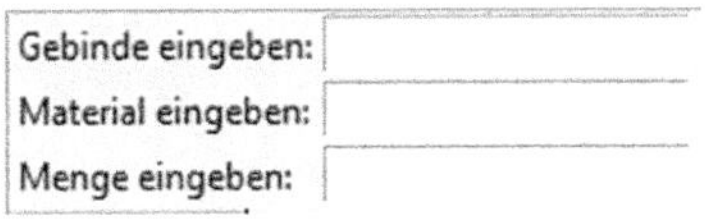

Abb. 8.38 SMILE – GUI – avisierter Wareneingang – Eingabefelder

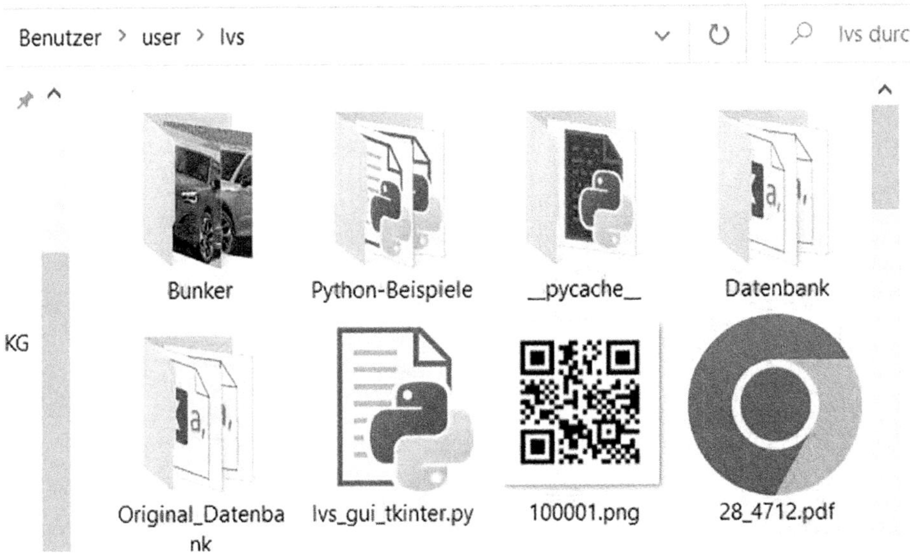

Gebinde eingeben:
Material eingeben:
Menge eingeben:

Benutzer > user > lvs

KG
- Bunker
- Python-Beispiele
- __pycache__
- Datenbank
- Original_Datenbank
- lvs_gui_tkinter.py
- 100001.png
- 28_4712.pdf

Abb. 8.39 SMILE – GUI – avisierter Wareneingang – Labelablage

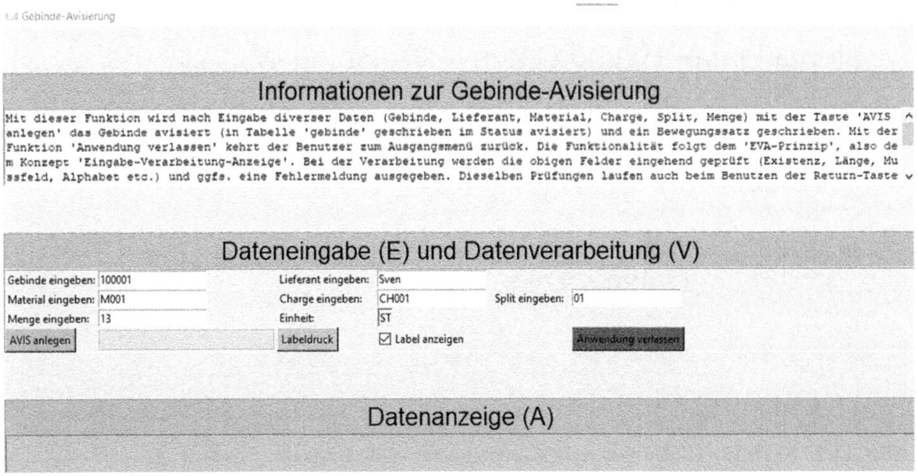

8.4 Wareneingangsprozesse

Abb. 8.40 SMILE – GUI – avisierter Wareneingang – mit existierender Charge

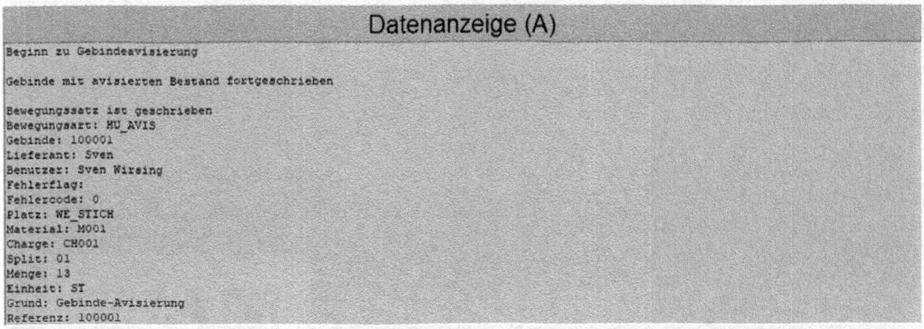

Abb. 8.41 SMILE – GUI – avisierter Wareneingang – Ergebnis existierende Charge

Mit dem Button `Protokoll Grafik` kann das Ergebnis der Fehlercode-Ermittlung visualisiert werden (einzelne Fehler und kumulativ) (Abb. 8.65).

Der goldene Button `Protokoll hören` erzeugt aus der Protokoll-Datei eine ‚*hörbare MP3-Datei*', legt diese im Projektordner ab und startet das Abspielen (Abbs. 8.66 und 8.67).

8.4.4.2 I-Punkt-Simulation ohne Gebindescan

Bei der manuellen Eingabe einer Gebindenummer ist das Feld `Gebinde eingeben/scannen: 4712` zu nutzen (Abb. 8.68).

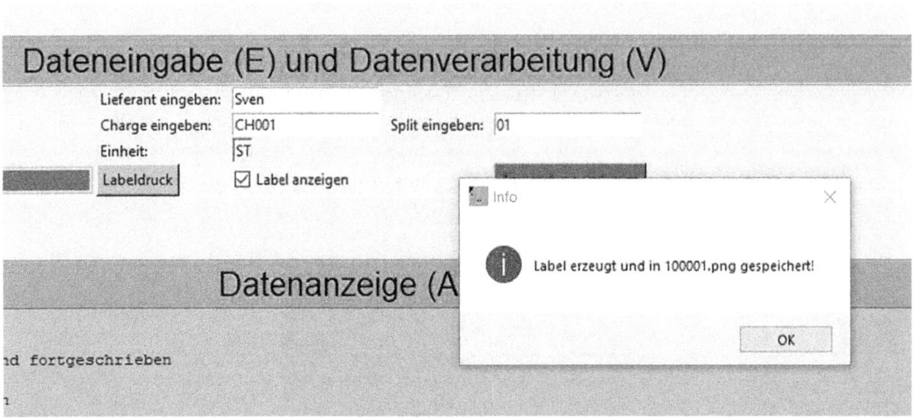

Abb. 8.42 SMILE – GUI – avisierter Wareneingang – QR-Barcode

Abb. 8.43 SMILE – GUI – avisierter Wareneingang – QR-Barcode anzeigen

Die Simulation wird mit Simulation starten gestartet (Abb. 8.69).
Der weitere Ablauf folgt dem der Eingabe einer Gebindenummer mittels Scan.

8.4 Wareneingangsprozesse

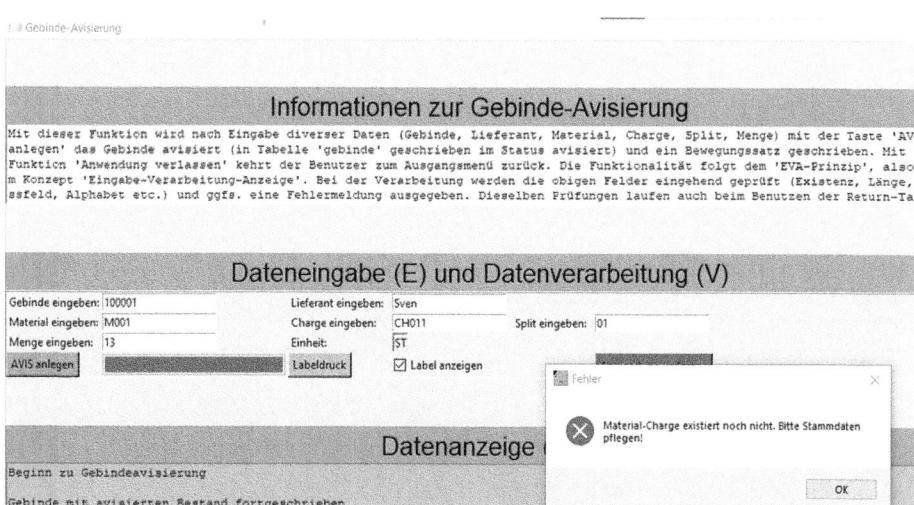

Abb. 8.44 SMILE – GUI – avisierter Wareneingang – neue Charge

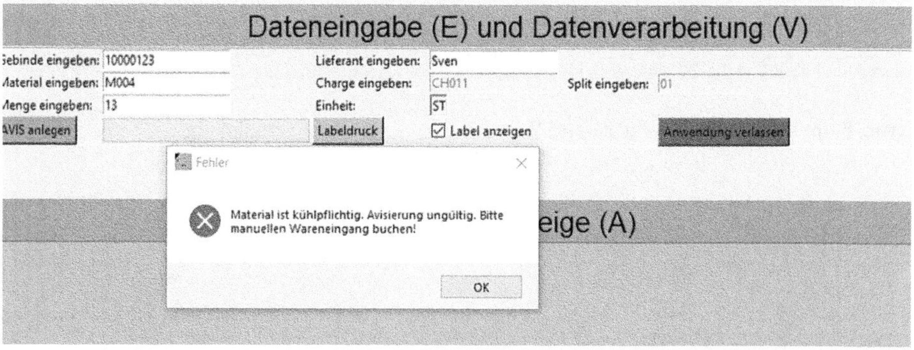

Abb. 8.45 SMILE – GUI – avisierter Wareneingang – Kühlgut

8.4.5 Richtplatz

Der Richtplatzdialog wird per Menüpunkt ‚*Wareneingang- > Richtplatz*' gestartet (Abb. 8.70).

Es öffnet sich folgendes Fenster (Abb. 8.71):

Die Dateneingabe und -verarbeitung werden in den folgenden Abschnitten erklärt. Dies richtet sich danach, ob ‚*Gebinde*' eingescannt oder manuell eingegeben werden.

In beiden Fällen wird ein Gebinde-Weitertransport vorgenommen: zum I-Punkt für eine erneute Prüfung mittels grüner Drucktaste zum I-Punkt oder zum NIO-Platz (NIO =

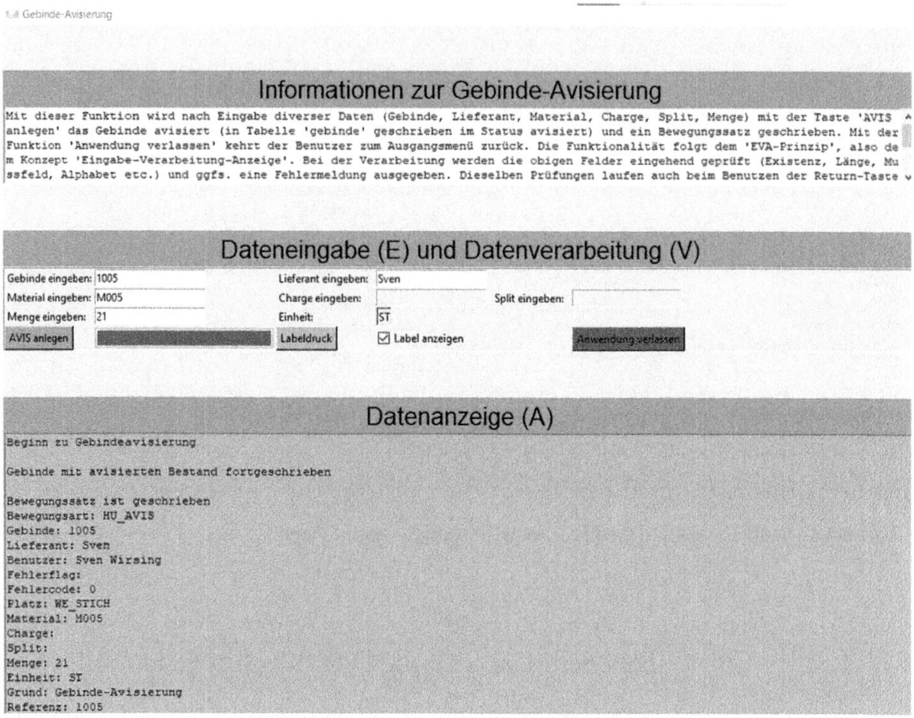

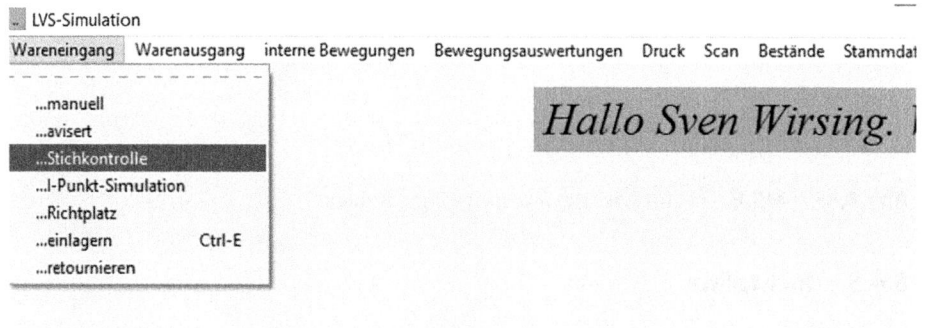

Abb. 8.46 SMILE – GUI – avisierter Wareneingang – nicht chargenpflichtig

Abb. 8.47 SMILE – Menü – Stichkontrolle

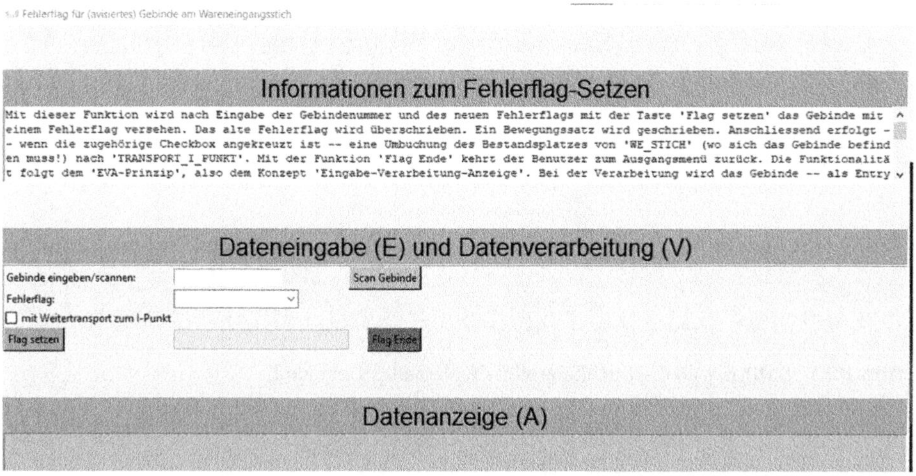

8.4 Wareneingangsprozesse

Abb. 8.48 SMILE – GUI – Stichkontrolle

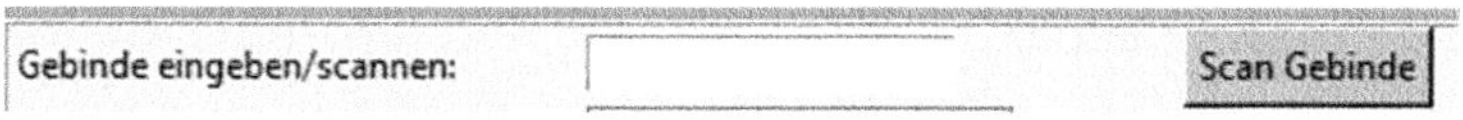

Abb. 8.49 SMILE – GUI – Stichkontrolle – Gebindeeingabe

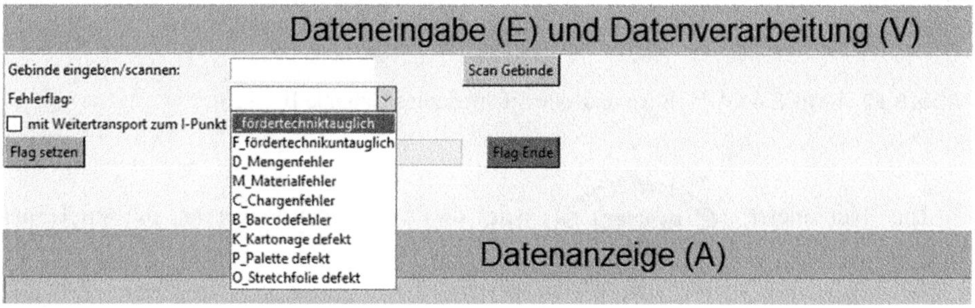

Abb. 8.50 SMILE – GUI – Stichkontrolle – Flag

Nicht-In-Ordnung) durch Nutzung der gelben Taste zum NIO-Platz . Am NIO-Platz werden die Gebinde von der Fördertechnikanlage abgenommen und ggfs. verschrottet oder dem Lieferanten zurückgeliefert.

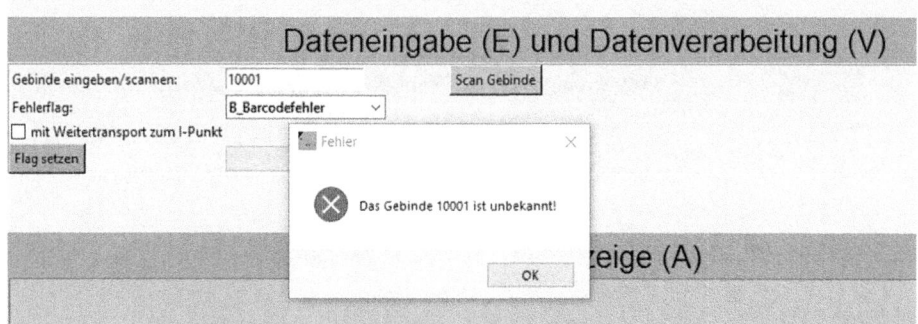

Abb. 8.51 SMILE – GUI – Stichkontrolle – fehlerhaftes Gebinde I

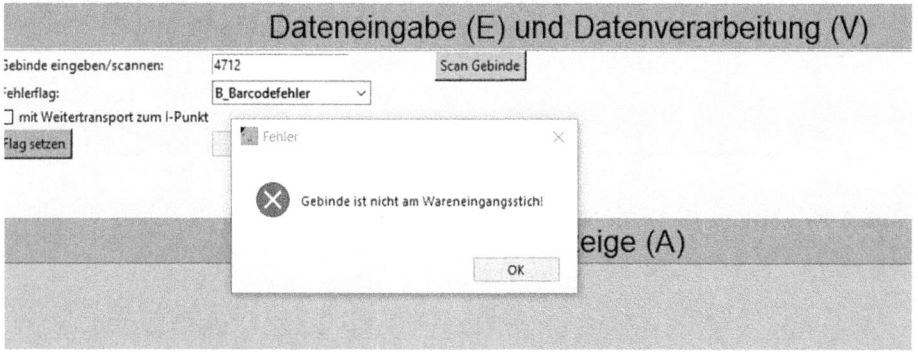

Abb. 8.52 SMILE – GUI – Stichkontrolle – fehlerhaftes Gebinde II

Das Tachometer 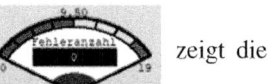 zeigt die Anzahl der Fehler an, die am I-Punkt zufallsbasiert ermittelt worden sind. Durch Nutzung der grünen LED-Anzeige werden die Fehler des Gebindes vom I-Punkt im Gebindebild visualisiert (siehe 8.4.5.1 und 8.4.5.2).

Im Feld Fehlerflag: wird das Fehlerflag der Gebinde dargestellt, welches am Wareneingangsstich zu Gebinden abgelegt worden ist. Der aktuelle Platz der Gebindes wird in aktueller Platz: angezeigt.

Mit dem roten Button Anwendung verlassen kann der Richtplatzdialog geschlossen werden.

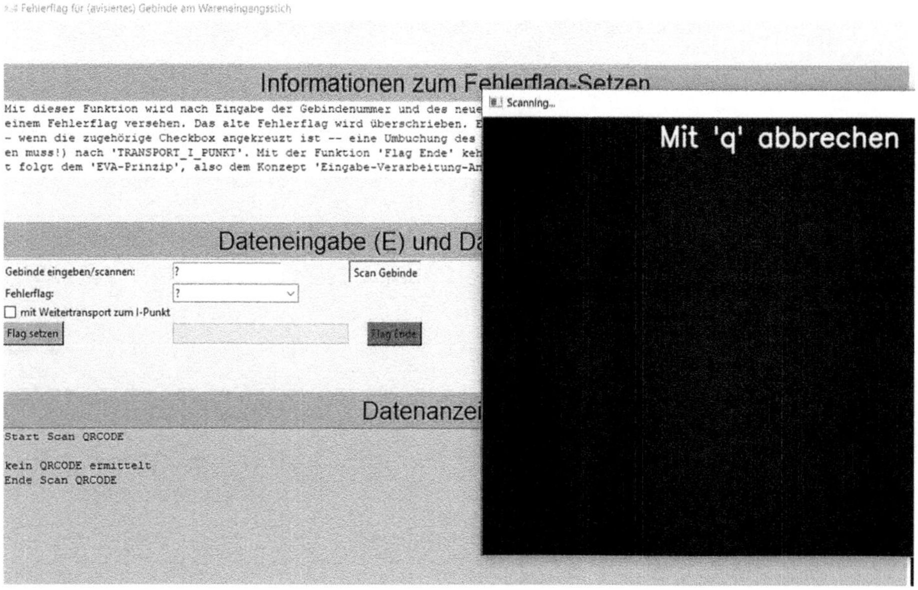

8.4 Wareneingangsprozesse

8.4 Fehlerflag für (avisiertes) Gebinde am Wareneingangsstich

Abb. 8.53 SMILE – GUI – Stichkontrolle – Scan abbrechen

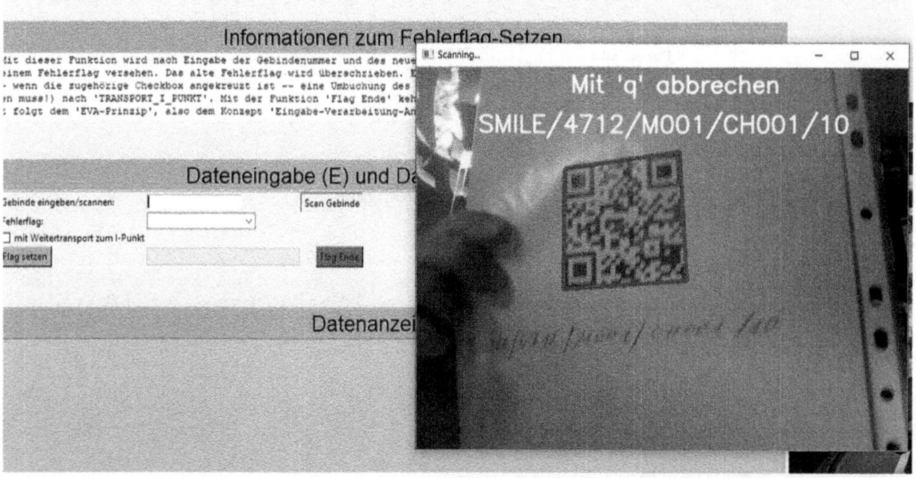

Abb. 8.54 SMILE – GUI – Stichkontrolle – San erfolgreich

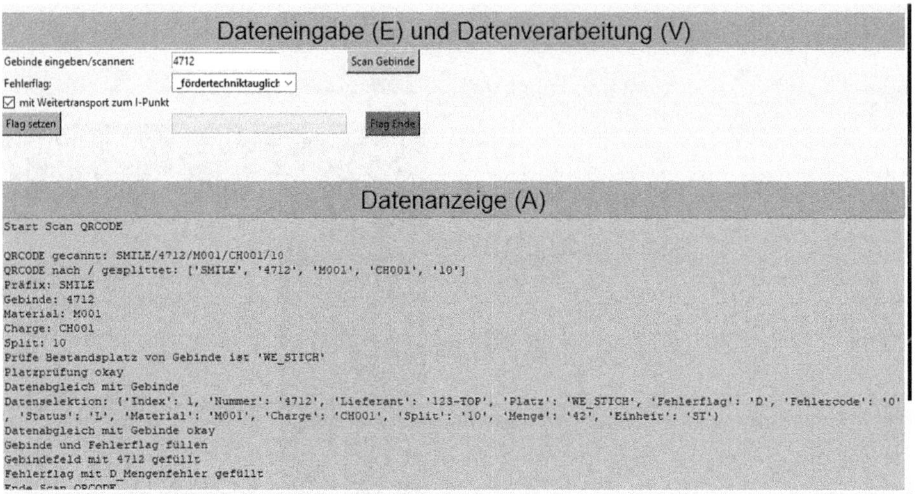

```
                    Dateneingabe (E) und Datenverarbeitung (V)
Gebinde eingeben/scannen:    4712              Scan Gebinde
Fehlerflag:                  fördertechniktauglich ∨
☑ mit Weitertransport zum I-Punkt
 Flag setzen                                   Flag Ende
```

```
                              Datenanzeige (A)
Start Scan QRCODE

QRCODE gecannt: SMILE/4712/M001/CH001/10
QRCODE nach / gesplittet: ['SMILE', '4712', 'M001', 'CH001', '10']
Präfix: SMILE
Gebinde: 4712
Material: M001
Charge: CH001
Split: 10
Prüfe Bestandsplatz von Gebinde ist 'WE_STICH'
Platzprüfung okay
Datenabgleich mit Gebinde
Datenselektion: ('Index': 1, 'Nummer': '4712', 'Lieferant': '123-TOP', 'Platz': 'WE_STICH', 'Fehlerflag': 'D', 'Fehlercode': '0'
, 'Status': 'L', 'Material': 'M001', 'Charge': 'CH001', 'Split': '10', 'Menge': '42', 'Einheit': 'ST')
Datenabgleich mit Gebinde okay
Gebinde und Fehlerflag füllen
Gebindefeld mit 4712 gefüllt
Fehlerflag mit D_Mengenfehler gefüllt
Ende Scan QRCODE
```

Abb. 8.55 SMILE – GUI – Stichkontrolle – Datenanzeige

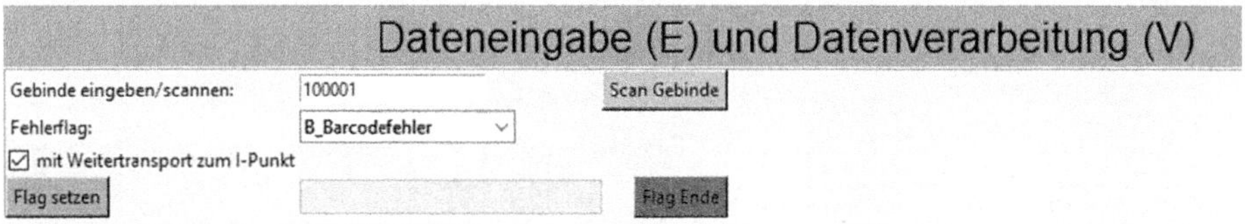

```
                    Dateneingabe (E) und Datenverarbeitung (V)
Gebinde eingeben/scannen:    100001            Scan Gebinde
Fehlerflag:                  B_Barcodefehler ∨
☑ mit Weitertransport zum I-Punkt
 Flag setzen                                   Flag Ende
```

Abb. 8.56 SMILE – GUI – Stichkontrolle – Gebindeeingabe

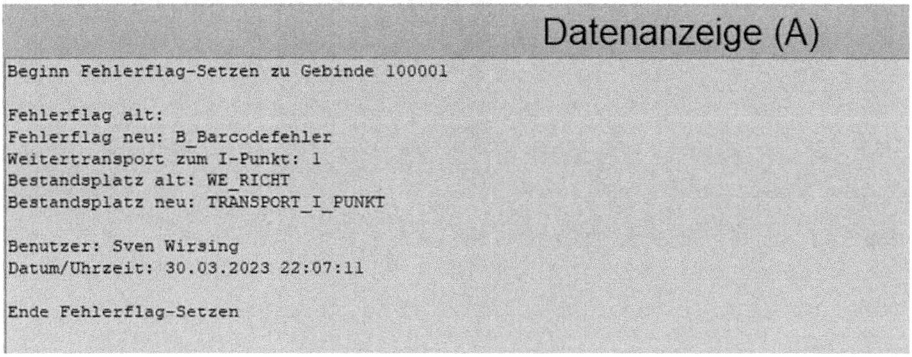

```
                                      Datenanzeige (A)
Beginn Fehlerflag-Setzen zu Gebinde 100001

Fehlerflag alt:
Fehlerflag neu: B_Barcodefehler
Weitertransport zum I-Punkt: 1
Bestandsplatz alt: WE_RICHT
Bestandsplatz neu: TRANSPORT_I_PUNKT

Benutzer: Sven Wirsing
Datum/Uhrzeit: 30.03.2023 22:07:11

Ende Fehlerflag-Setzen
```

Abb. 8.57 SMILE – GUI – Stichkontrolle – Protokoll

8.4 Wareneingangsprozesse

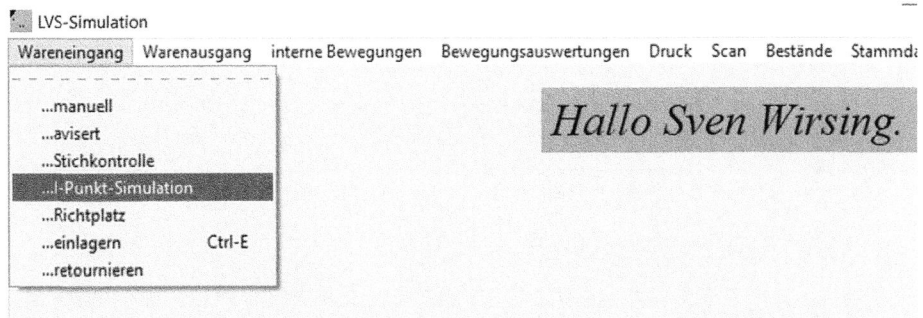

Abb. 8.58 SMILE – Menü – I-Punkt-Simulation

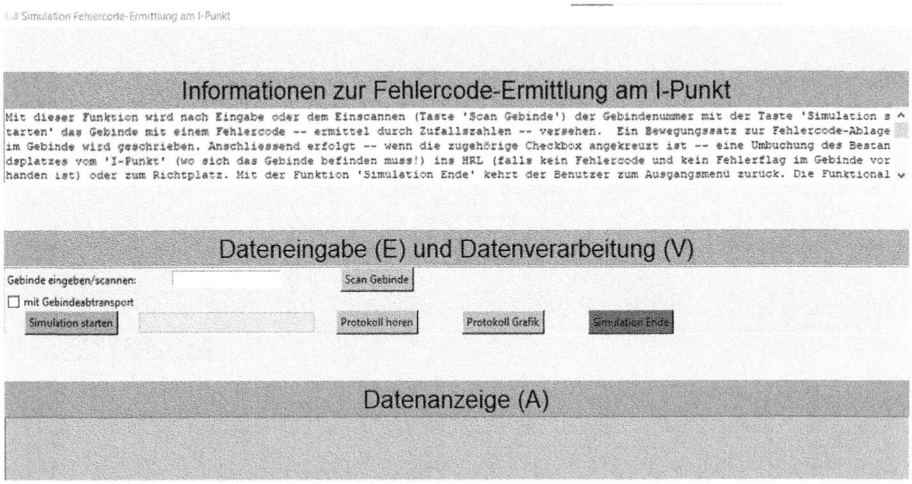

Abb. 8.59 SMILE – GUI – I-Punkt-Simulation

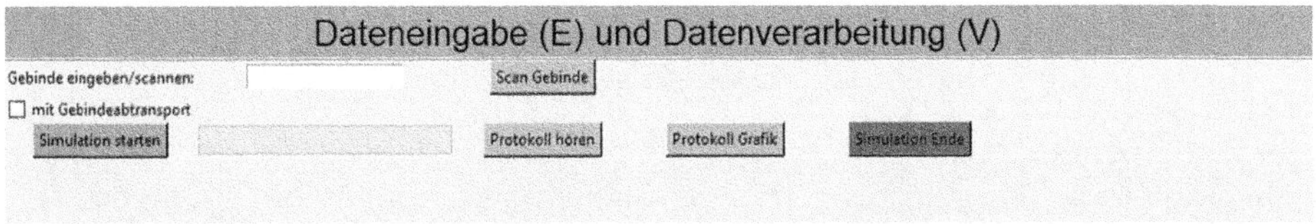

Abb. 8.60 SMILE – GUI – I-Punkt-Simulation – Dateneingabe und Funktionen

Abb. 8.61 SMILE – GUI – I-Punkt-Simulation – Scan des Gebindes

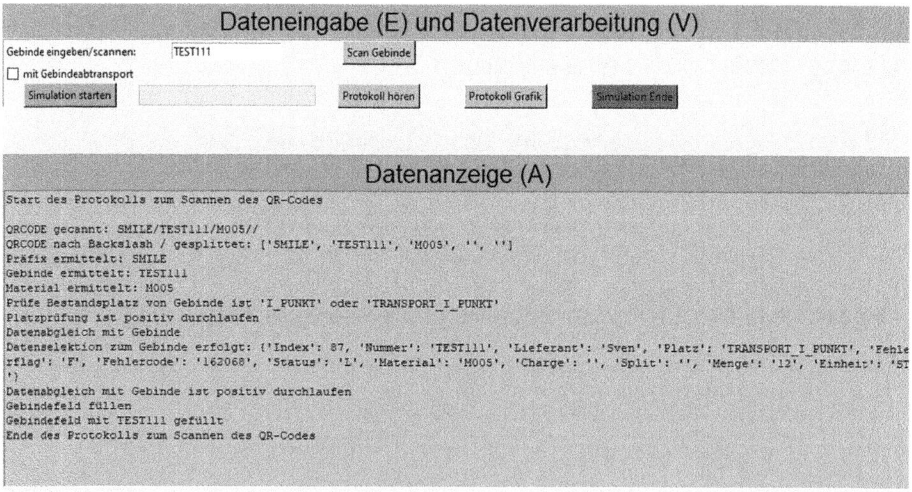

Abb. 8.62 SMILE – GUI – I-Punkt-Simulation – Scanergebnis

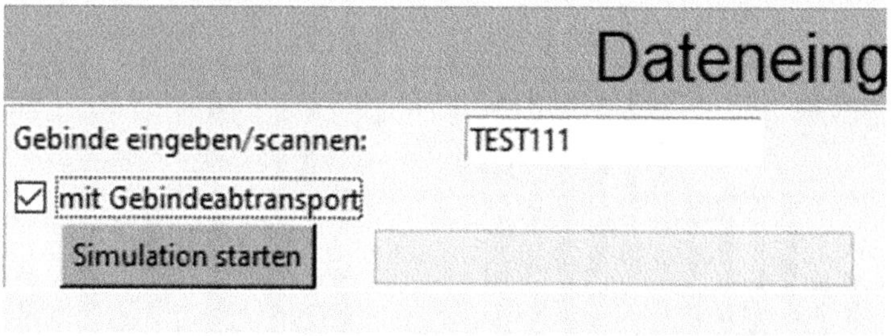

8.4 Wareneingangsprozesse   147

Abb. 8.63 SMILE – GUI – I-Punkt-Simulation – Abtransport

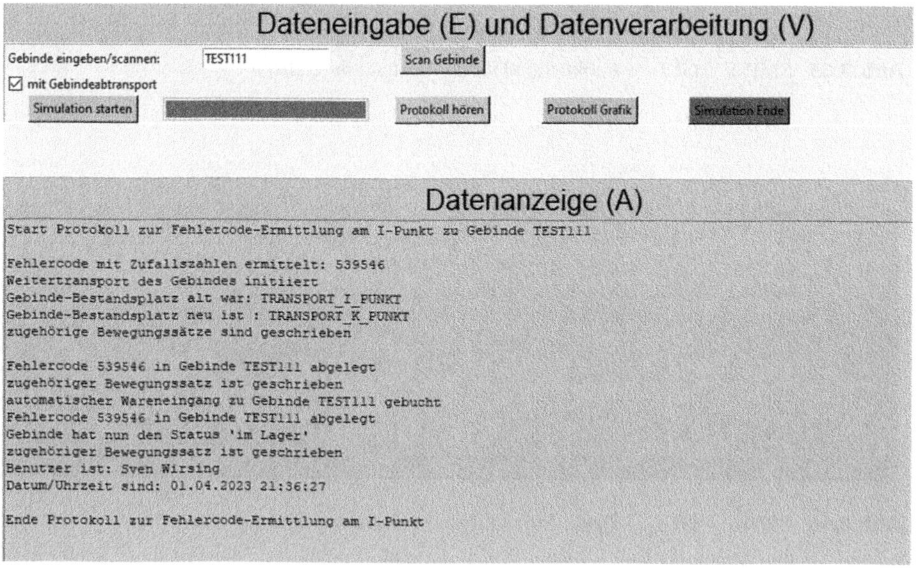

Abb. 8.64 SMILE – GUI – I-Punkt-Simulation – Fehlercode-Ermittlung

8.4.5.1 Richtplatz mit Gebindescan

Mittels blauer Taste Gebinde-Scan öffnet sich die Kamera und ein *„SMILE-QR-Code"* kann eingescannt werden (Abb. 8.72).

Wird der QR-Code erfolgreich gescannt und als sinnvoll erachtet, erhält man ein entsprechendes Protokoll in Bereich der Datenanzeige (Abb. 8.73).

Gleichzeitig werden die Felder *‚Gebinde', ‚Fehlerflag'* und *‚aktueller Platz'* automatisch aus den Gebindedaten befüllt. Zudem schlägt das Tachometer entsprechend der am I-Punkt ermittelten Fehler zum Gebinde aus. Mit der grünen LED-Lampe werden die Fehler dargestellt (Abb. 8.74).

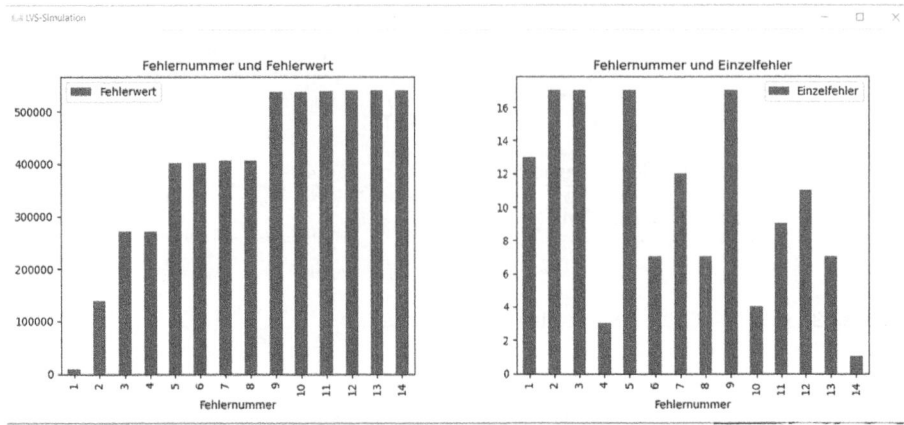

Abb. 8.65 SMILE – GUI – I-Punkt-Simulation – Fehlercode grafisch

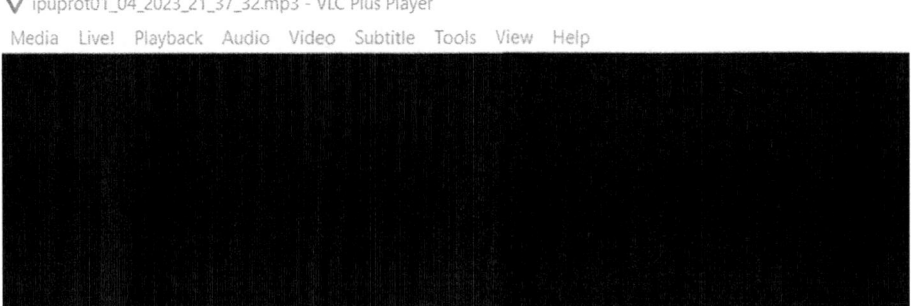

Abb. 8.66 SMILE – GUI – I-Punkt-Simulation – Fehlercodeermittlung hören

Abb. 8.67 SMILE – GUI – I-Punkt-Simulation – Fehlercodeermittlung hören II

Die rot-markierten Zahlen sind die aktuellen Fehler zum Gebinde. Fährt man mit der Maus über eine Zahl und löst einen sog. *„Mouse-Over-Event"* aus, erscheint unterhalb des Gebindes der entsprechende Fehlertext mit Fehlernummer.

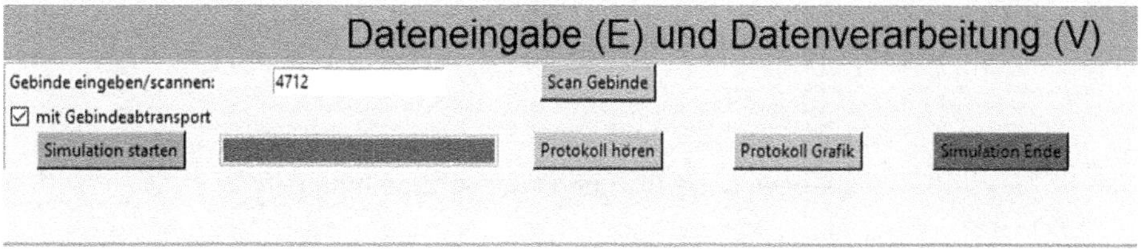

8.4 Wareneingangsprozesse

Dateneingabe (E) und Datenverarbeitung (V)

Gebinde eingeben/scannen: 4712   Scan Gebinde
☑ mit Gebindeabtransport
Simulation starten   Protokoll hören   Protokoll Grafik   Simulation Ende

Abb. 8.68 SMILE – GUI – I-Punkt-Simulation – manuelle Gebindeeingabe

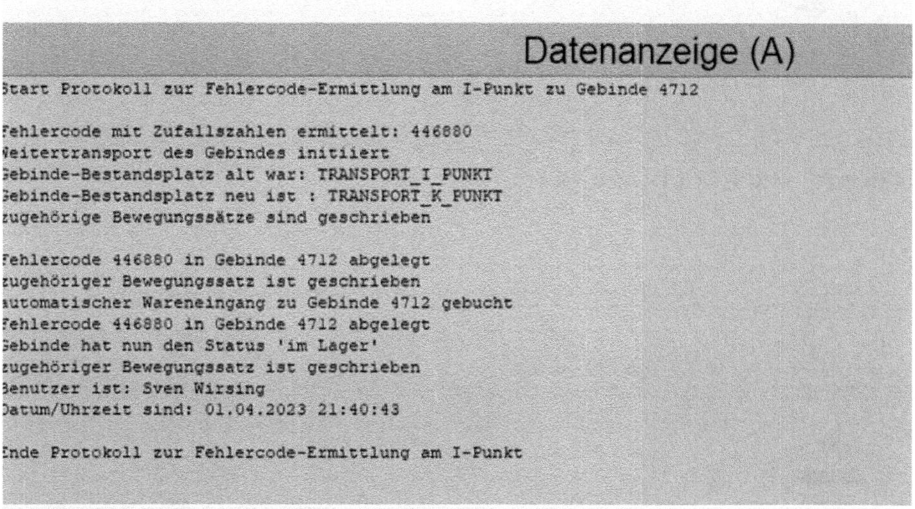

Datenanzeige (A)

```
Start Protokoll zur Fehlercode-Ermittlung am I-Punkt zu Gebinde 4712

Fehlercode mit Zufallszahlen ermittelt: 446880
Weitertransport des Gebindes initiiert
Gebinde-Bestandsplatz alt war: TRANSPORT_I_PUNKT
Gebinde-Bestandsplatz neu ist : TRANSPORT_K_PUNKT
zugehörige Bewegungssätze sind geschrieben

Fehlercode 446880 in Gebinde 4712 abgelegt
zugehöriger Bewegungssatz ist geschrieben
automatischer Wareneingang zu Gebinde 4712 gebucht
Fehlercode 446880 in Gebinde 4712 abgelegt
Gebinde hat nun den Status 'im Lager'
zugehöriger Bewegungssatz ist geschrieben
Benutzer ist: Sven Wirsing
Datum/Uhrzeit sind: 01.04.2023 21:40:43

Ende Protokoll zur Fehlercode-Ermittlung am I-Punkt
```

Abb. 8.69 SMILE – GUI – I-Punkt-Simulation – Protokoll

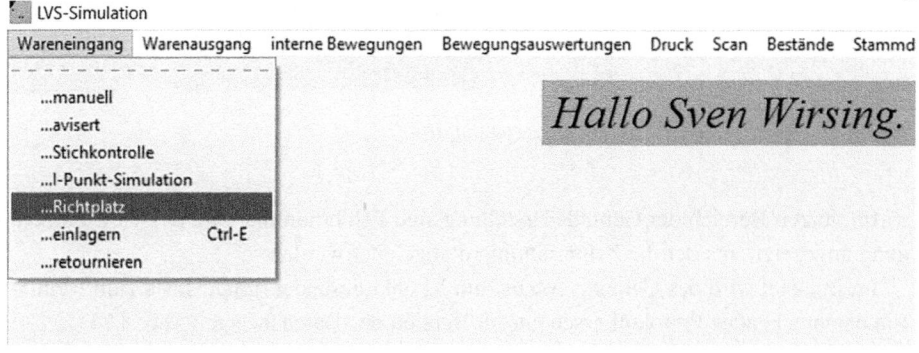

Abb. 8.70 SMILE – Menü – Richtplatz

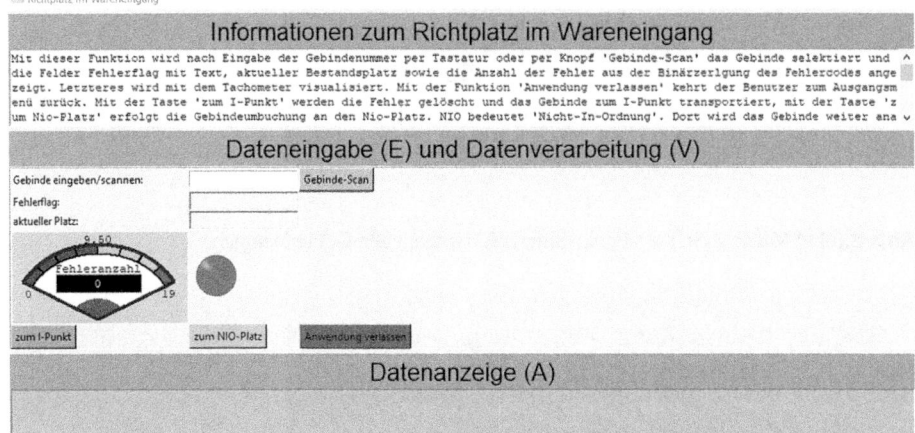

Abb. 8.71 SMILE – GUI – Richtplatz

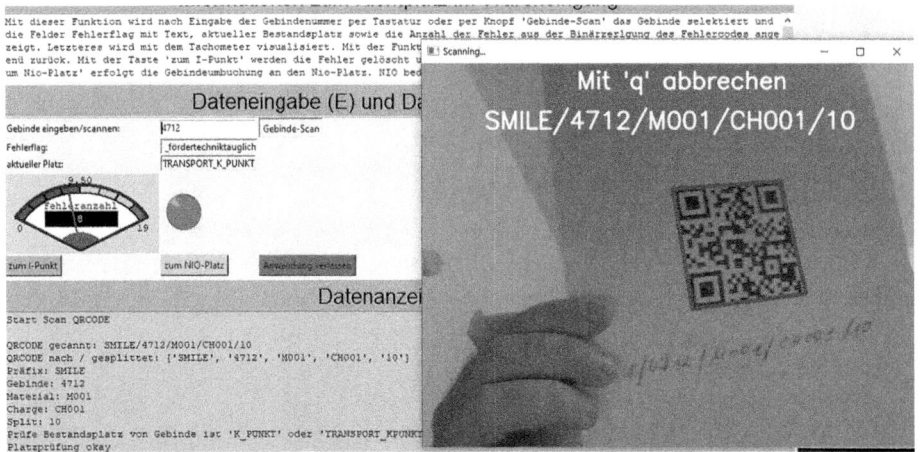

Abb. 8.72 SMILE – GUI – Richtplatz – Gebindescan

Im oberen Bereich der Gebindedarstellung sind Fehlernummer und dessen Binärzerlegung angezeigt, aus der die Fehlernummern abgeleitet werden.

Im Beispiel wird das Gebinde erneut zum I-Punkt gesendet (grüne Taste zum I-Punkt). Ein entsprechendes Protokoll erscheint im Bereich der Datenanzeige (Abb. 8.75).

8.4.5.2 Richtplatz ohne Gebindescan

Die Eingabe der ‚*Gebindenummer*' erfolgt in diesem Fall manuell (Abb. 8.76).

8.4 Wareneingangsprozesse

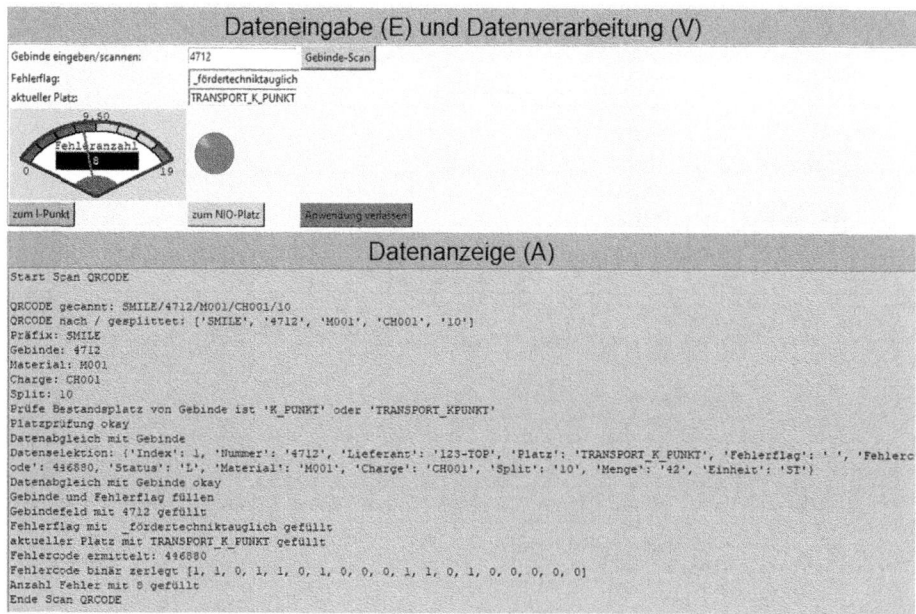

Abb. 8.73 SMILE – GUI – Richtplatz – erfolgreicher Scan

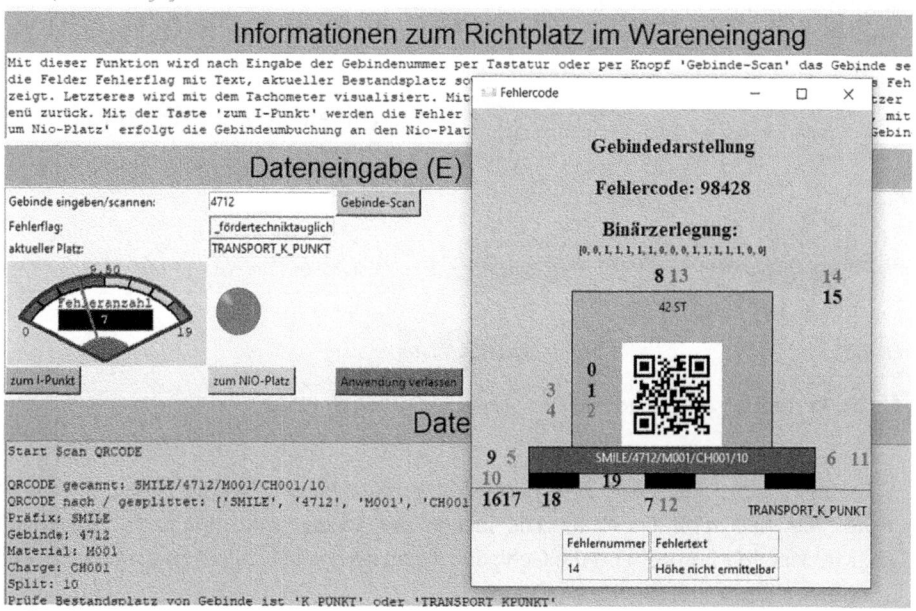

Abb. 8.74 SMILE – GUI – Richtplatz – LED-Gebindebild

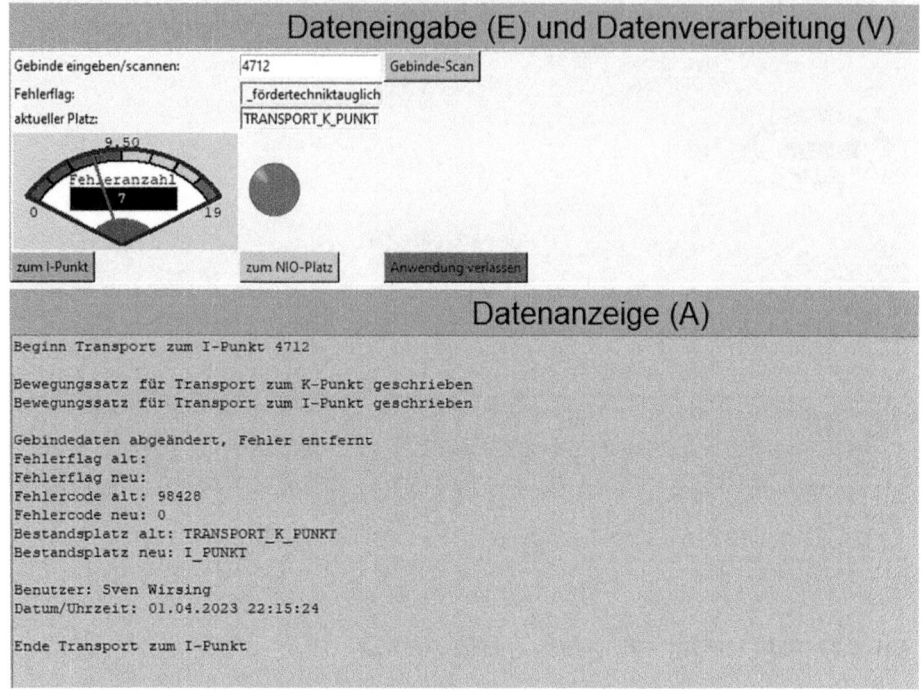

Abb. 8.75 SMILE – GUI – Richtplatz – zum I-Punkt

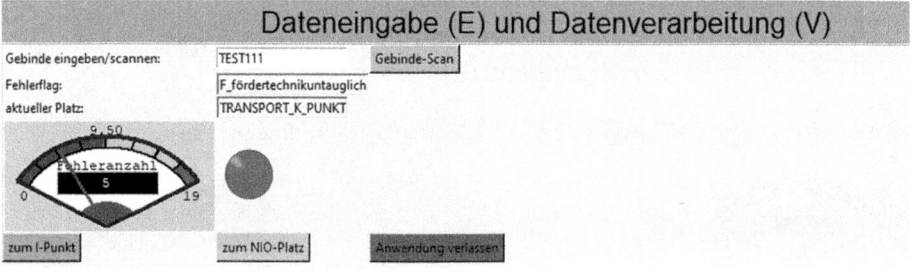

Abb. 8.76 SMILE – GUI – Richtplatz – manuelle Gebindeeingabe

Es füllen sich (wenn das Gebinde positiv geprüft worden ist) die Felder ‚*Gebinde*', ‚*Fehlerflag*' und ‚*aktueller Platz*'. Die Tachometer-Anzeige schlägt je nach Fehleranzahl aus. Mit der LED-Lampe wird die Gebinde-Visualisierung nebst Fehlern dargestellt (Abb. 8.77).

In diesem Fall wird das Gebinde mit der gelben Taste ‚*zum NIO-Platz*' zum gleichnamigen Platz weitertransportiert (Abb. 8.78).

8.4 Wareneingangsprozesse

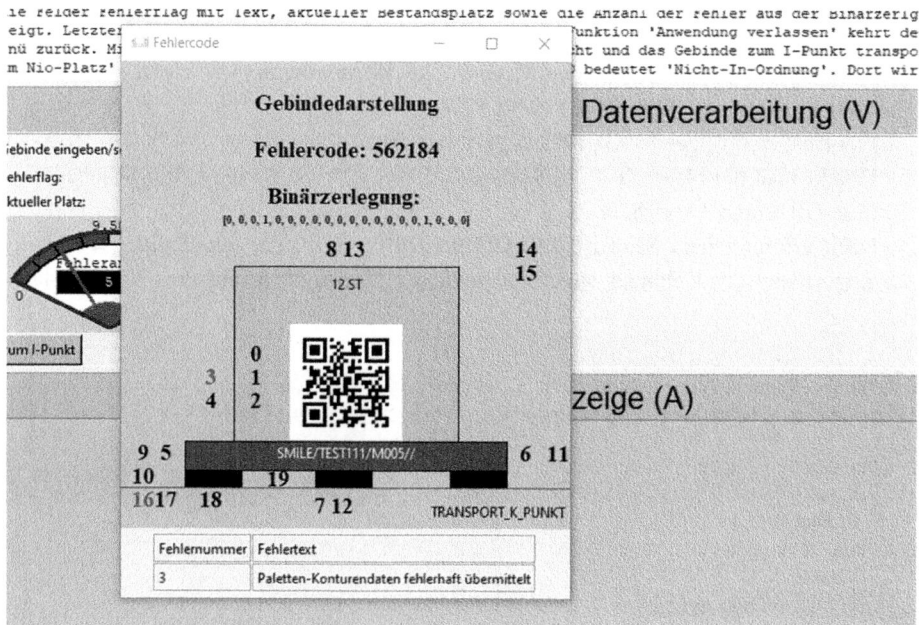

Abb. 8.77 SMILE – GUI – Richtplatz – LED-Gebindebild II

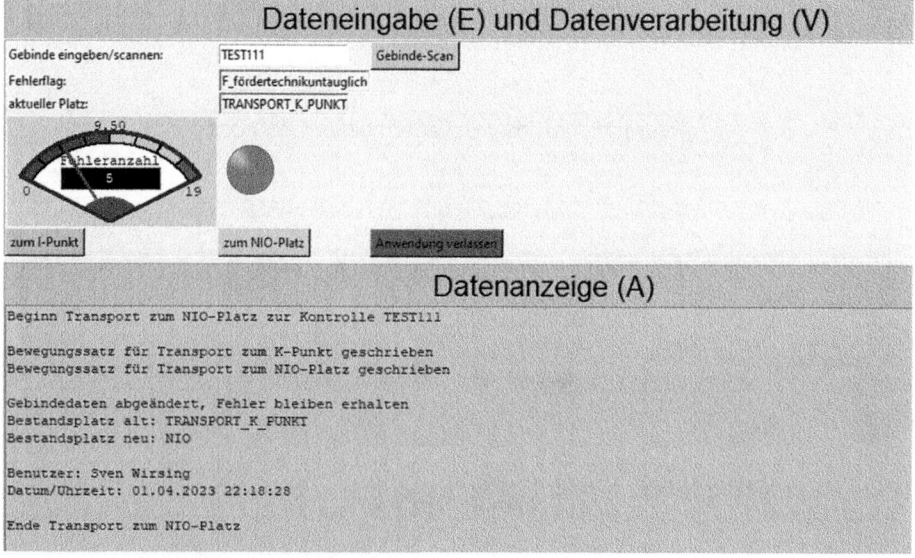

Abb. 8.78 SMILE – GUI – Richtplatz – zum NIO-Platz

8.4.6 Einlagern

Zum Einlagern verwendet man den Menü-Punkt ‚*Wareneingang - > einlagern*' oder die Tastenkombination ‚*CTRL + E*' (Abb. 8.79).

Es öffnet sich folgender GUI-Dialog (Abb. 8.80):

Drückt man die blaue Taste Scan Gebinde, öffnet sich die Kamera zum Scannen eines SMILE-QR-Codes (Abb. 8.81).

Nach erfolgreichem Scan ist das ‚*Gebindefeld*' gefüllt, der ‚*Quellplatz = aktueller Lagerplatz*' des Gebindes angezeigt sowie der ‚*Einlagertyp*' aus dem Materialstamm

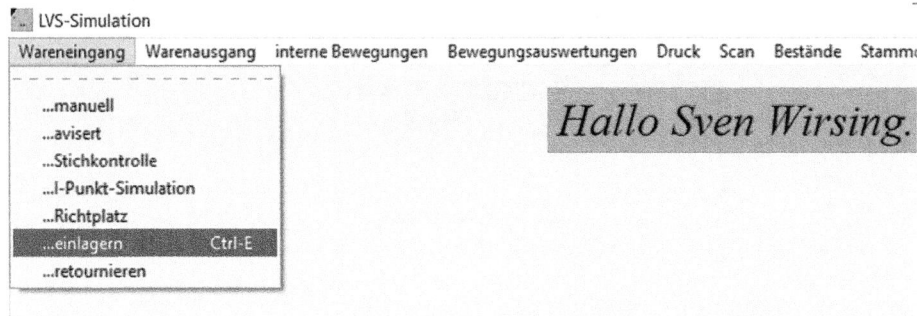

Abb. 8.79 SMILE – Menü – Einlagern

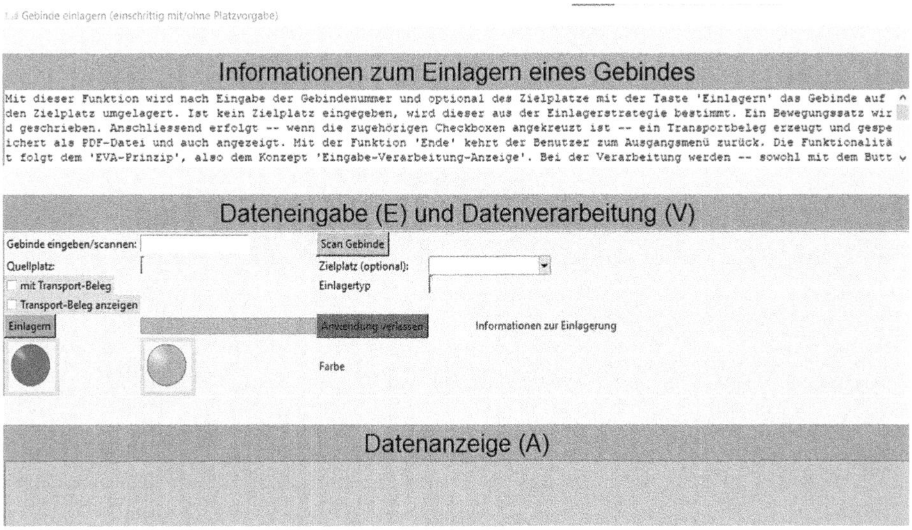

Abb. 8.80 SMILE – GUI – Einlagern

8.4 Wareneingangsprozesse

Abb. 8.81 SMILE – GUI – Einlagern – Gebindescan

(zum eindeutig bestimmten Material des Gebindes) ermittelt. Zusätzlich ist ein Scanprotokoll im Bereich der Datenanzeige sichtbar (Abb. 8.82).

Die Gebindenummer kann alternativ auch manuell eingegeben werden (Abb. 8.83).

Der Text Informationen zur Einlagerung ist mit einem Hyperlink verknüpft. Nach dessen Aufruf werden im Browser Informationen zur Einlagerung angezeigt (Abb. 8.84).

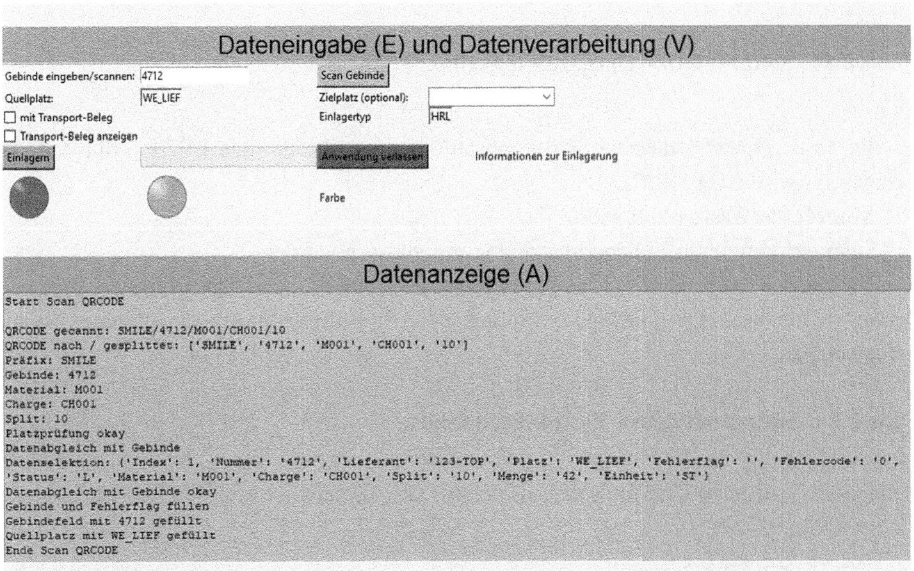

Abb. 8.82 SMILE – GUI – Einlagern – erfolgreicher Scan

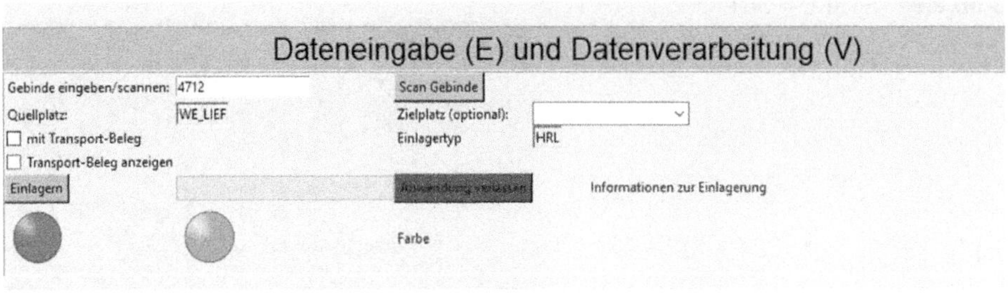

Abb. 8.83 SMILE – GUI – Einlagern – manuelle Eingabe

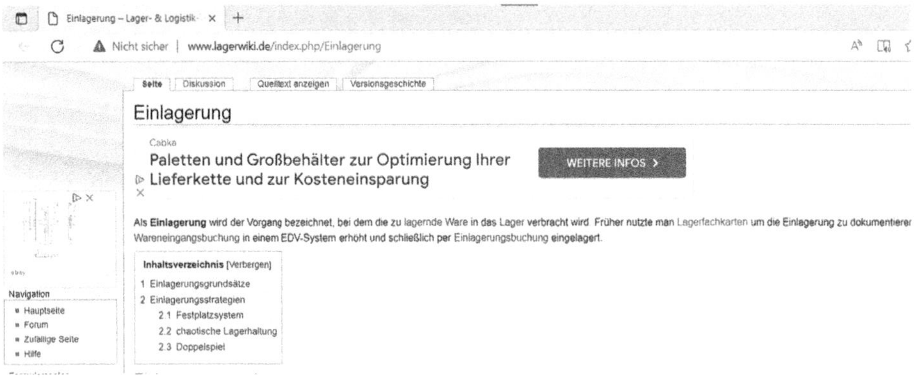

Abb. 8.84 SMILE – GUI – Einlagern – Hyperlink

Im Feld *‚Farbe'* kann eine Farbe gewählt werden, die bei den LEDs (grün und rot) eingesetzt wird (Abb. 8.85).

Mithilfe der Taste (Abb. 8.86)
kann der komplette Einlagerungsdialog geschlossen werden.

Es werden folgend die Einlagerung eines Gebindes *‚mit und ohne Zielplatzvorgabe'* betrachtet. Anschließend wird auf diverse Prüfungen im Einlagerungs-Dialog eingegangen.

8.4.6.1 Einlagern ohne Zielplatzvorgabe

In diesem Fall wird die Einlagerung *‚ohne Zielplatzvorgabe'* sowie *‚mit Transportbeleg'* und *‚mit Transportbeleg-Anzeige'* ausgeführt. Zu diesem Zweck sind die Checkboxen zu aktivieren (Abb. 8.87).

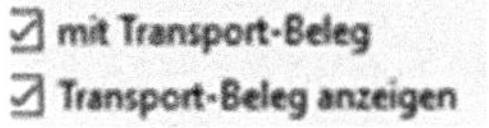

Nach dem Einlagern mittels Button Einlagern werden der Transportbeleg erzeugt, entsprechend abgelegt und das zugehörige PDF-Dokument angezeigt (Abb. 8.88).

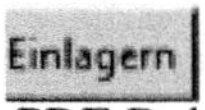

8.4 Wareneingangsprozesse

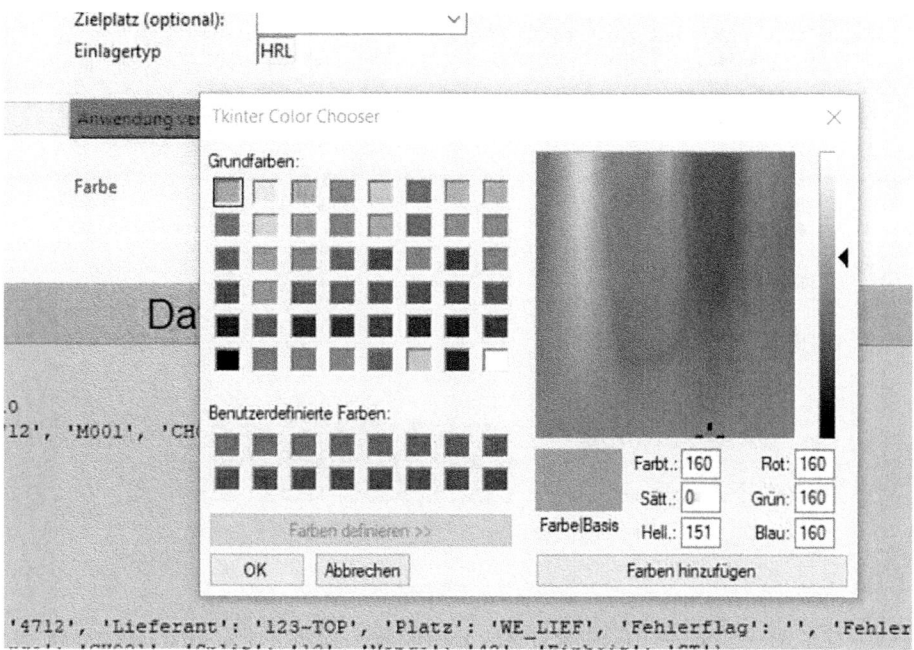

Abb. 8.85 SMILE – GUI – Einlagern – Farbe

Abb. 8.86 SMILE – GUI – Einlagern – Ende

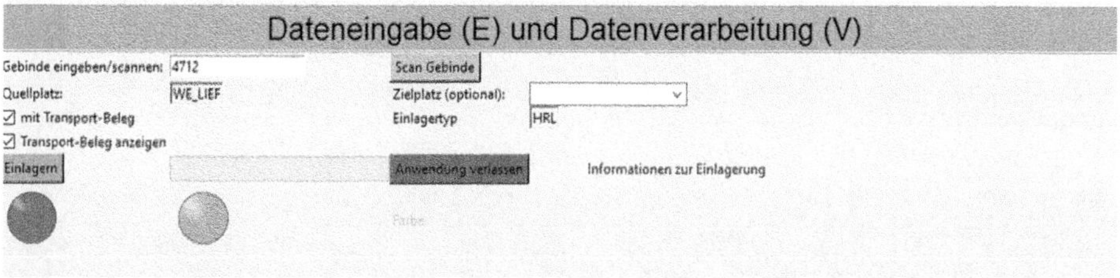

Abb. 8.87 SMILE – GUI – Einlagern – Transportbeleg

Der Bereich der Datenanzeige wird mit dem Einlagerungsprotokoll befüllt (Abb. 8.89). Mit den LEDs   kann die Einlagerung als Animation bzw. per Drag & Drop durchgeführt werden. Dabei ist das Regalfach mit der oben gewählten Farbe versehen. Die Animation wird von einem Sound begleitet (Abbs. 8.90, 8.91, und 8.92).

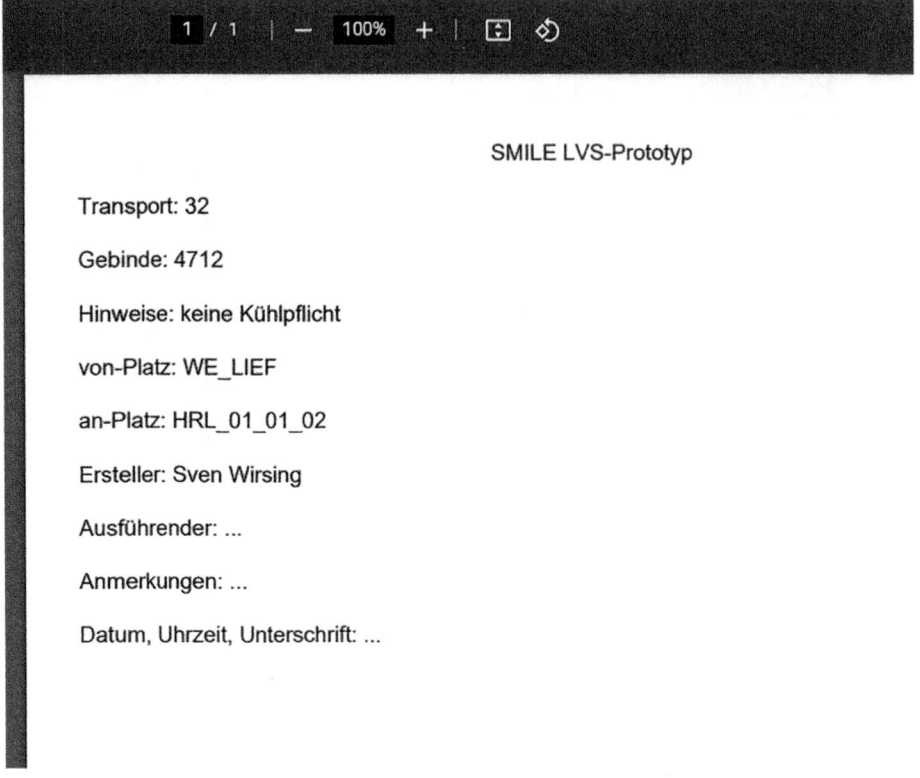

Abb. 8.88 SMILE – GUI – Einlagern – Transportbeleg als PDF

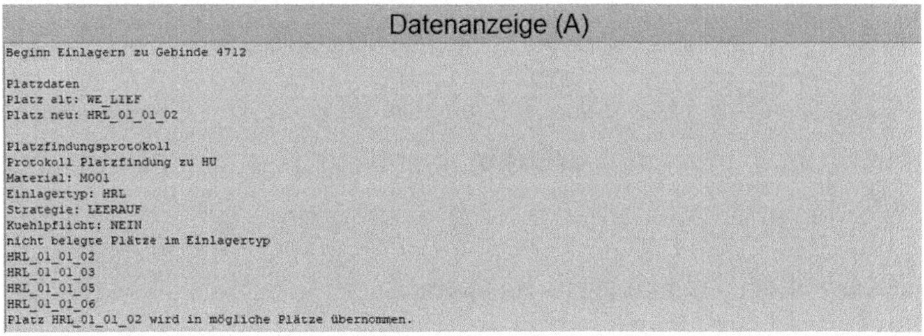

Abb. 8.89 SMILE – GUI – Einlagern – Protokoll

8.4 Wareneingangsprozesse

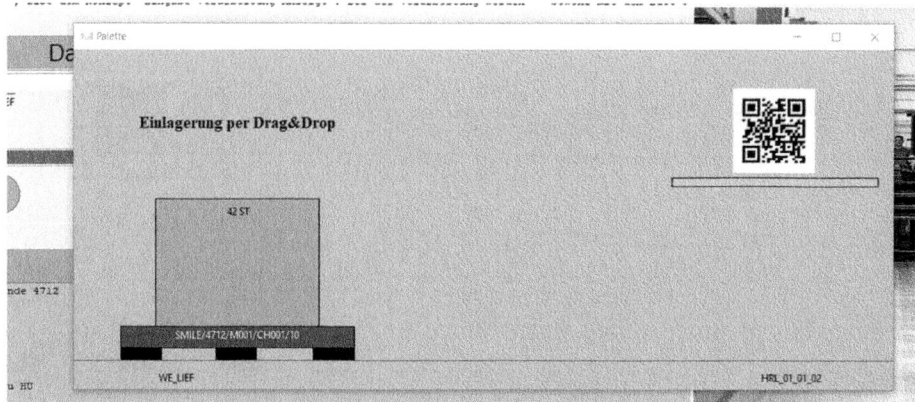

Abb. 8.90 SMILE – GUI – Einlagern – Drag & Drop

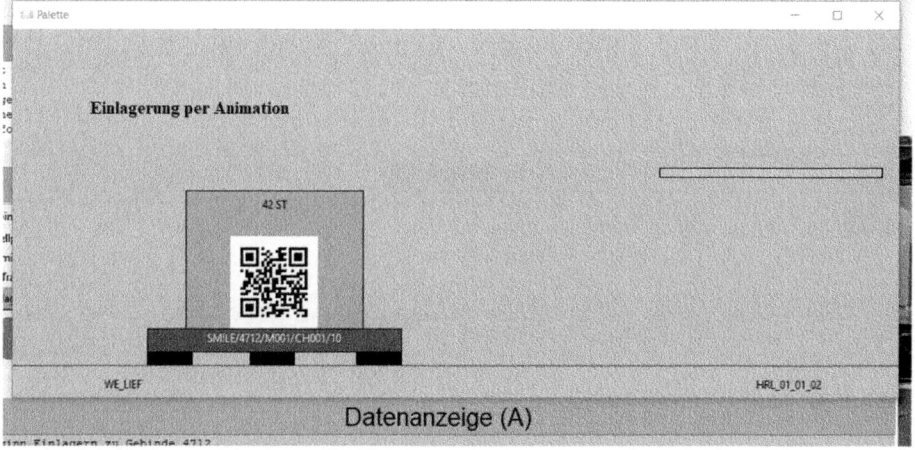

Abb. 8.91 SMILE – GUI – Einlagern – Animation I

Die Nutzung beider LEDs führt zu keinerlei Buchungen im SMILE-Prototyp.

8.4.6.2 Einlagern mit Zielplatzvorgabe
In diesem Beispiel wird die *‚Gebindenummer'* manuell eingetragen und der *‚Zielplatz'* manuell vorgegeben (Abb. 8.93).

Das Einlagern wird wie oben beschrieben durchgeführt (Abb. 8.94).

8.4.6.3 Einlagerungs-Prüfungen
Es wird auf diverse *‚Prüfungen im Einlagerungsdialog'* eingegangen.

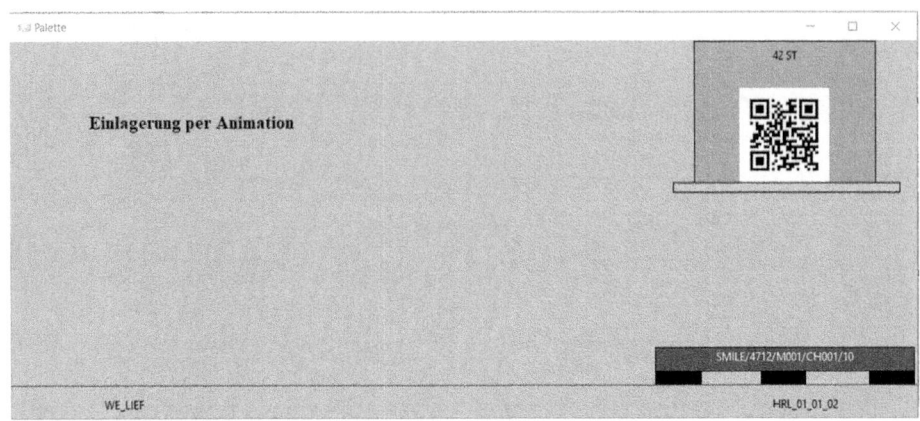

Abb. 8.92 SMILE – GUI – Einlagern – Animation II

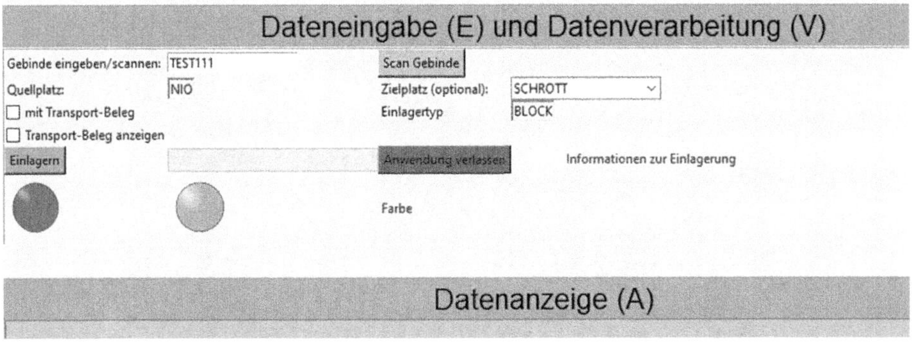

Abb. 8.93 SMILE – GUI – Einlagern – Zielplatzvorgabe

Das Gebinde ist ein Mussfeld (Abb. 8.95):

Der Gebindestatus muss = L sein (Abb. 8.96):

Das Gebinde muss datentechnisch existieren (Abb. 8.97):

Bei Zielplatzvorgabe muss der Zielplatz IT-seitig existieren (Abb. 8.98):

Bei Zielplatzvorgabe darf der Zielplatz nicht belegt sein (Abb. 8.99):

Bei Zielplatzvorgabe muss der Zielplatz bei Vorliegen von Kühlgut richtig temperiert sein (Abb. 8.100):

Bei Zielplatzvorgabe muss der Zielplatz vom Quellplatz abweichen (Abb. 8.101):

Die Zielplatzermittlung wird protokolliert. In diesem Fall sind alle Plätze belegt (Abb. 8.102):

In diesem Fall ist der Einlagertyp im Materialstamm nicht vorhanden (Abb. 8.103):

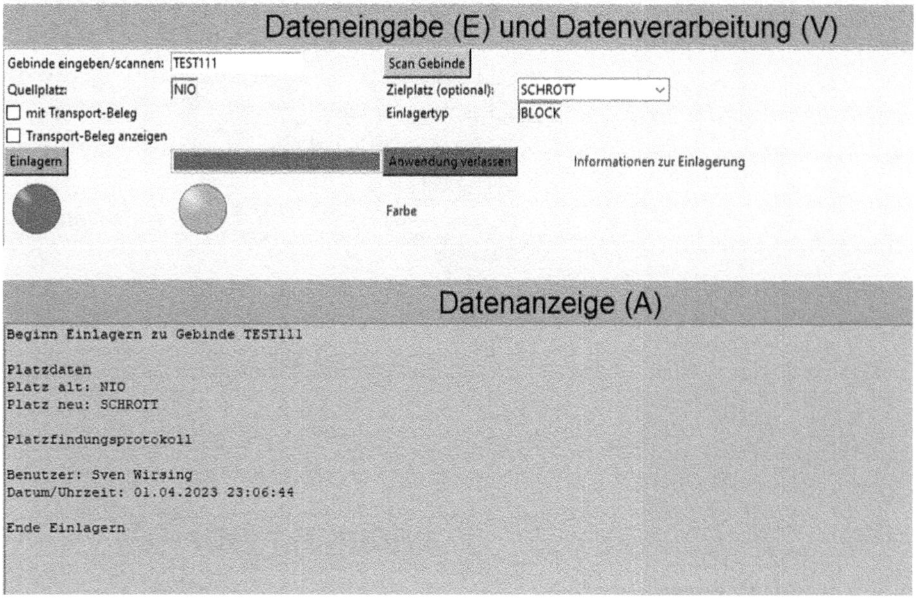

8.4 Wareneingangsprozesse

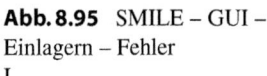

Abb. 8.94 SMILE – GUI – Einlagern – Protokoll II

Abb. 8.95 SMILE – GUI – Einlagern – Fehler I

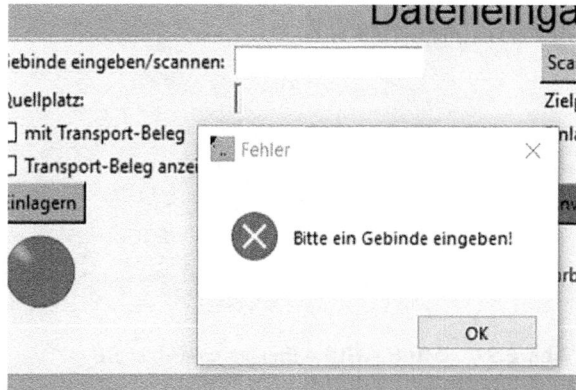

8.4.7 Lieferantenretoure

Die Lieferantenretoure kann im Menü über ‚*Wareneingang - > Lieferantenretoure'* ausgeführt werden (Abb. 8.104).

Es öffnet sich nachfolgendes Fenster (Abb. 8.105):

Abb. 8.96 SMILE – GUI – Einlagern – Fehler II

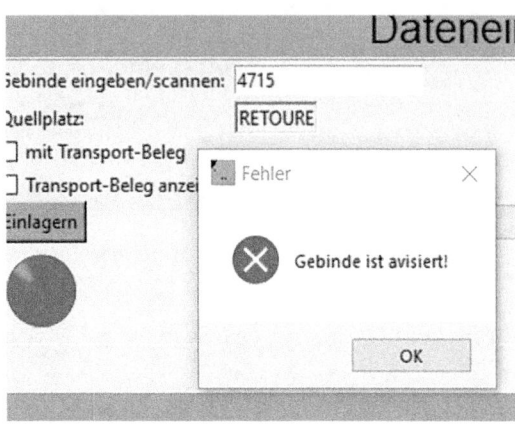

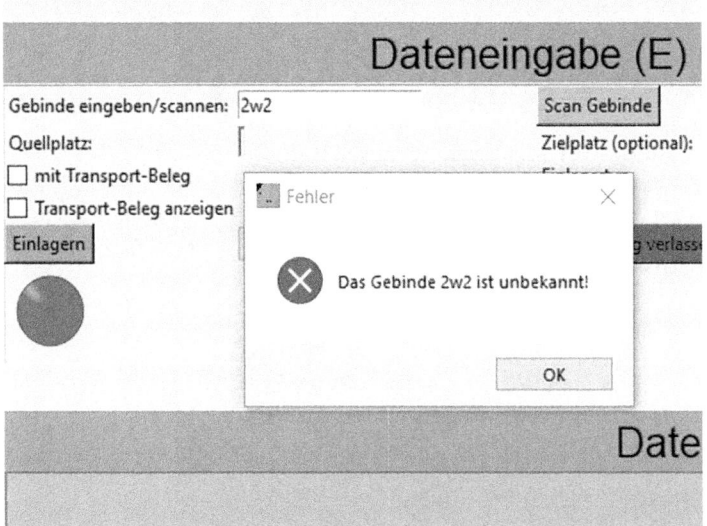

Abb. 8.97 SMILE – GUI – Einlagern – Fehler III

Es muss das ‚*Gebinde*' manuell eingegeben werden. Zusätzlich können optional ein ‚*Grund*' sowie eine ‚*Referenz*' erfasst werden, die in der Bewegung gespeichert werden (Abb. 8.106).

Mit dem Button `Lieferantenretoure` wird die Retoure prozessiert. Der Bestand ist nicht mehr im System vorhanden. Man erhält folgendes Protokoll (Abb. 8.107):

Das Logo der Hochschule Mainz ist mit einem Mouse-Over-Event ausgestattet und löst einen Text aus (Abb. 8.108).

8.5 Warenausgangsprozesse

Abb. 8.98 SMILE – GUI – Einlagern – Fehler IV

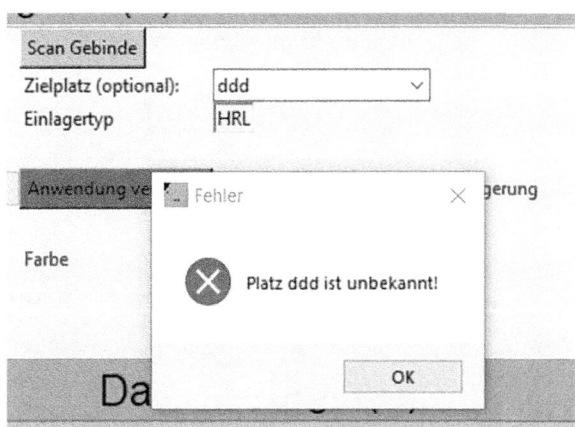

Abb. 8.99 SMILE – GUI – Einlagern – Fehler V

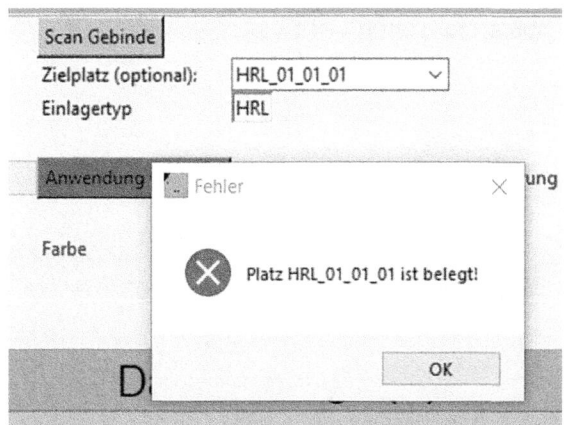

Beim Klicken auf das Logo wird die Homepage der Hochschule Mainz im Browser geöffnet (Abb. 8.109).

Mit der roten Taste Anwendung verlassen kann der Lieferantenretouren-Dialog geschlossen werden.

8.5 Warenausgangsprozesse

8.5.1 Auslieferungen anzeigen

Die im Abschn. 8.5.3 angelegten Auslieferungen können über den Menü-Punkt ‚Warenausgang - > *Auslieferungen anzeigen*' dargestellt werden (Abb. 8.110).

Es öffnet sich folgender Dialog (Abb. 8.111):

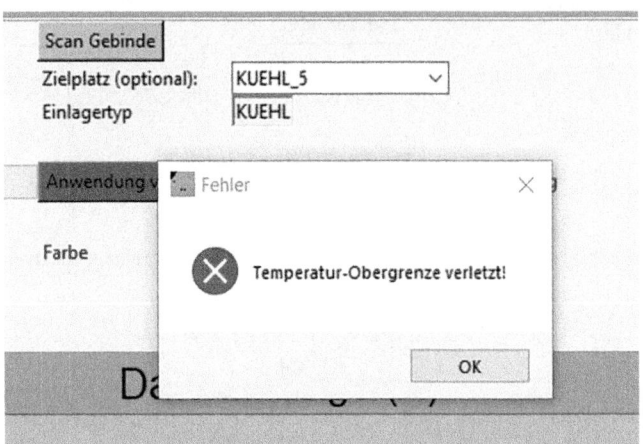

Abb. 8.100 SMILE – GUI – Einlagern – Fehler VI

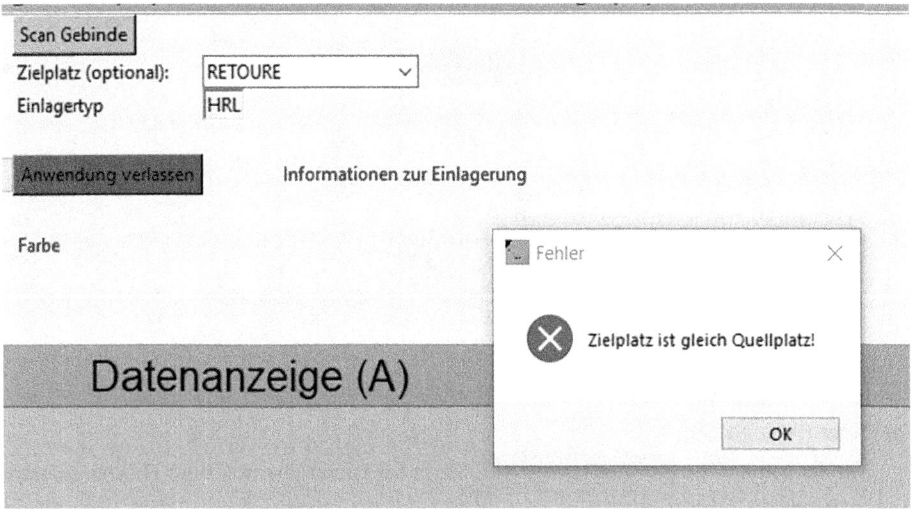

Abb. 8.101 SMILE – GUI – Einlagern – Fehler VII

Bei der Datenselektion sind die Felder *‚Auslieferung'*, *‚Status'* (mit einer Werthilfe ausgestattet), *‚Kunde'* und *‚Anlagedatum'* optional füllbar, um die Selektion einzuschränken (Abb. 8.112).

Mit der grünen Taste  Datenselektion ausführen wird die Datenselektion durchgeführt, wobei der Balken   den Selektionsfortschritt anzeigt. Die

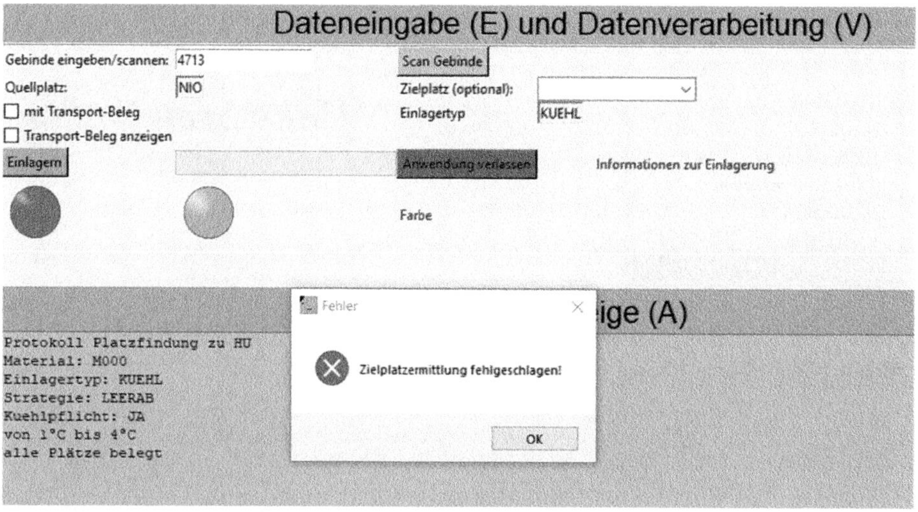

8.5 Warenausgangsprozesse

Abb. 8.102 SMILE – GUI – Einlagern – Fehler VIII

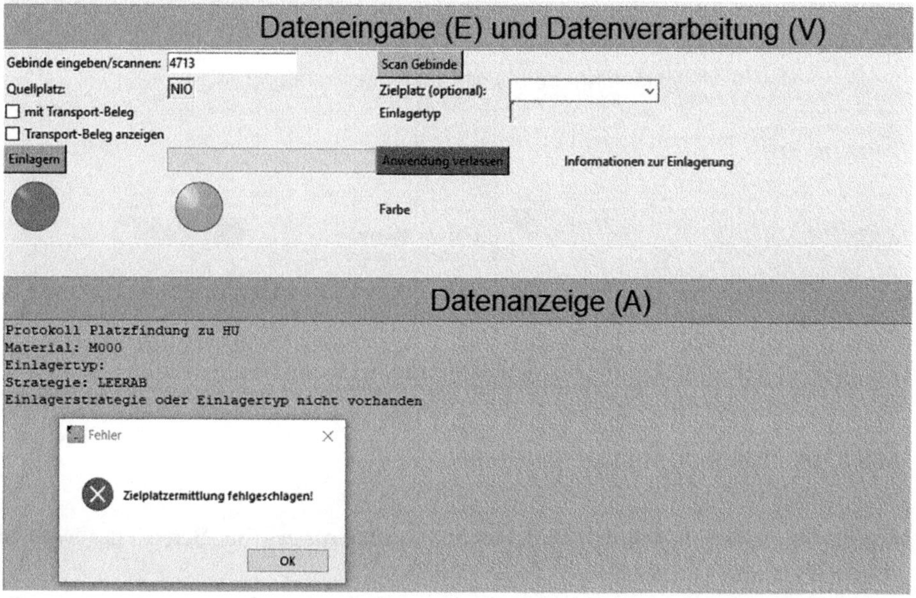

Abb. 8.103 SMILE – GUI – Einlagern – Fehler IX

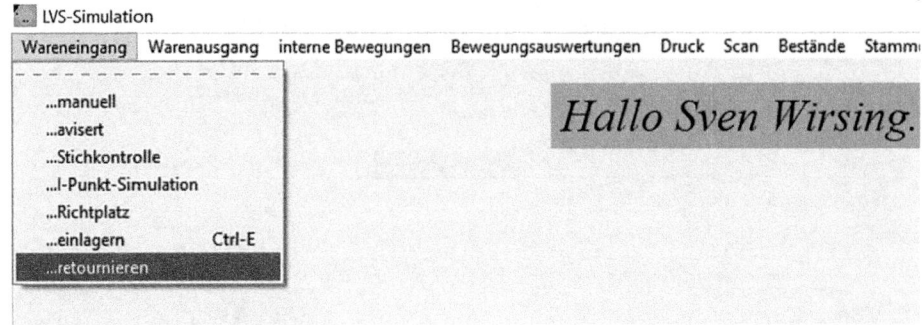

Abb. 8.104 SMILE – Menü – Lieferantenretoure

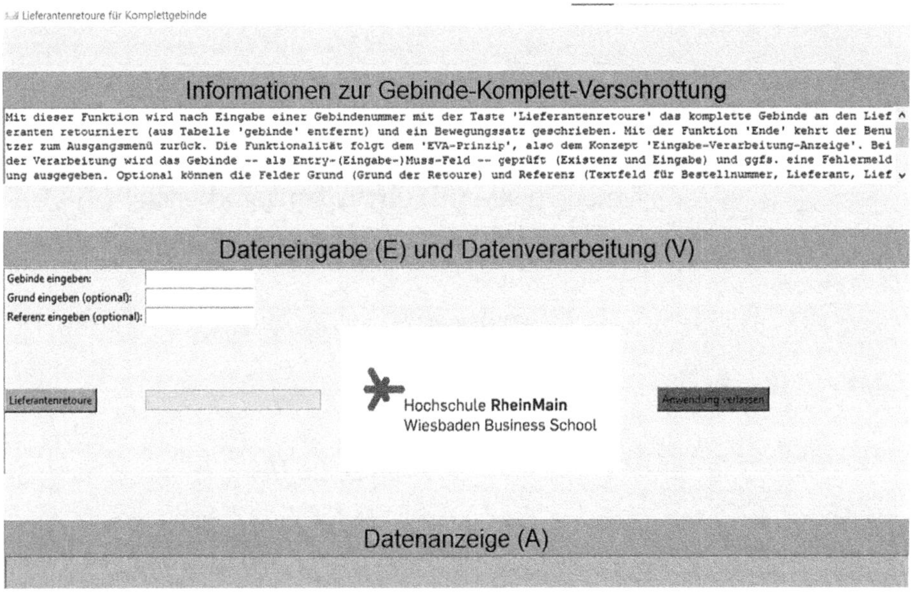

Abb. 8.105 SMILE – GUI – Lieferantenretoure

Ergebnisse werden im Tabstrip *‚Ergebnisliste Auslieferungen'* im Bereich der Datenanzeige aufgeführt (Abb. 8.113).

Durch einen Doppelklick auf eine Zeile wird diese markiert. Die Details zu der markierten Zeile sind in den Tabstrips *‚Einzelanzeige-Auslieferungs-Kopf'* und *‚Einzelanzeige – Auslieferungs-Positionen'* sichtbar (Abbs. 8.114 und 8.115).

Standardmäßig kann mit der roten Taste Anwendung verlassen die Anwendung geschlossen werden.

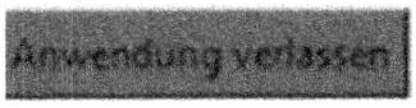

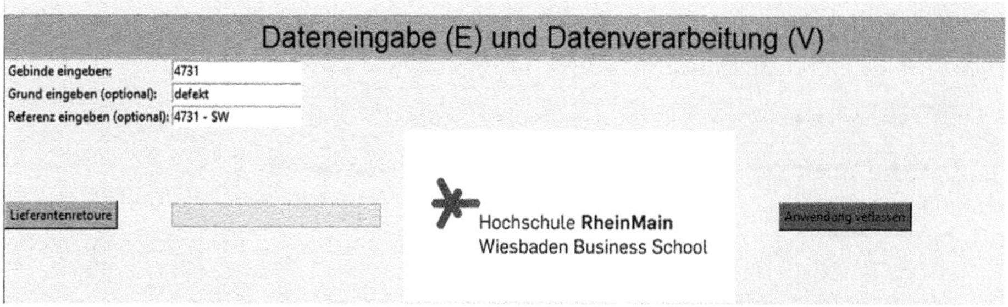

8.5 Warenausgangsprozesse

Abb. 8.106 SMILE – GUI – Lieferantenretoure – Dateneingabe und Funktionen

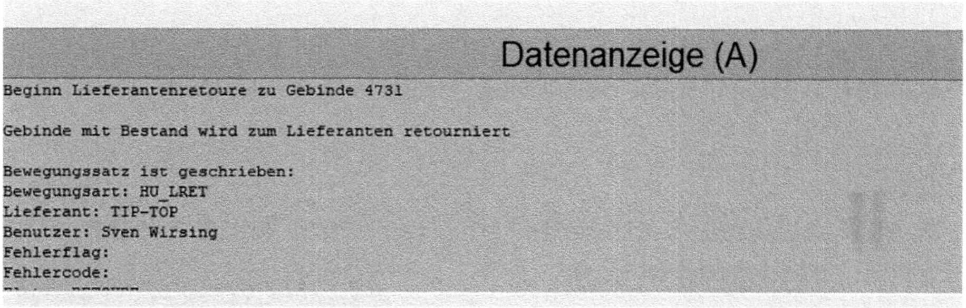

Abb. 8.107 SMILE – GUI – Lieferantenretoure – Protokoll

Abb. 8.108 SMILE – GUI – Lieferantenretoure – Logo Hochschule Mainz

8.5.2 Touren anzeigen

Touren sind über den Menü-Punkt ‚*Warenausgang - > Touren anzeigen*' anzeigbar (Abb. 8.116).

Abb. 8.109 SMILE – GUI – Lieferantenretoure – Homepage Hochschule Mainz

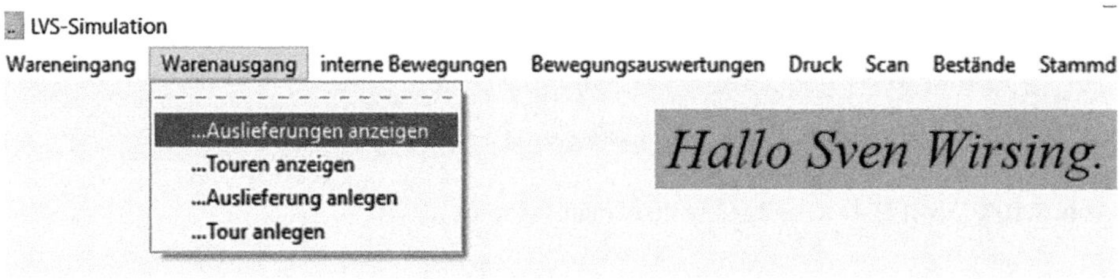

Abb. 8.110 SMILE – Menü – Auslieferungen anzeigen

Folgender GUI-Dialog erscheint (Abb. 8.117):
Die Datenselektion kann über die Felder ‚*Tour*', ‚*Status*' (inkl. Wertehilfe), ‚*Kennzeichen*' und ‚*Anlagedatum*' eingeschränkt werden. Diese Felder können optional eingegeben werden.

Über den Button Datenselektion ausführen werden die Touren selektiert und im Tabstrip ‚*Ergebnisliste Touren*' dargestellt (Abb. 8.118).
Während der Datenselektion zeigt der Balken den Fortschritt an.

8.5 Warenausgangsprozesse

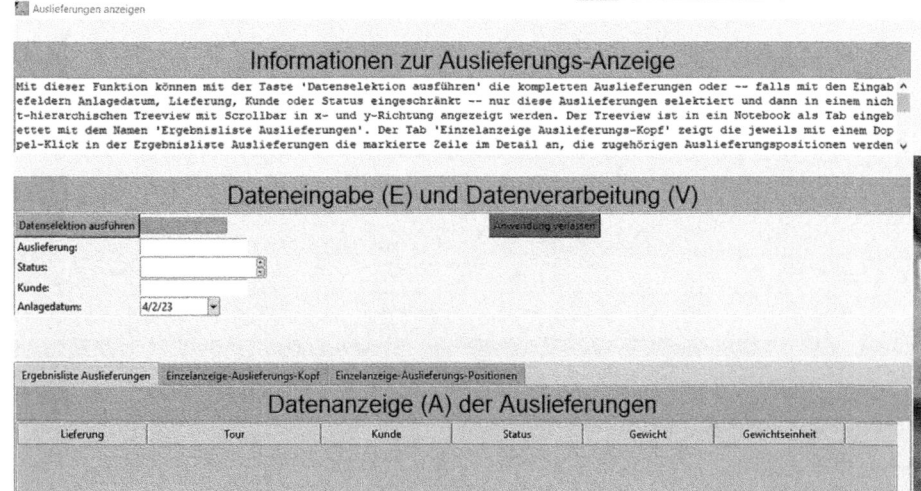

Abb. 8.111 SMILE – GUI – Auslieferungen anzeigen

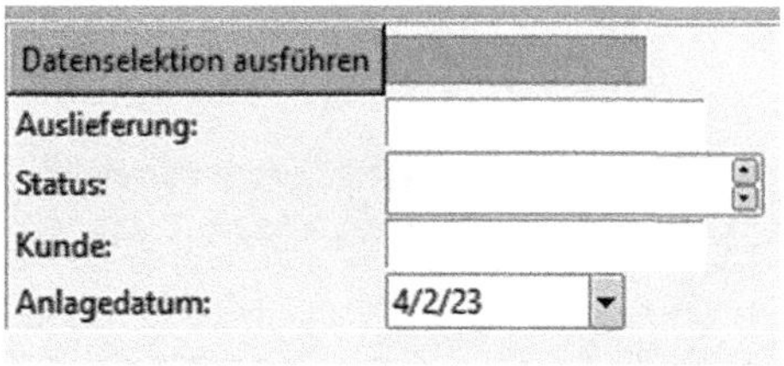

Abb. 8.112 SMILE – GUI – Auslieferungen anzeigen – Selektionsparameter

Markiert man eine Tour mittels Doppelklick, wird die Zeile farblich hervorgehoben (Abb. 8.119).

In den Tabstrips *‚Einzelanzeige – Tour-Kopf'* und *‚Einzelanzeige – Tour-Positionen'* erfolgt die Detailanzeige zur markierten Tour (Abbs. 8.120 und 8.121).

Mit der roten Taste ‚Anwendung verlassen' kann der Dialog geschlossen werden.

8.5.3 Auslieferungen anlegen

8.5.3.1 Aufruf und Vorbelegungen

Die *‚Auslieferungsanlage'* ist wie folgt im Menü erreichbar (Abb. 8.122):

Es öffnet sich folgendes Fenster (Abb. 8.123):

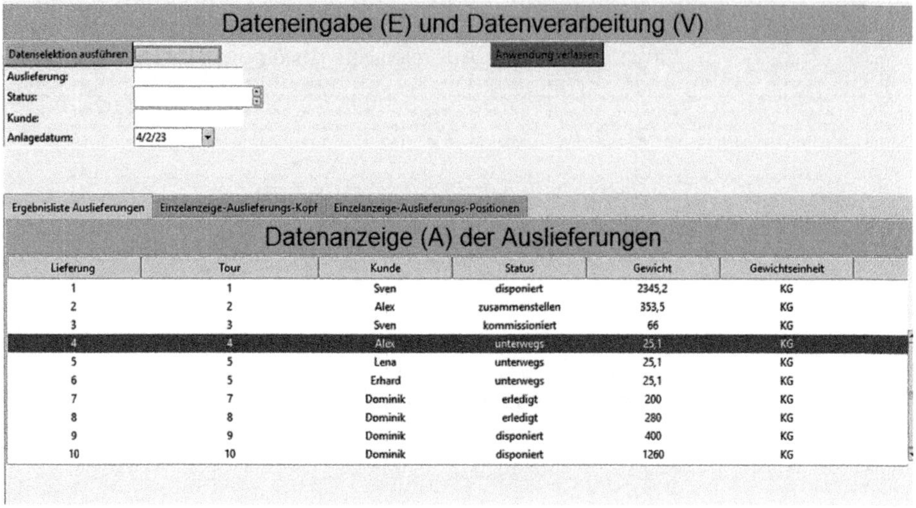

Abb. 8.113 SMILE – GUI – Auslieferungen anzeigen – Ergebnisliste

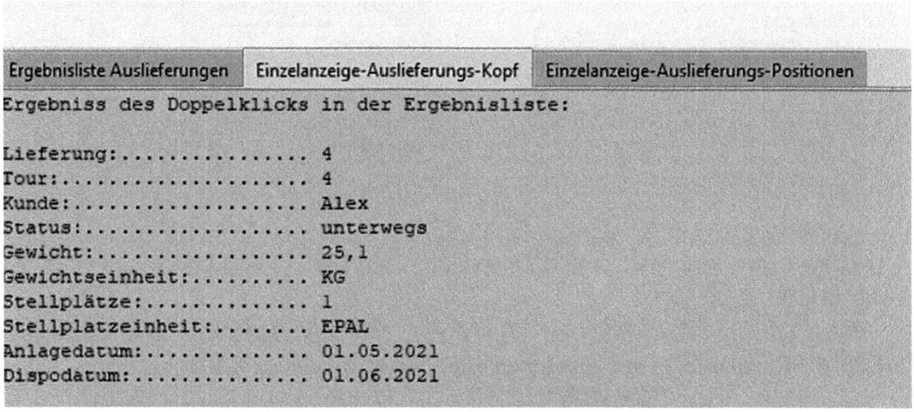

Abb. 8.114 SMILE – GUI – Auslieferungen anzeigen – Einzelanzeige – Kopf

8.5.3.2 Kopfdaten zur Auslieferung

Das einzige durch den User einzugebende Kopfdatum einer Auslieferung ist der ‚*Kunde*‘, der als Mussfeld definiert ist (Abb. 8.124).

Die Daten zum Kunden werden aus dem Kundenstamm automatisch ermittelt. Mittels gelber Taste Eingabe löschen können die Kundendaten im Dialog wieder gelöscht werden. Alternativ kann ein abweichender Kunde manuell eingegeben wird.

8.5 Warenausgangsprozesse

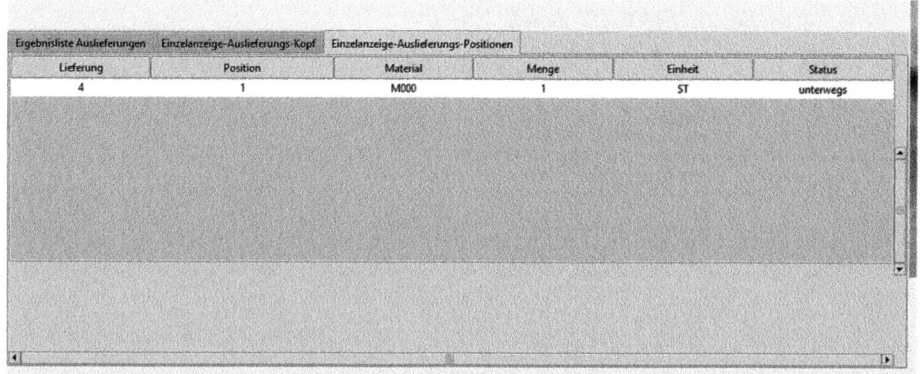

Abb. 8.115 SMILE – GUI – Auslieferungen anzeigen – Einzelanzeige – Positionen

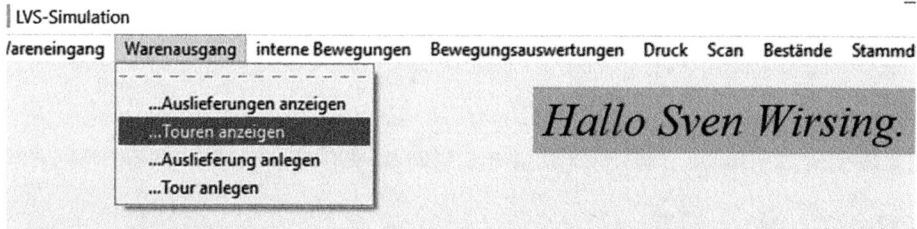

Abb. 8.116 SMILE – Menü – Touranzeige

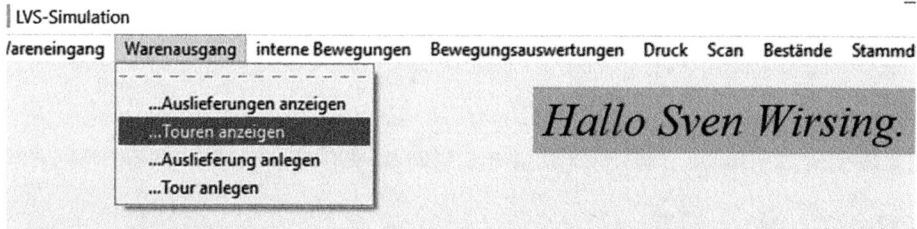

Abb. 8.117 SMILE – GUI – Touranzeige

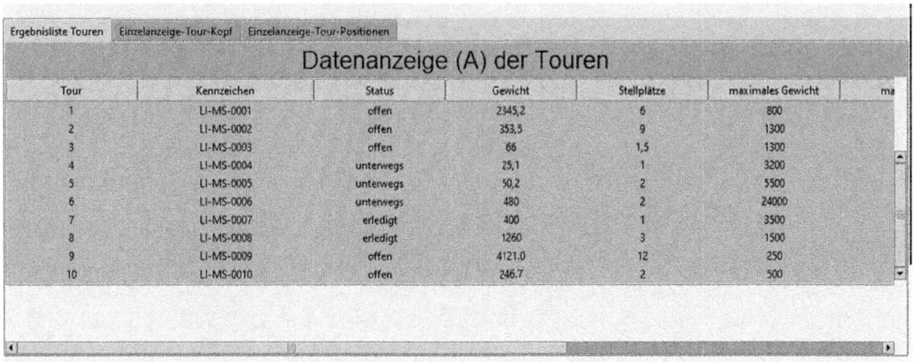

Tour	Kennzeichen	Status	Gewicht	Stellplätze	maximales Gewicht	ma
1	LI-MS-0001	offen	2345,2	6	800	
2	LI-MS-0002	offen	353,5	9	1300	
3	LI-MS-0003	offen	66	1,5	1300	
4	LI-MS-0004	unterwegs	25,1	1	3200	
5	LI-MS-0005	unterwegs	50,2	2	5500	
6	LI-MS-0006	unterwegs	480	2	24000	
7	LI-MS-0007	erledigt	400	1	3500	
8	LI-MS-0008	erledigt	1260	3	1500	
9	LI-MS-0009	offen	4121.0	12	250	
10	LI-MS-0010	offen	246.7	2	500	

Abb. 8.118 SMILE – GUI – Touranzeige – Ergebnisliste

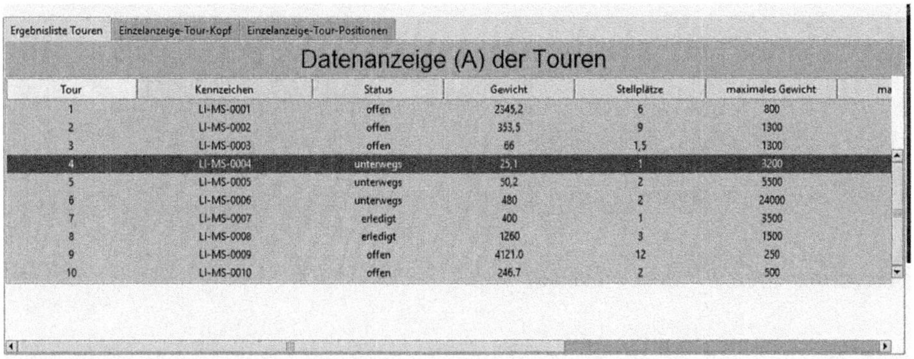

Tour	Kennzeichen	Status	Gewicht	Stellplätze	maximales Gewicht	ma
1	LI-MS-0001	offen	2345,2	6	800	
2	LI-MS-0002	offen	353,5	9	1300	
3	LI-MS-0003	offen	66	1,5	1300	
4	LI-MS-0004	unterwegs	25,1	1	3200	
5	LI-MS-0005	unterwegs	50,2	2	5500	
6	LI-MS-0006	unterwegs	480	2	24000	
7	LI-MS-0007	erledigt	400	1	3500	
8	LI-MS-0008	erledigt	1260	3	1500	
9	LI-MS-0009	offen	4121.0	12	250	
10	LI-MS-0010	offen	246.7	2	500	

Abb. 8.119 SMILE – GUI – Touranzeige – Tour markieren

8.5.3.3 Positionsdaten zur Auslieferung

Die Positionen der Auslieferung bestehen aus ‚***Material***' und ‚***Menge***'(Abb. 8.125) .

Eine neue Position kann mit der Taste Position + initial angelegt werden (Abb. 8.126).

Angelegte Positionen können mit der Taste Position - wieder gelöscht werden.

Das Anlegen und Löschen bezieht sich immer auf die Zeilennummer, die neben der Taste ‚***Position-***' im Feld 0 eingetragen ist. Die Nummerierung beginnt bei 0 und nicht bei 1.

Mit der orangenen Taste Check können die Positionsdaten geprüft werden (Material vorhanden, Menge sinnvoll, alle Mussfelder gefüllt etc.). Die Prüfungen werden bei Anlage der Auslieferung erneut durchgeführt.

8.5 Warenausgangsprozesse

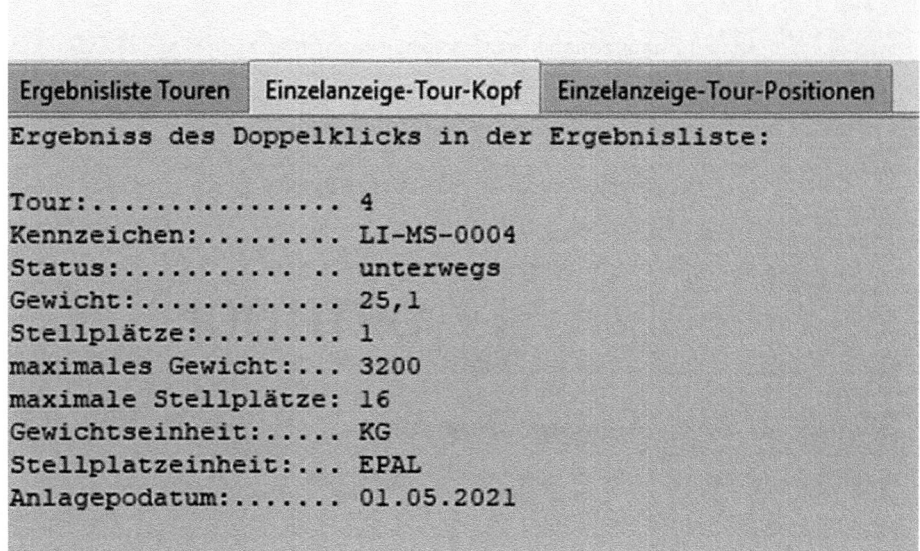

Abb. 8.120 SMILE – GUI – Touranzeige – Einzelanzeige – Kopf

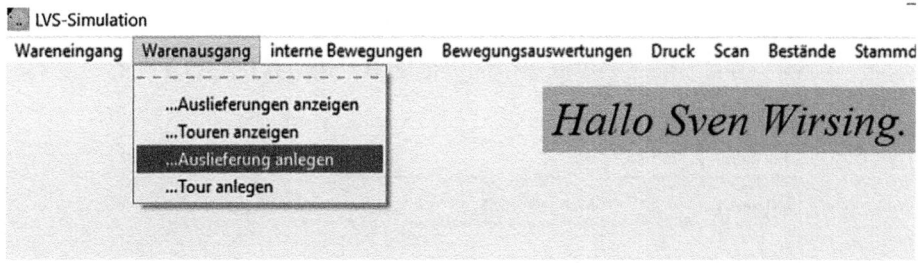

Abb. 8.121 SMILE – GUI – Touranzeige – Einzelanzeige – Positionen

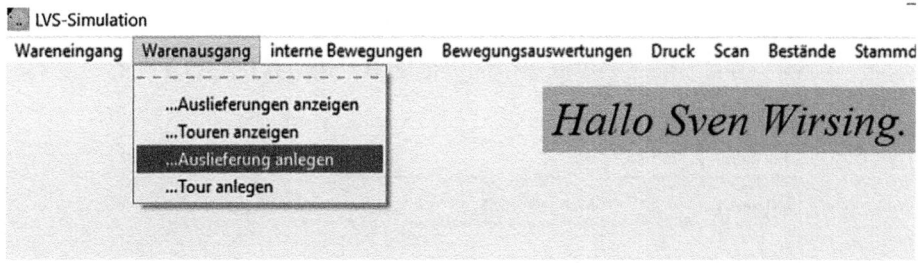

Abb. 8.122 SMILE – Menü – Auslieferungsanlage

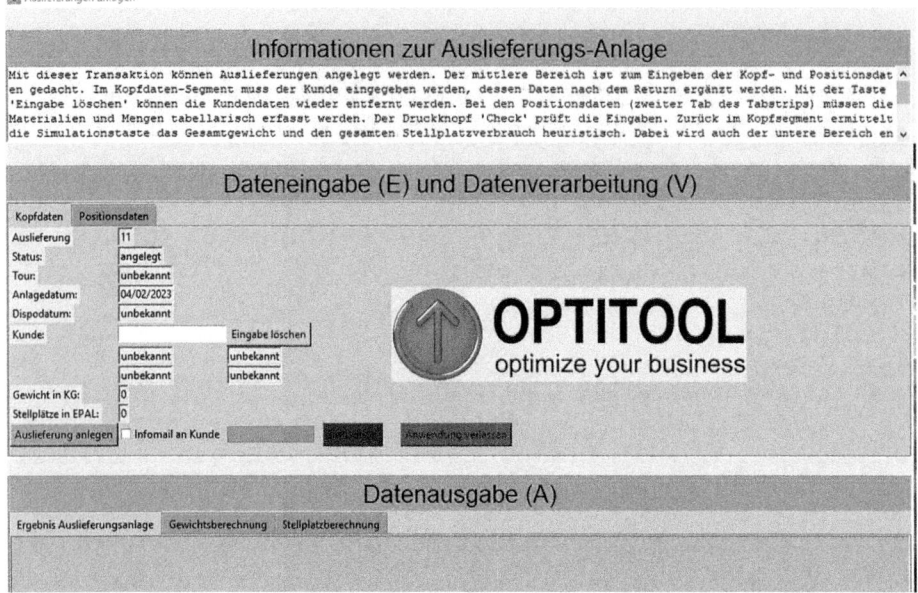

Abb. 8.123 SMILE – GUI – Auslieferungsanlage

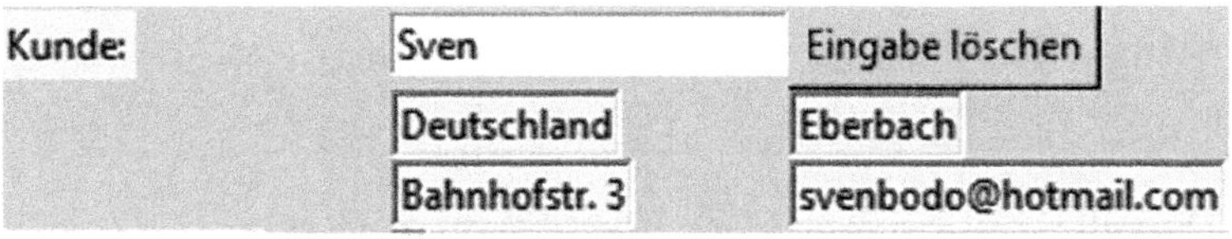

Abb. 8.124 SMILE – GUI – Auslieferungsanlage – Kopfdaten

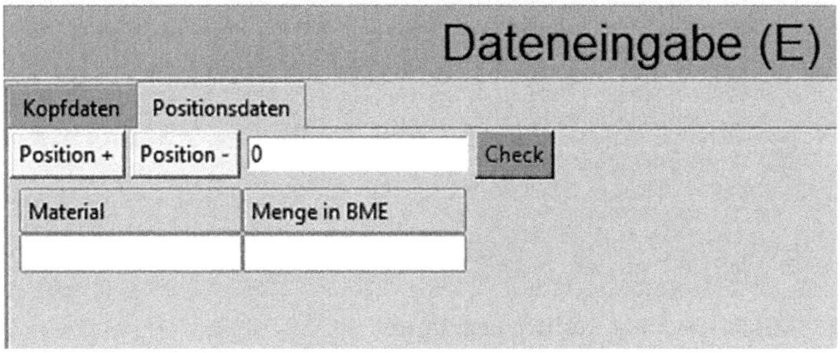

Abb. 8.125 SMILE – GUI – Auslieferungsanlage – Positionsdaten

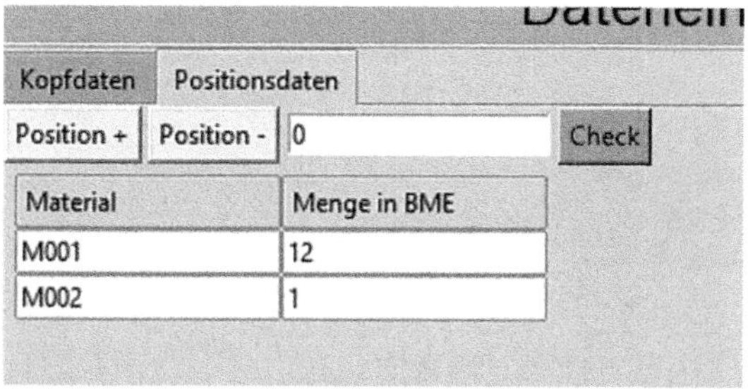

8.5 Warenausgangsprozesse

Abb. 8.126 SMILE – GUI – Auslieferungsanlage – Positionsdaten hinzufügen

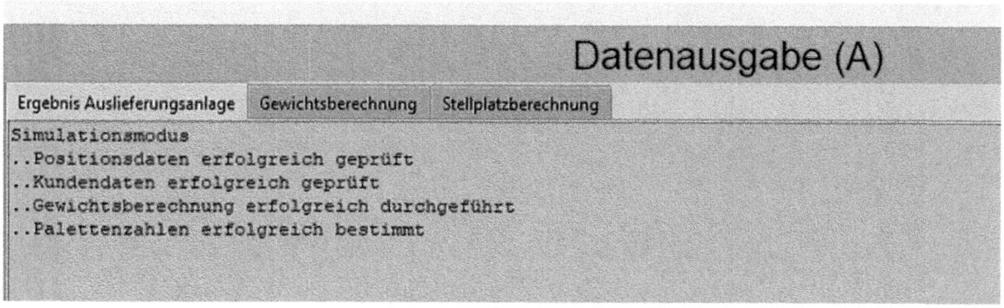

Abb. 8.127 SMILE – GUI – Auslieferungsanlage – Simulationsmodus I

Abb. 8.128 SMILE – GUI – Auslieferungsanlage – Simulationsmodus II

8.5.3.4 Simulationsmodus zur Auslieferungsanlage

Im Simulationsmodus werden die ‚*Heuristiken*' zur Berechnung des Gewichtes in KG und der Stellplätze in EPAL einer Auslieferung ausgeführt und im Protokoll angezeigt (Abbs. 8.127, 8.128, und 129).

8.5.3.5 Auslieferungsanlage

Mit dem grünen Button 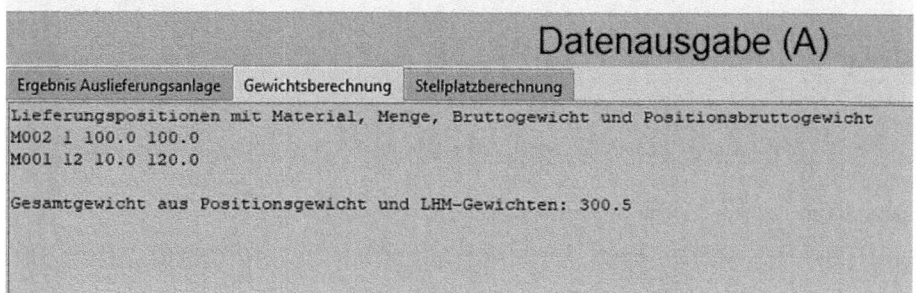 wird die Auslieferung angelegt (Abb. 8.130).

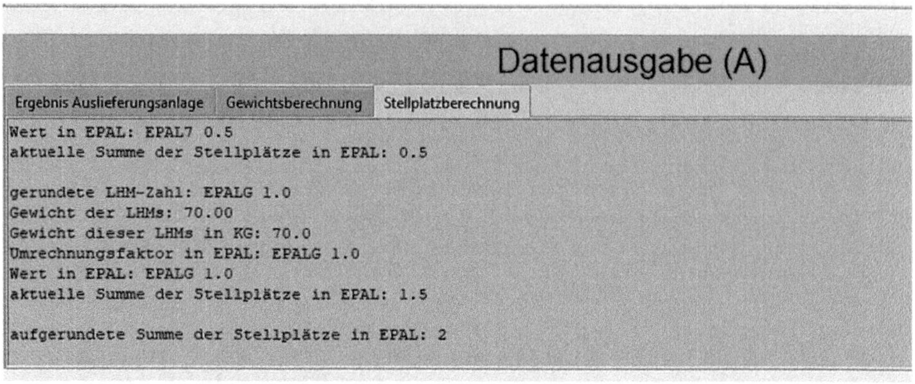

Abb. 8.129 SMILE – GUI – Auslieferungsanlage – Simulationsmodus III

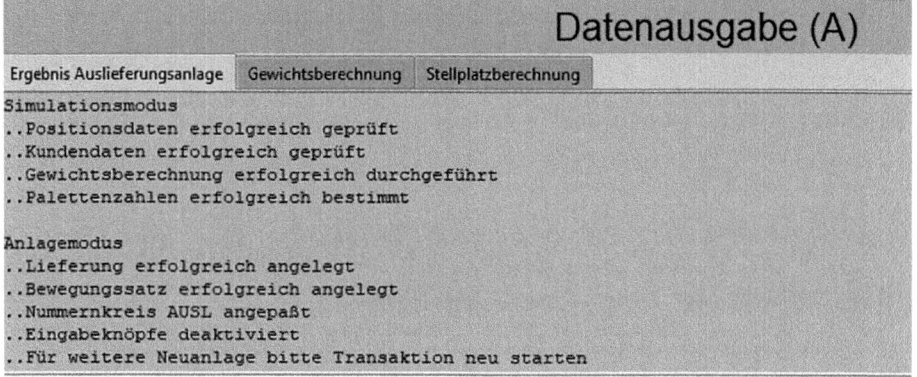

Abb. 8.130 SMILE – GUI – Auslieferungsanlage – Protokoll

Anschließend sind alle Funktionen auf der Oberfläche inaktiv (Abbs. 8.131 und 8.132). Die Anwendung wird mit der roten Taste Anwendung verlassen verlassen.

8.5.3.6 Infomail an Kunde per Hotmail

Eine Infomail an einen Kunden wird erstellt, wenn die Checkbox Infomail an Kunde aktiviert ist und die Auslieferung angelegt wird. Das Verfahren in SMILE ist inspiriert durch folgenden Link.

8.5 Warenausgangsprozesse

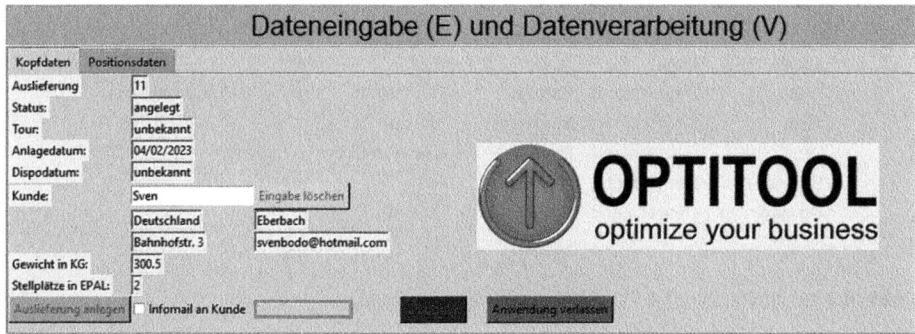

Abb. 8.131 SMILE – GUI – Auslieferungsanlage – inaktive Funktionen

Abb. 8.132 SMILE – GUI – Auslieferungsanlage – inaktive Funktionen II

https://stackoverflow.com/questions/13411486/send-email-via-hotmail-in-python

Der Mailversand ist nur für Hotmail-Adressen implementiert, kann aber analog auf andere Quelladressen und Provider erweitert werden. Die Kunden-Mailadresse ist in den Kundenstammdaten abzulegen (Abb. 8.133).

Die Mailadresse wird auch im GUI-Dialog angezeigt (Abb. 8.134):

Über den User wird die Hotmail-Adresse zum Versenden bestimmt (Abb. 8.135).

Drückt man den grünen Button Auslieferung anlegen, wird das Passwort für den Hotmail-Account abgefragt (Abb. 8.136).

Das folgende Protokoll zeigt dem Benutzer, ob der Mailversand erfolgreich war (Abb. 8.137).

In diesem Fall ist eine E-Mail mit folgendem Inhalt versendet worden (Abbs. 8.138 und 8.139):

	A	B	C	D	E	F
	Kunde	Land	Stadt	StrNr	Mail	
	Sven	Deutschland	Eberbach	Bahnhofstr. 3	svenbodo75@gmail.com	
	Alex	Deutschland	Marburg	Haupstr. 1		
	Lena	Deutschland	Eberbach	Bahnhofstr. 3		
	Erhard	Deutschland	Hittfeld	Eisstr. 7		
	Dominik	Deutschland	Ober-Erlenbac	Flußweg 7		

Abb. 8.133 SMILE – GUI – Auslieferungsanlage – Kundenadresse

Dateneingabe (E) und Datenverarbeitung (V)

Kopfdaten Positionsdaten

Auslieferung: 17
Status: angelegt
Tour: unbekannt
Anlagedatum: 04/02/2023
Dispodatum: unbekannt
Kunde: Sven   Eingabe löschen
Deutschland   Eberbach
Bahnhofstr. 3   svenbodo75@gmail.com
Gewicht in KG: 0
Stellplätze in EPAL: 0
Auslieferung anlegen ☑ Infomail an Kunde   Anwendung verlassen

OPTITOOL
optimize your business

Datenausgabe (A)

Ergebnis Auslieferungsanlage Gewichtsberechnung Stellplatzberechnung

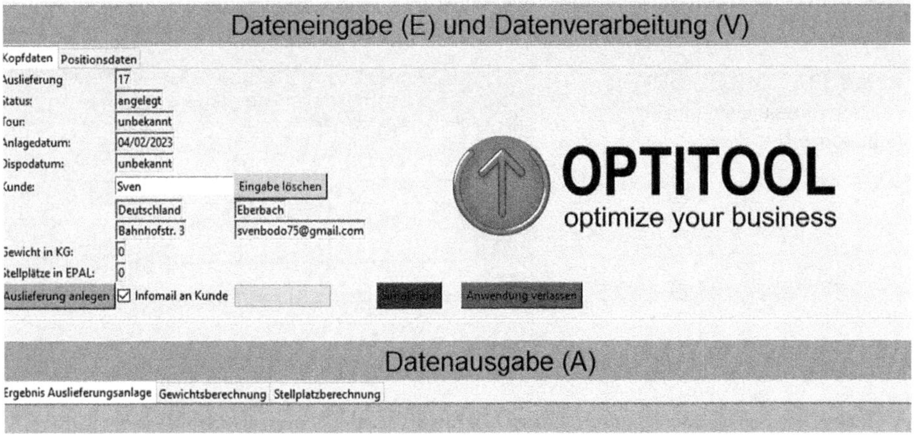

Abb. 8.134 SMILE – GUI – Auslieferungsanlage – Kundenadresse II

Abb. 8.135 SMILE – GUI – Auslieferungsanlage – Hotmail-Adresse

	A	B	C	D
	Benutzer	Hash	Mail	
	Sven Wirsing	55832555	svenbodo@hotmail.com	
	Alexander Ma	89419826		
	Lena Wirsing-	87848491		
	Erhard Werne	89419826		
	Administrator	13068085		
	SMILE001	89275016		

Man erhält eine Mail mit dem Inhalt, daß die geforderte Auslieferung in SMILE angelegt worden ist.

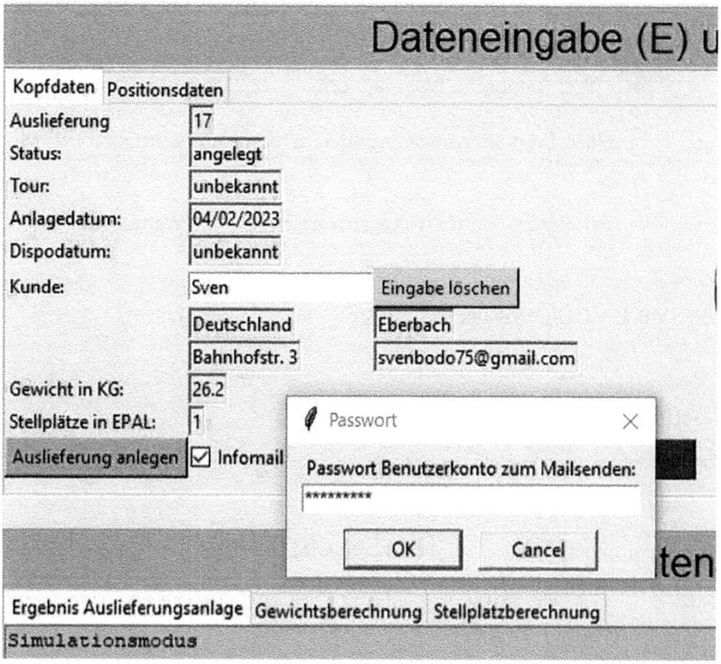

8.5 Warenausgangsprozesse

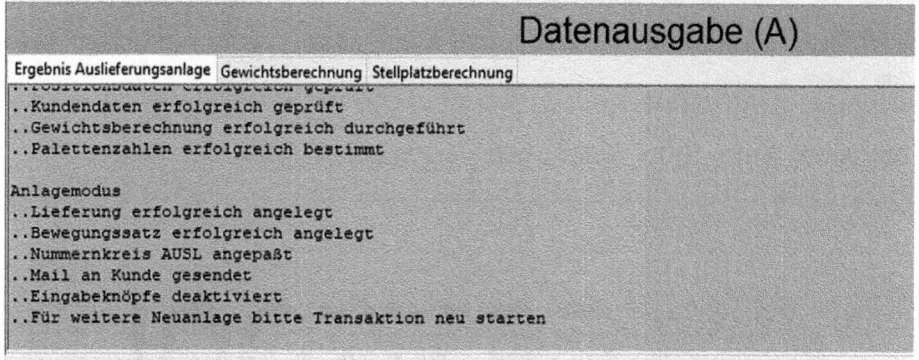

Abb. 8.136 SMILE – GUI – Auslieferungsanlage – Passwort

```
                                           Datenausgabe (A)
Ergebnis Auslieferungsanlage  Gewichtsberechnung  Stellplatzberechnung
..Kundendaten erfolgreich geprüft
..Gewichtsberechnung erfolgreich durchgeführt
..Palettenzahlen erfolgreich bestimmt

Anlagemodus
..Lieferung erfolgreich angelegt
..Bewegungssatz erfolgreich angelegt
..Nummernkreis AUSL angepaßt
..Mail an Kunde gesendet
..Eingabeknöpfe deaktiviert
..Für weitere Neuanlage bitte Transaktion neu starten
```

Abb. 8.137 SMILE – GUI – Auslieferungsanlage – Mailversand erfolgreich

8.5.3.7 Logo
Das Logo der Firma Optitool ist mit einem Mouse-Over-Event ausgestattet (Abb. 8.140).
Drückt man auf das Logo, gelangt man auf die Homepage von Optitool (Abb. 8.141).

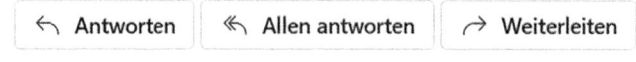

Abb. 8.138 SMILE – GUI – Auslieferungsanlage – Versand der Mail

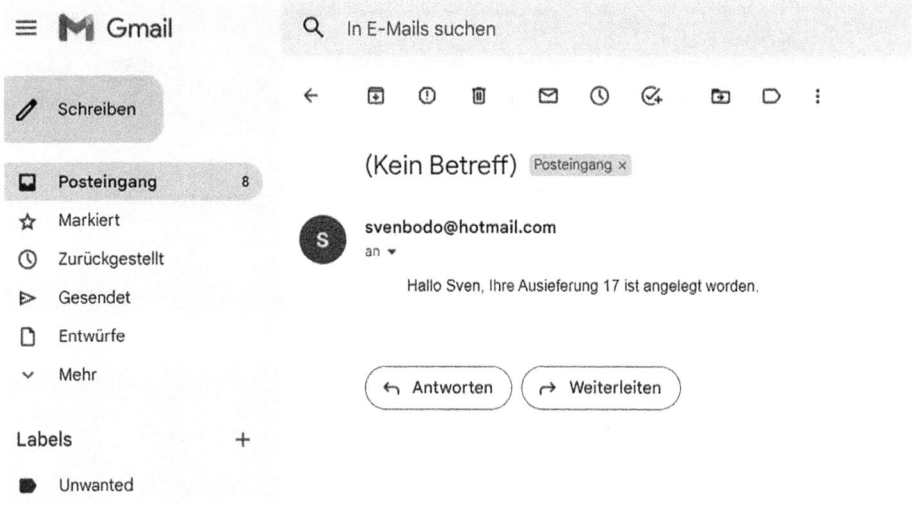

Abb. 8.139 SMILE – GUI – Auslieferungsanlage – Empfang der Mail

Abb. 8.140 SMILE – GUI – Auslieferungsanlage – Logo Optitool

8.5 Warenausgangsprozesse

Abb. 8.141 SMILE – GUI – Auslieferungsanlage – Homepage Optitool

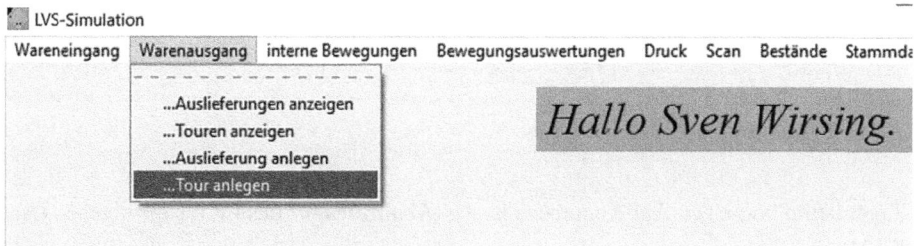

Abb. 8.142 SMILE – Menü – Touranlage

8.5.3.8 Beenden
Mit dem roten Button ![Anwendung verlassen] wird die Anwendung geschlossen.

8.5.4 Touren anlegen

8.5.4.1 Aufruf und Vorbelegungen
Die ‚*Tourenanlage*' ist im Menü unter der Rubrik ‚*Warenausgang*' platziert (Abb. 8.142).
 Es öffnet sich nachfolgender Dialog (Abb. 8.143):

8.5.4.2 Kopfdaten der Tour
Die ‚*Tournummer*' wird automatisch als nächste Nummer aus dem Touren-Nummernkreis gezogen = ermittelt. Der Status ist mit dem Wert ‚*offen*', das ‚*Anlagedatum*' mit dem

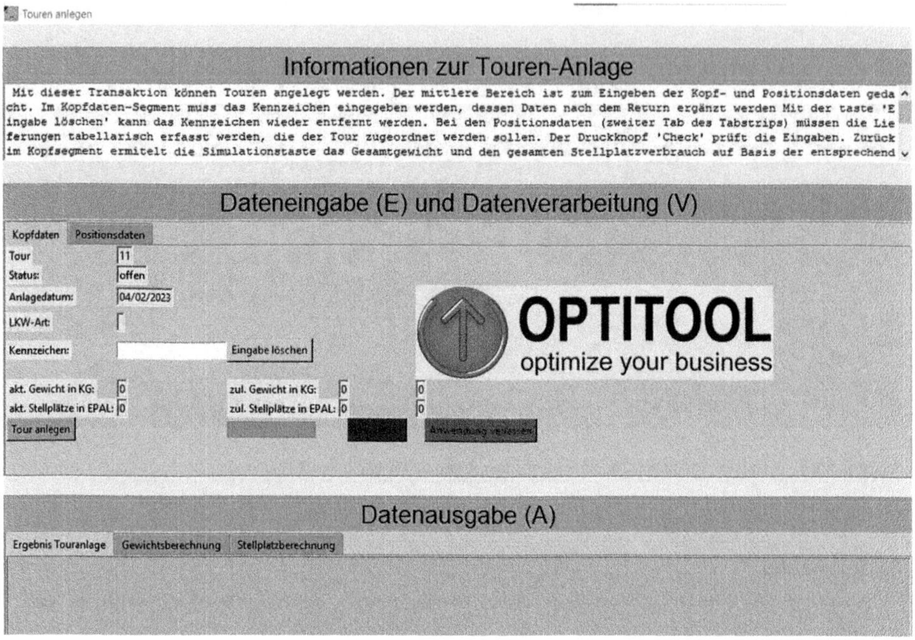

Abb. 8.143 SMILE – GUI – Touranlage

Tagesdatum vorbelegt. Auf Kopfebene ist das ‚*Kennzeichen*' des LKWs einzugeben (Abb. 8.144).

Das Fahrzeug darf noch keiner aktiven Tour zugeordnet sein. Nach manueller Eingabe des Kennzeichens füllen sich basierend aus dem Flottenstamm automatisch die ‚*LKW-Art*', das ‚*zulässige Gewicht in KG*' und die zulässigen ‚*Stellplätze in EPAL*' (Abb. 8.145).

	A	B	C	D	E	F	G	H	I	J
1	Kennzeichen	Art	Zuladung	ZulEinheit	Stellplaetze	StelEinheit	Status	Bilddatei	aktTour	lTour
2	LI-MS-0001	Caddy	800	KG	2	EPAL	offen	TRSP_DSC302	1	
3	LI-MS-0002	Sprinter	1300	KG	5	EPAL	offen	TRSP_DSC306	2	
4	LI-MS-0003	Sprinter mit Pl	1300	KG	6	EPAL	offen	TRSP_DSC306	3	
5	LI-MS-0004	7,5-Tonner	3200	KG	16	EPAL	unterwegs	FLZ_DSC3569	4	
6	LI-MS-0005	12-Tonner	5500	KG	18	EPAL	unterwegs	FLZ_DSC3626	5	
7	LI-MS-0006	Sattelzug	24000	KG	34	EPAL	unterwegs	Logo_mobilo	6	
8	LI-MS-0007	LKW mit Anhä	3500	KG	10	EPAL	erledigt	Logo_mobilog.jpg		7
9	LI-MS-0008	LKW ohne Anl	1500	KG	5	EPAL	erledigt	Logo_mobilog.jpg		8
10	LI-MS-0009	Auto	250	KG	1	EPAL	offen	Logo_mobilo	9	
11	LI-MS-0010	Auto mit Anhä	500	KG	2	EPAL	offen	Logo_mobilo	10	

Abb. 8.144 SMILE – GUI – Touranlage – Kennzeichen

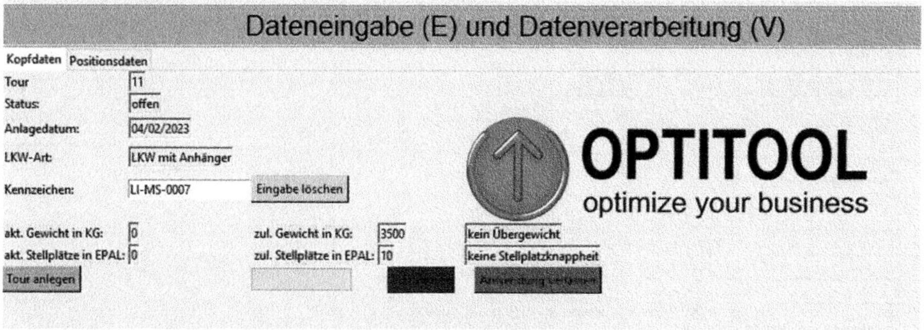

8.5 Warenausgangsprozesse

Abb. 8.145 SMILE – GUI – Touranlage – Flottendaten

Mit der gelben Taste `Eingabe löschen` kann die Eingabe des LKW-Kennzeichens rückgängig gemacht werden. Dies erreicht man auch, indem ein abweichendes LKW-Kennzeichen manuell eingegeben oder das Feld `Kennzeichen: LI-MS-0007` manuell gelöscht wird.

8.5.4.3 Positionsdaten zur Tour
Um zu den Positionsdaten zu wechseln, ist der entsprechende Reiter anzuwählen. Die Positionen einer Tour sind „*Auslieferungen*" und müssen per Nummer eingegeben werden: `Lieferung 12`. Die eingegebenen Auslieferungen werden diversen Prüfungen unterzogen (z. B. datentechnisch existent), wenn man die Tour auf Kopfebene anlegt oder den Check-Button `Check` auf Positionsebene betätigt (Abb. 8.146).

Mit den Tasten „*Position* **+** *und* **–** ", symbolisiert durch `Position +` `Position -`, können neuen Zeilen für die Eingabe weiterer Auslieferungen hinzugefügt bzw. existierende Zeilen wieder entfernt werden (Abb. 8.147).

Die Zahl neben der Taste `Position - 0` ist der Positionsbezug bei Anlage bzw. Entfernung von Positionszeilen. Die Nummerierung beginnt bei der Zahl Null.

8.5.4.4 Simulationsmodus
Im „*Simulationsmodus*" – ausgelöst durch die blaue Simulations-Taste  – werden auf Basis der Tour zugeordneten Auslieferungen das aktuelle Gewicht in KG sowie die aktuelle Anzahl an Stellplätzen in EPAL berechnet und angezeigt. Eine „*LKW-Überladung*" wird bzgl. dieser zwei Attribute überprüft (Abbs. 8.148, 8.149, und 8.150).

Eine Überladung verhindert die Touranlage nicht, sondern wird nur rein informativ angezeigt.

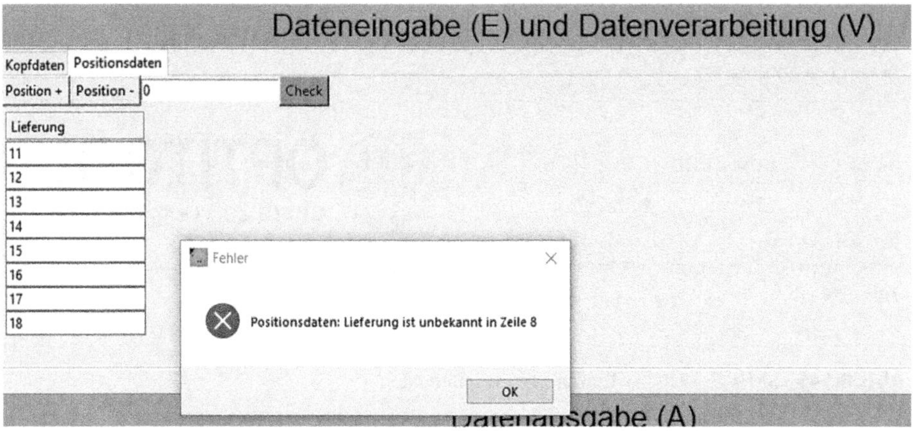

Abb. 8.146 SMILE – GUI – Touranlage – Positionen I

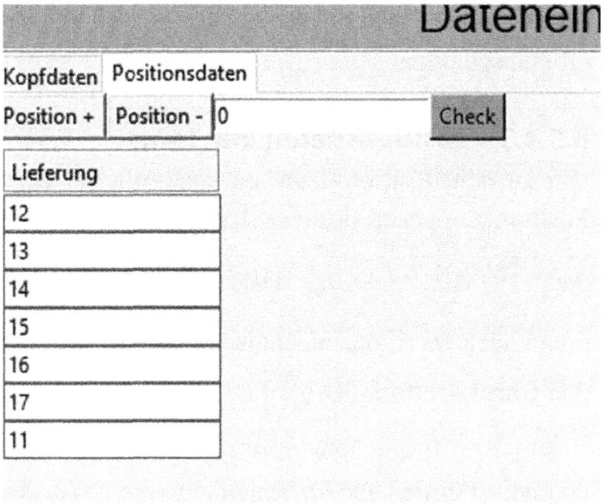

Abb. 8.147 SMILE – GUI – Touranlage – Positionen II

8.5.4.5 Touranlage

Die ‚*Touranlage*' – ausgelöst durch den grünen Button  Tour anlegen – legt die Tour auch bei einer LKW-Überladung an. Der Balken zeigt den Anlagefortschritt an. Nach Touranlage sind alle Funktionen inaktiv. Nur das Beenden des Dialogs kann noch prozessiert werden (Abbs. 8.151 und 8.152).

8.5.4.6 Logo

Das Logo mit Mouse-Over-Event und die Verlinkung zur Firma Optitool sind analog zu Abschn. 8.5.3.7 vorhanden.

8.5 Warenausgangsprozesse

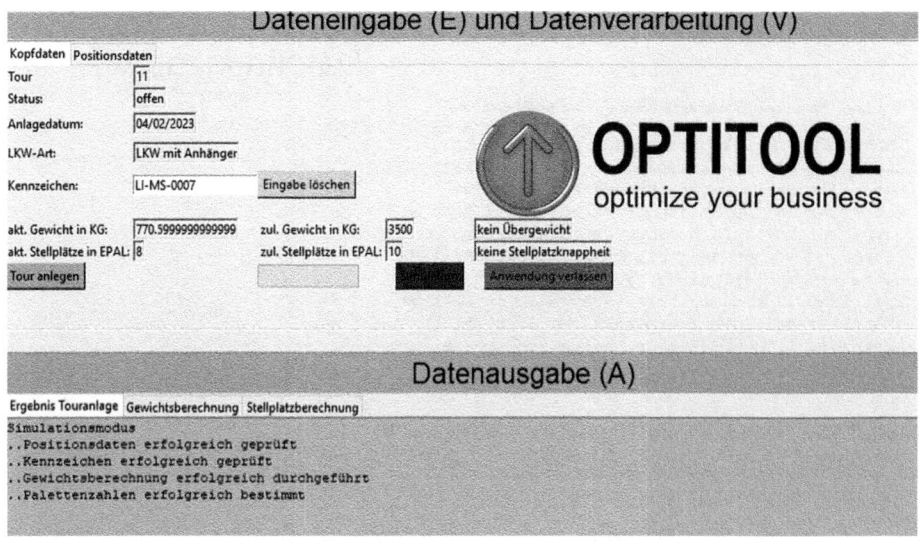

Abb. 8.148 SMILE – GUI – Touranlage – Simulation

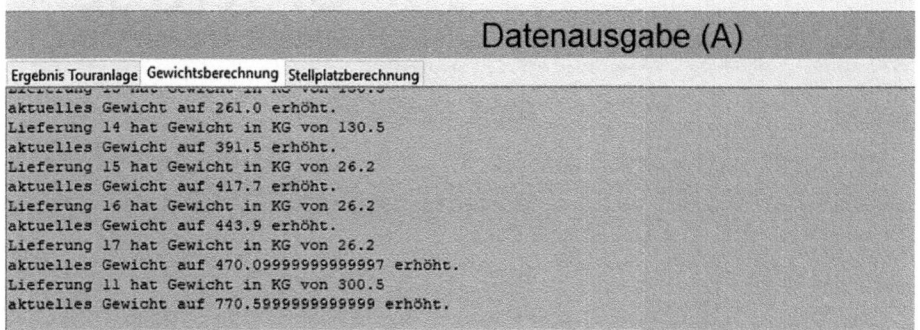

Abb. 8.149 SMILE – GUI – Touranlage – Simulation II

8.5.4.7 Beenden

Mit der roten Taste Anwendung verlassen wird die Touranlage beendet.

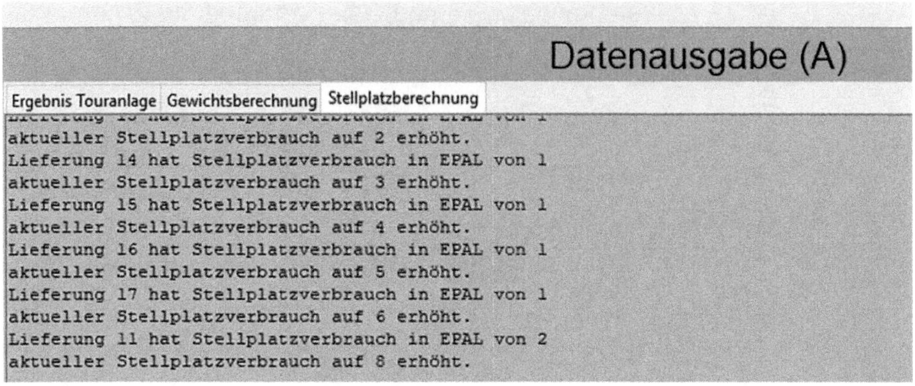
Datenausgabe (A)
Ergebnis Touranlage
Gewichtsberechnung
Stellplatzberechnung
aktueller Stellplatzverbrauch auf 2 erhöht.
Lieferung 14 hat Stellplatzverbrauch in EPAL von 1
aktueller Stellplatzverbrauch auf 3 erhöht.
Lieferung 15 hat Stellplatzverbrauch in EPAL von 1
aktueller Stellplatzverbrauch auf 4 erhöht.
Lieferung 16 hat Stellplatzverbrauch in EPAL von 1
aktueller Stellplatzverbrauch auf 5 erhöht.
Lieferung 17 hat Stellplatzverbrauch in EPAL von 1
aktueller Stellplatzverbrauch auf 6 erhöht.
Lieferung 11 hat Stellplatzverbrauch in EPAL von 2
aktueller Stellplatzverbrauch auf 8 erhöht.

Abb. 8.150 SMILE – GUI – Touranlage – Simulation III

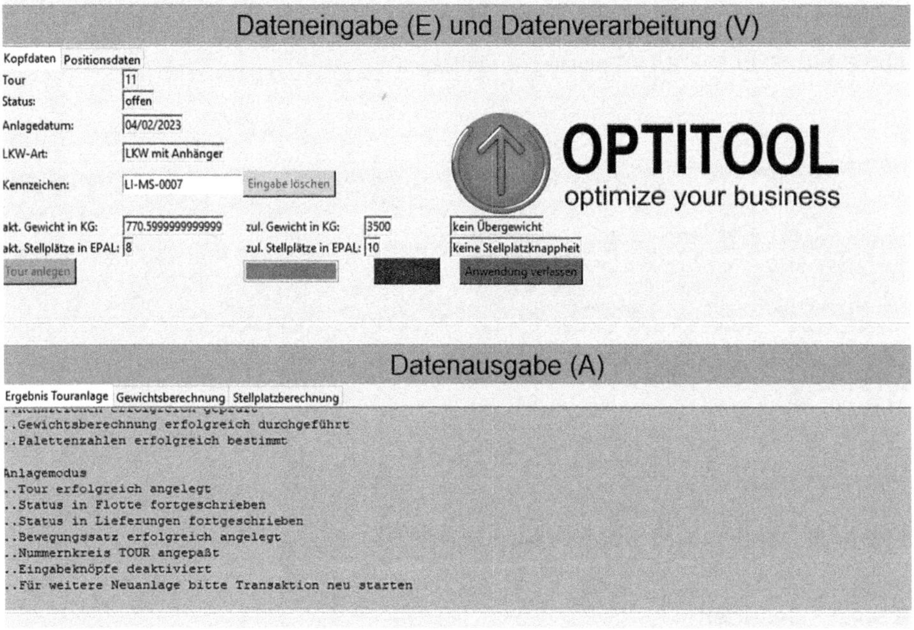
Dateneingabe (E) und Datenverarbeitung (V)
Kopfdaten
Positionsdaten
Tour
11
Status:
offen
Anlagedatum:
04/02/2023
LKW-Art:
LKW mit Anhänger
Kennzeichen:
LI-MS-0007
Eingabe löschen
OPTITOOL
optimize your business
akt. Gewicht in KG:
770.5999999999999
zul. Gewicht in KG:
3500
kein Übergewicht
akt. Stellplätze in EPAL:
8
zul. Stellplätze in EPAL:
10
keine Stellplatzknappheit
Tour anlegen
Anwendung verlassen
Datenausgabe (A)
Ergebnis Touranlage
Gewichtsberechnung
Stellplatzberechnung
..Gewichtsberechnung erfolgreich durchgeführt
..Palettenzahlen erfolgreich bestimmt
Anlagemodus
..Tour erfolgreich angelegt
..Status in Flotte fortgeschrieben
..Status in Lieferungen fortgeschrieben
..Bewegungssatz erfolgreich angelegt
..Nummernkreis TOUR angepaßt
..Eingabeknöpfe deaktiviert
..Für weitere Neuanlage bitte Transaktion neu starten

Abb. 8.151 SMILE – GUI – Touranlage – Anlage

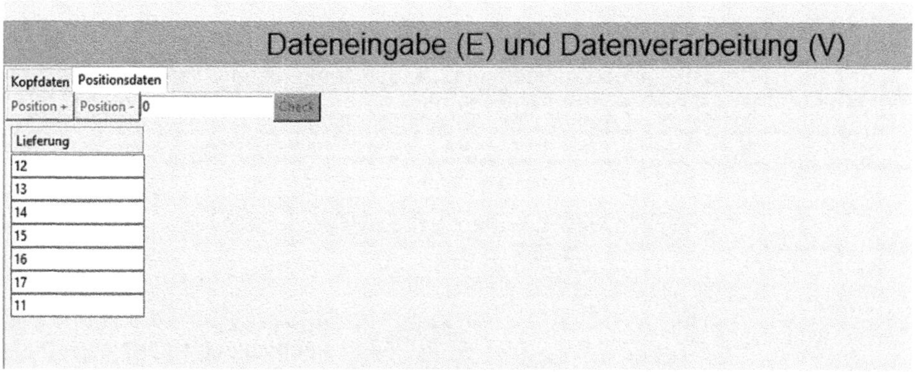

8.6 Interne Bewegungen

Abb. 8.152 SMILE – GUI – Touranlage – Anlage II

8.6 Interne Bewegungen

8.6.1 Umlagern

Eine lagerinterne Umlagerung kann im Menü über ‚*interne Bewegungen -> Umlagern*' gestartet werden (Abbs. 8.153 und 8.154):

Das ‚*Gebinde*' kann dabei entweder manuell eingegeben oder mit dem Button

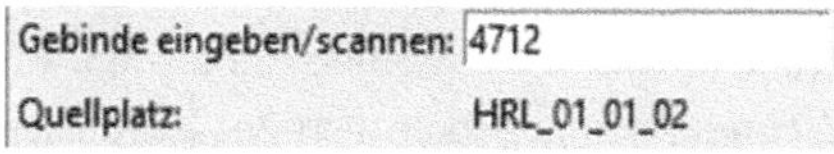

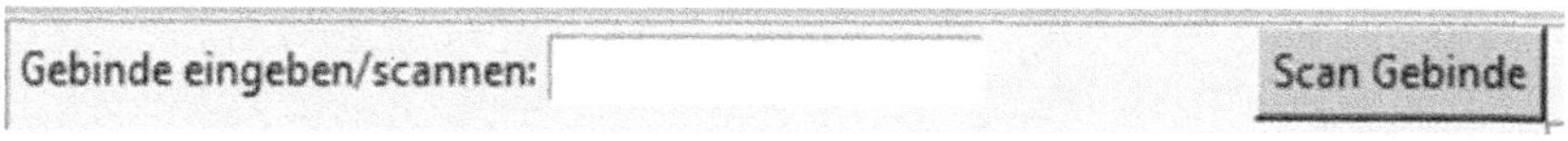

eingescannt werden. Beide Vorgehensweisen werden folgend exemplarisch durchgeführt. Zum Gebindescan benötigt man einen ‚*QR-Barcode*', der wie in Abschn. 8.8 geschildert erzeugt werden kann. Den QR-Barcode kann man beim Scan-Vorgang vor die Kamera halten.

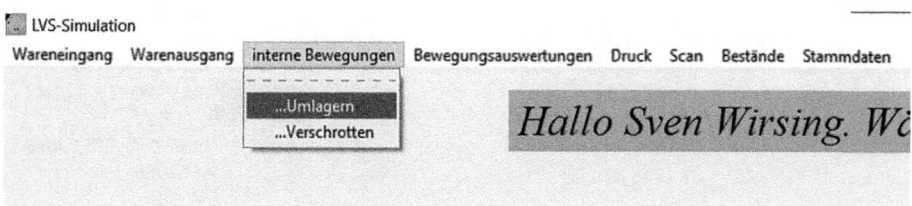

Abb. 8.153 SMILE – Menü – Umlagerung

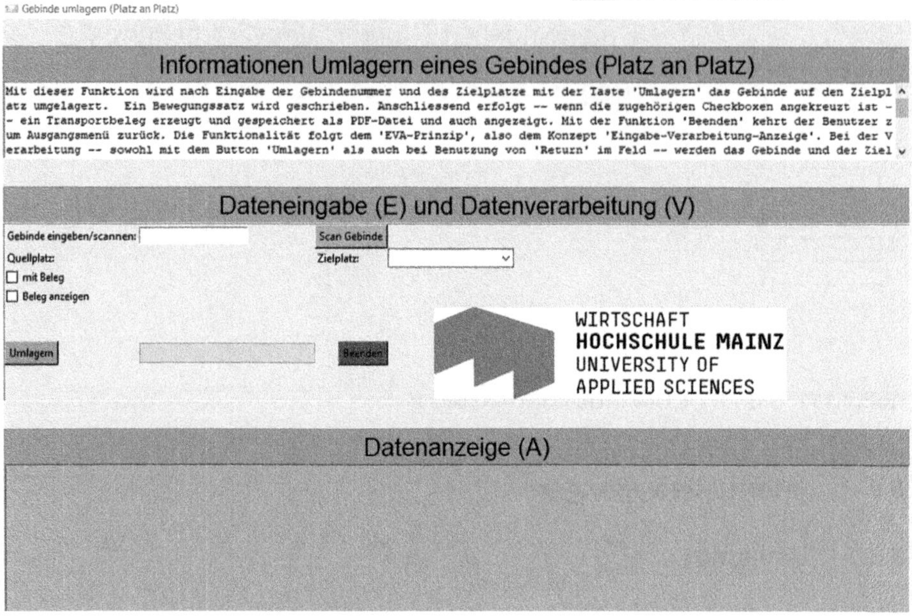

Abb. 8.154 SMILE – GUI – Umlagerung

Nach der Gebinde-Eingabe wird der aktuelle ‚*Quellplatz*' des Gebindes angezeigt. Für die weitere Verarbeitung muss zwingend ein ‚*Zielplatz*' eingegeben werden. Zu diesem Zweck ist eine Wertehilfe vorhanden (Abb. 8.155).

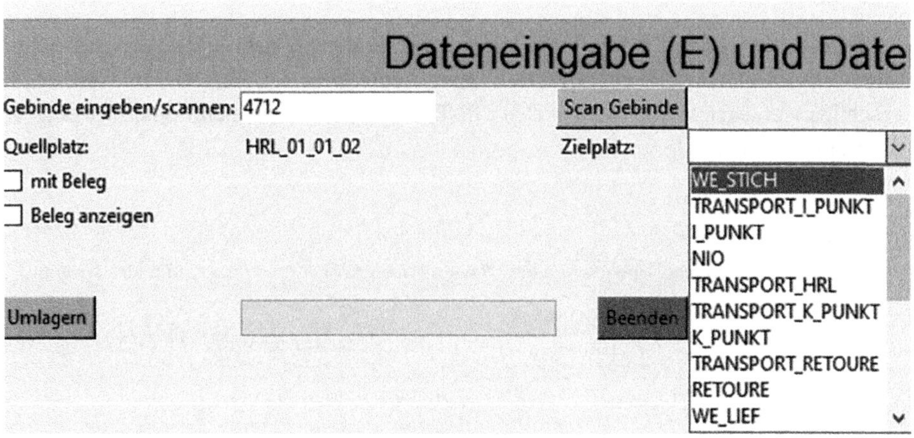

Abb. 8.155 SMILE – GUI – Umlagerung – Platzeingabe

8.6 Interne Bewegungen

Abb. 8.156 SMILE – GUI – Umlagerung – Logo Hochschule Mainz

Mit den Checkboxen ☑ mit Beleg ☑ Beleg anzeigen kann beim Umlagern ein Umlagerungsbeleg im PDF-Format erzeugt und auf dem Bildschirm angezeigt werden.

Mit dem grünen Button Umlagern wird die Umlagerung prozessiert. Der Balken zeigt den Fortschritt der Umlagerungs-Anlage an.

Es werden ähnliche Prüfungen und Aktionen (Temperatur, Kapazitäten etc.) wie bei der Einlagerung (siehe Abschn. 8.4.6) durchgeführt.

Auf dem Fenster ist das Mouse-Over-aktive Logo der Hochschule Mainz platziert (Abb. 8.156).

Durch Anklicken des Logos gelangt man auf die entsprechende Homepage, die im Browser angezeigt wird (Abb. 8.157).

Mit dem roten Button Beenden wird der Umlagerungs-Dialog geschlossen.

8.6.1.1 Umlagern ohne Scan

In diesem Abschnitt wird auf das Umlagern ‚*ohne Gebinde-Scan mit Belegerzeugung und -anzeige*' eingegangen. Nach Eingabe aller Daten kann auf folgendem Fenster (Abb. 8.158) der Button Umlagern betätigt werden. Daraufhin erscheint im Bereich der Datenanzeige ein Protokoll zur durchgeführten Umlagerung (Abb. 8.159).

Gleichzeitig wird ein Transportbeleg im Browser angezeigt (Abb. 8.160).

Das Dokument ist auch im SMILE-Projektordner abgelegt (Abb. 8.161):

8.6.1.2 Umlagern mit Scan

In diesem Abschnitt wird das Umlagern ‚*mit Gebinde-Scan ohne Transportbelegerzeugung*' geschildert. Mit dem Button

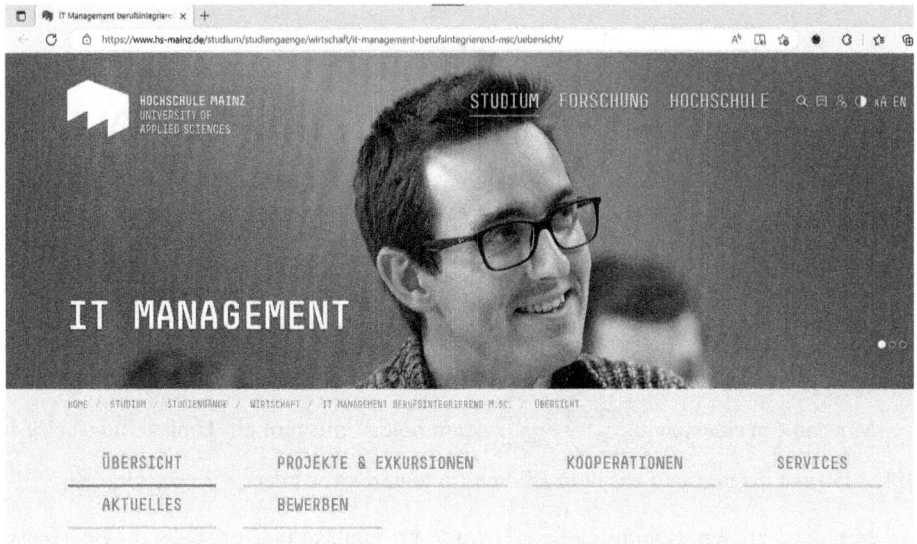

Abb. 8.157 SMILE – GUI – Umlagerung – Homepage Hochschule Mainz

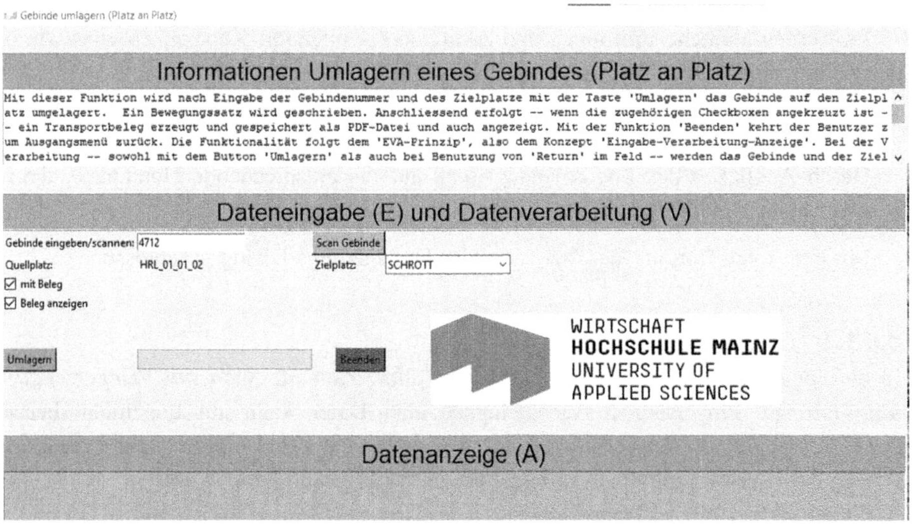

Abb. 8.158 SMILE – GUI – Umlagerung – ohne Scan

8.6 Interne Bewegungen

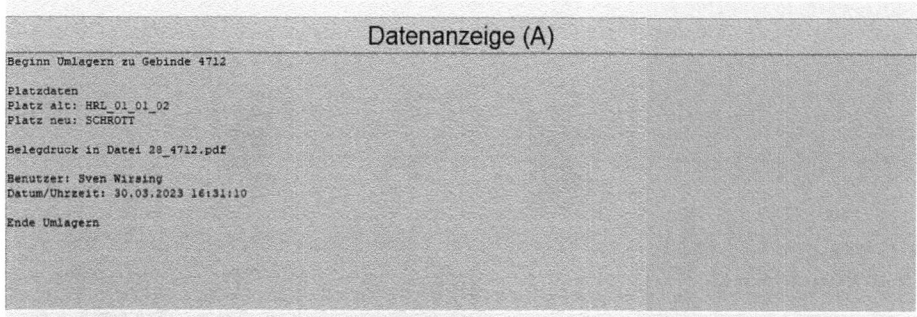

Abb. 8.159 SMILE – GUI – Umlagerung – ohne Scan – Protokoll

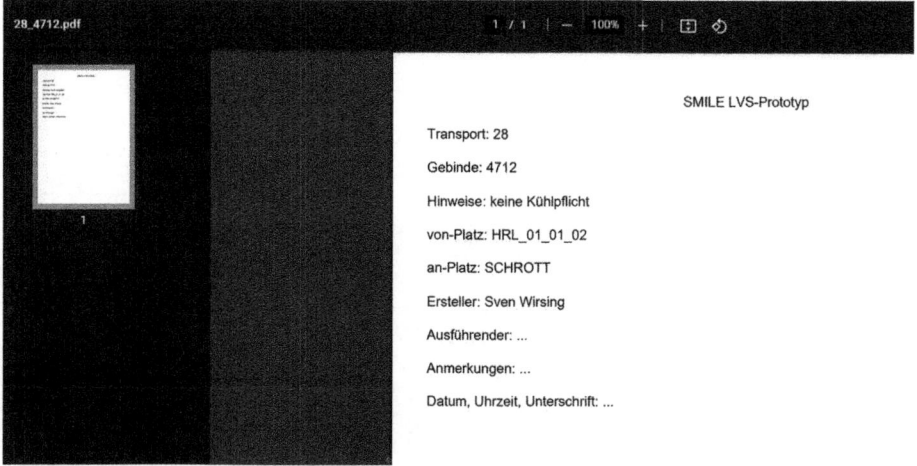

Abb. 8.160 SMILE – GUI – Umlagerung – ohne Scan – Dateianzeige

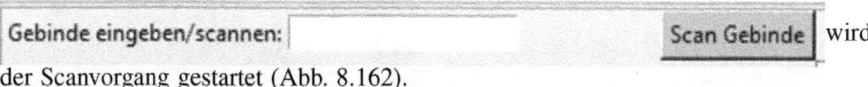

wird der Scanvorgang gestartet (Abb. 8.162).

Nach erfolgreichem Scan sind die Felder *'Gebinde'* und *'Quellplatz'* automatisch gefüllt. Der *'Zielplatz'* muss manuell eingegeben werden, hier beispielsweise durch Verwendung des Lagerplatzes *'SCHROTT'*(Abb. 8.163) *:*

Wird kein Zielplatz eingegeben, erscheint eine Fehlermeldung (Abb. 8.164).
Im Erfolgsfall wird die Umlagerung durchgeführt (Abb. 8.165).

Abb. 8.161 SMILE – GUI – Umlagerung – ohne Scan – Dateiablage

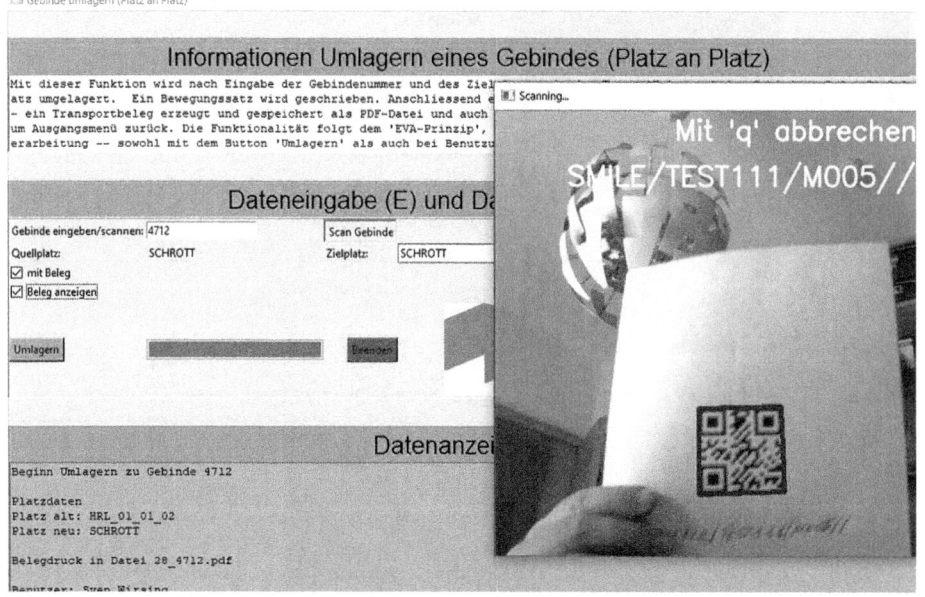

Abb. 8.162 SMILE – GUI – Umlagerung – mit Scan

8.6 Interne Bewegungen

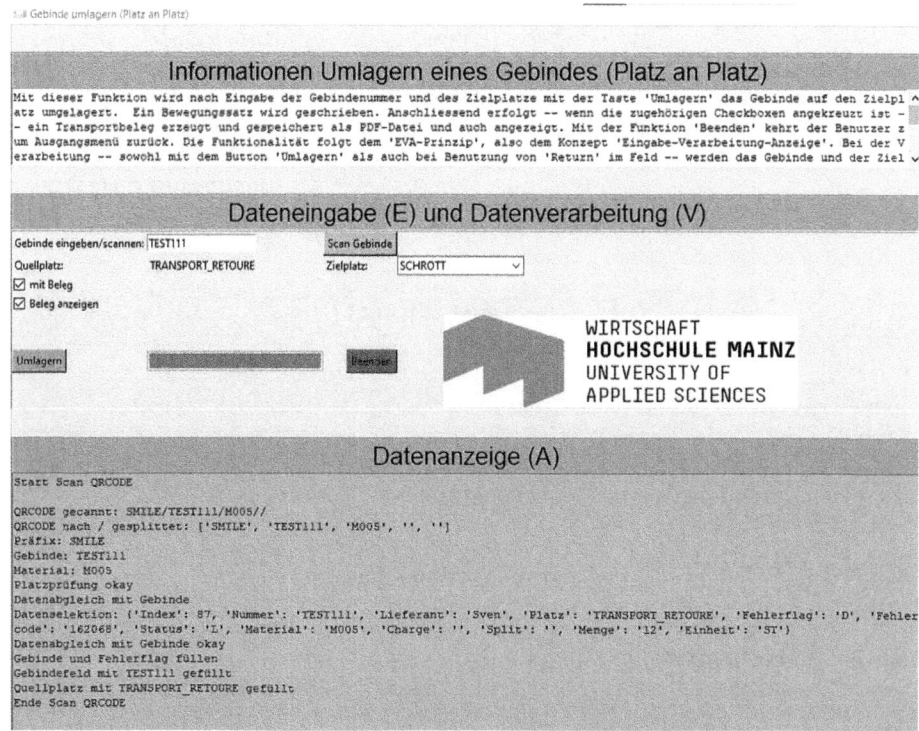

Abb. 8.163 SMILE – GUI – Umlagerung – mit Scan – Zielplatzeingabe

Abb. 8.164 SMILE – GUI – Umlagerung – mit Scan – Fehlermeldung ohne Zielplatz

```
                    Dateneingabe (E) und Datenverarbeitung (V)
Gebinde eingeben/scannen: TEST111        Scan Gebinde
Quellplatz:        HRL_01_01_06          Zielplatz:  HRL_01_01_06
☑ mit Beleg
☑ Beleg anzeigen

 Umlagern                                 Beenden               WIRTSCHAFT
                                                                HOCHSCHULE MAINZ
                                                                UNIVERSITY OF
                                                                APPLIED SCIENCES

                          Datenanzeige (A)
Beginn Umlagern zu Gebinde TEST111

Platzdaten
Platz alt: TRANSPORT_RETOURE
Platz neu: HRL_01_01_06

Belegdruck in Datei 29_TEST111.pdf

Benutzer: Sven Wirsing
Datum/Uhrzeit: 30.03.2023 16:38:17

Ende Umlagern
```

Abb. 8.165 SMILE – GUI – Umlagerung – mit Scan – Ergebnis

8.6.2 Verschrotten

Das Verschrotten eines Gebindes erreicht man im Menü über Auswahl des Unterpunktes *‚interne Bewegungen - > Verschrotten'* (Abbs. 8.166 und 8.167).

Das Gebinde-Feld `Gebinde eingeben:` sowie das Feld `Grund eingeben:` für den Grund der Verschrottung sind Mussfelder. Werden nicht beide Felder gefüllt, bricht der Dialog nach Betätigung der grünen Taste `Verschrotten` mit einer Fehlermeldung ab (Abb. 8.168).

Ebenso wird geprüft, ob das Gebinde IT-seitig existiert (Abb. 8.169),
ob der Status *‚im Lager = L'* vorliegt (Abb. 8.170)
und ob das Gebinde am Schrottplatz *‚SCHROTT'* ist (Abb. 8.171).

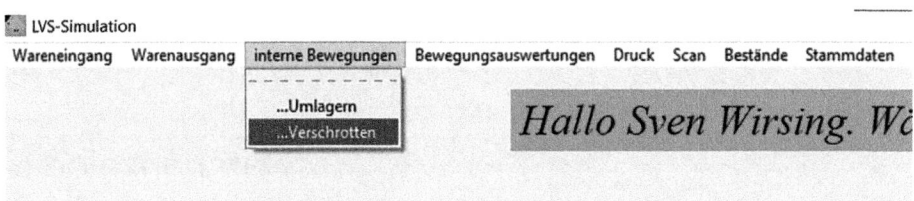

Abb. 8.166 SMILE – Menü – Verschrotten

8.6 Interne Bewegungen

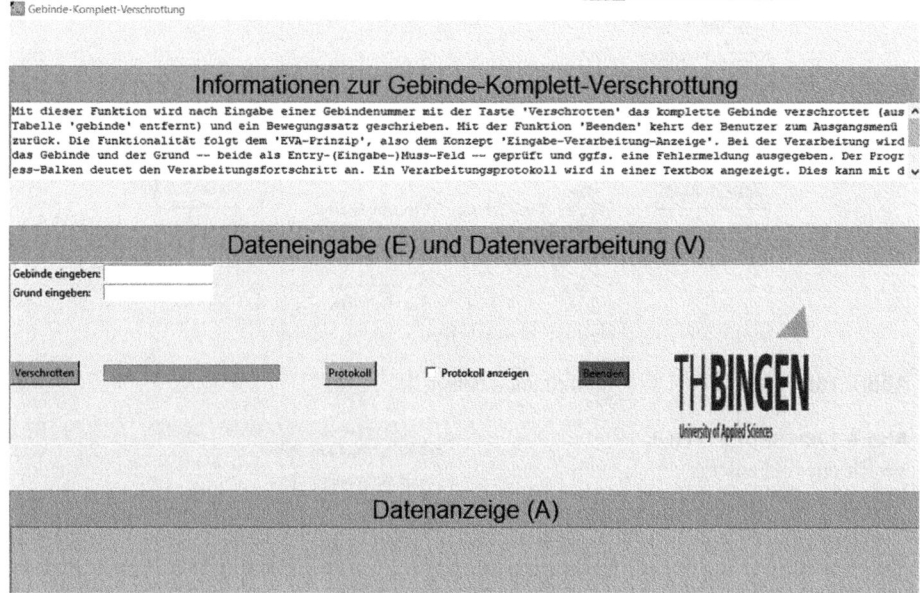

Abb. 8.167 SMILE – GUI – Verschrotten

Abb. 8.168 SMILE – GUI – Verschrotten – Fehler

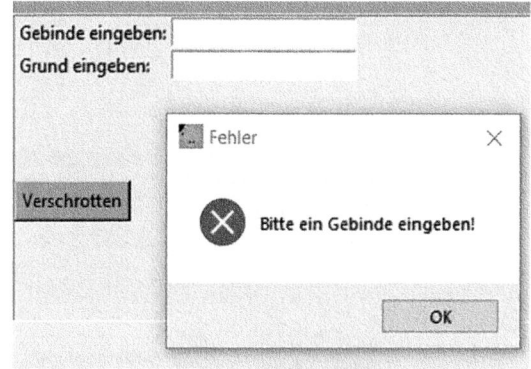

Ggfs. muss also vor der Verschrottung eine Umlagerung des Gebindes auf den Platz ‚*SCHROTT'* vollzogen werden. Hat man ein für die Verschrottung sinnvolles Gebinde eingegeben, zeigt nach dem Druck auf die grüne Taste ‚*Verschrotten'* der Balken ▬▬▬▬▬ den Fortschritt der Buchung an. Als Ergebnis wird ein Protokoll im unteren Fenster-Bereich eingeblendet (Abb. 8.172).

Mit der Taste Protokoll ☑ Protokoll anzeigen kann das Protokoll als PDF-Datei gespeichert werden (Abb. 8.173).

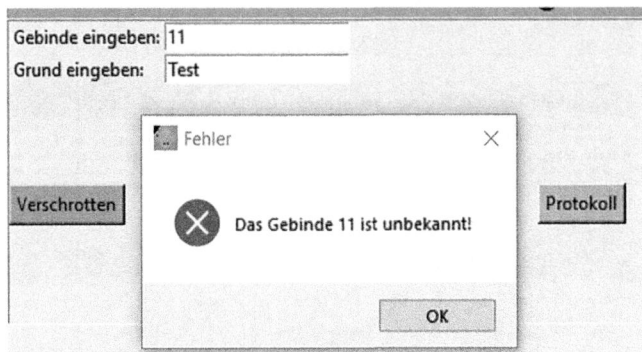

Abb. 8.169 SMILE – GUI – Verschrotten – Fehler II

Abb. 8.170 SMILE – GUI – Verschrotten – Fehler III

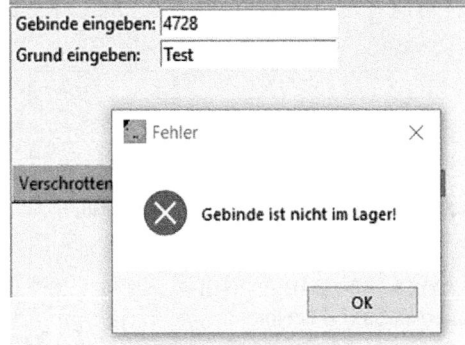

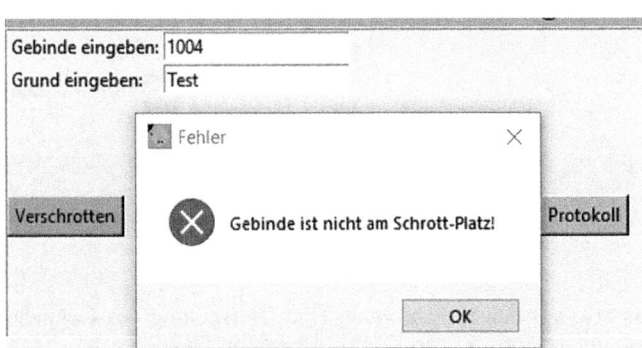

Abb. 8.171 SMILE – GUI – Verschrotten – Fehler IV

8.6 Interne Bewegungen

```
Dateneingabe (E) und Datenvera
Gebinde eingeben: 1004
Grund eingeben:   Test Sven

Verschrotten                              Protokoll    ☐ Protokoll anzeigen


Datenanzeige (A)
Beginn Verschrottungsbuchung zu Gebinde 1004

Gebinde mit Bestand verschrottet

Bewegungssatz ist geschrieben:
Bewegungsart: HU_SCHR
Lieferant: sven
Benutzer: Sven Wirsing
Fehlerflag:
Fehlercode: 0
Platz: SCHROTT
Material: M004
```

Abb. 8.172 SMILE – GUI – Verschrotten – Ergebnis

Abb. 8.173 SMILE – GUI – Verschrotten – Information

Durch Markieren der Checkbox *‚Protokoll anzeigen'* wird das Verschrottungsdokument angezeigt (Abb. 8.174).

Das Logo der TH-Bingen ist im GUI-Dialog mit einem Mouse-Over-Event ausgestattet (Abb. 8.175).

Durch Anklicken des Logos gelangt man auf die Homepage der TH Bingen (Abb. 8.176).

Mit der roten Taste **Beenden** wird der Verschrottungs-Dialog geschlossen.

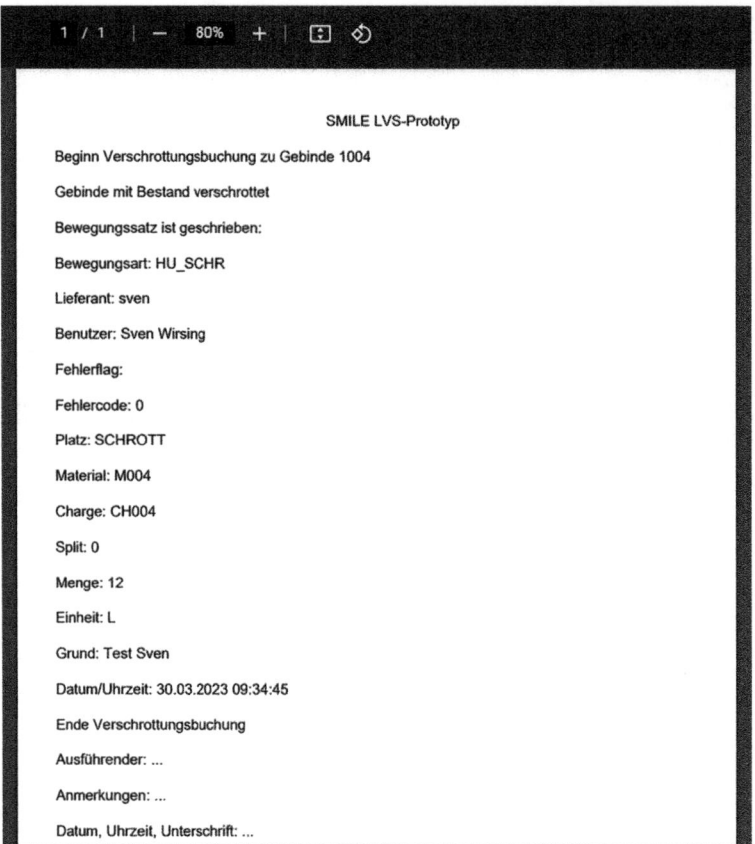

Abb. 8.174 SMILE – GUI – Verschrotten – Verschrottungsprotokoll

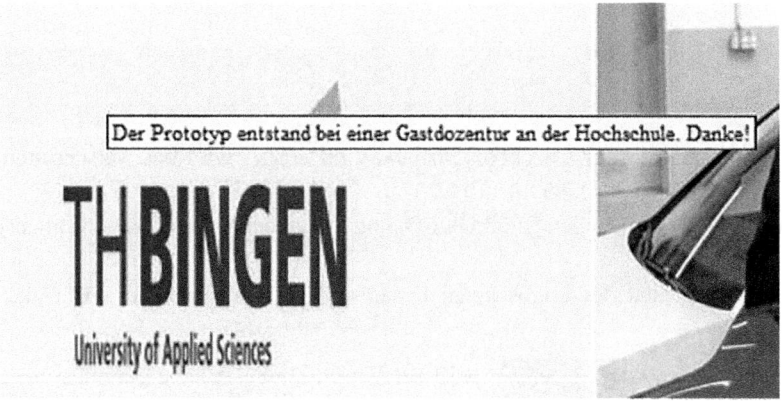

Abb. 8.175 SMILE – GUI – Verschrotten – Logo

8.7 Bewegungsauswertungen

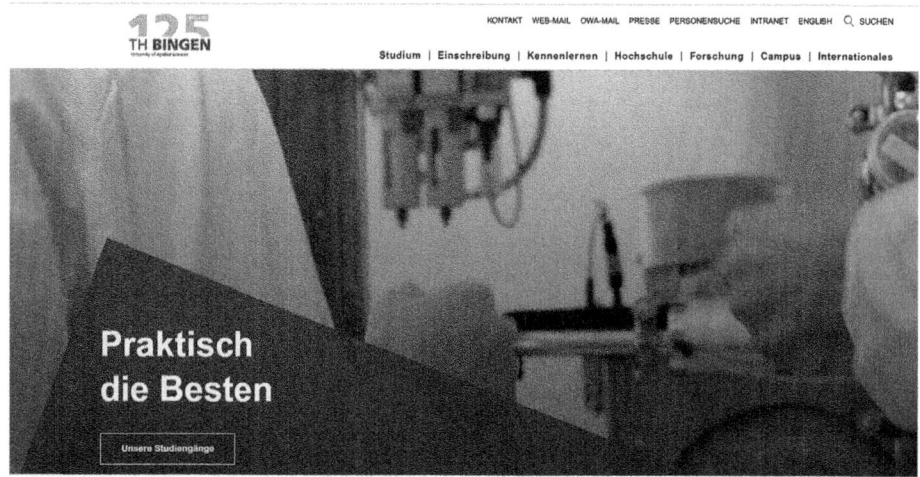

Abb. 8.176 SMILE – GUI – Verschrotten – Homepage TH Bingen

8.7 Bewegungsauswertungen

8.7.1 alle Bewegungen

Die Bewegungsauswertung erreicht man mittels Menü-Punkt ‚*Bewegungsauswertung - > alle Bewegungen*'(Abb. 8.177).

Es öffnet sich nachfolgender Dialog (Abb. 8.178):

Nach dem Ausfüllen der ‚*Selektionsbedingungen*' und Betätigen der Taste Bewegungen anzeigen ist beispielhaft im nächsten Screenshot ein Selektionsergebnis dargestellt. Dabei wird ein Tabstrip mit drei Reitern benutzt, wobei zunächst der erste Reiter ‚*Ergebnisliste*' gefüllt ist. Die Selektionsbedingungen können (Abb. 8.179) beeinflusst werden:

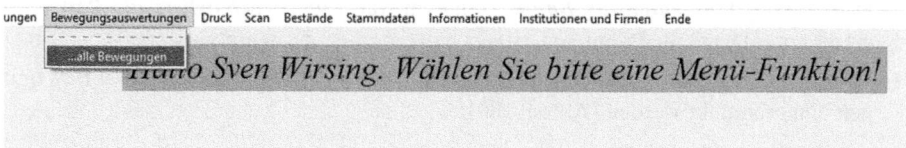

Abb. 8.177 SMILE – Menü – Bewegungen

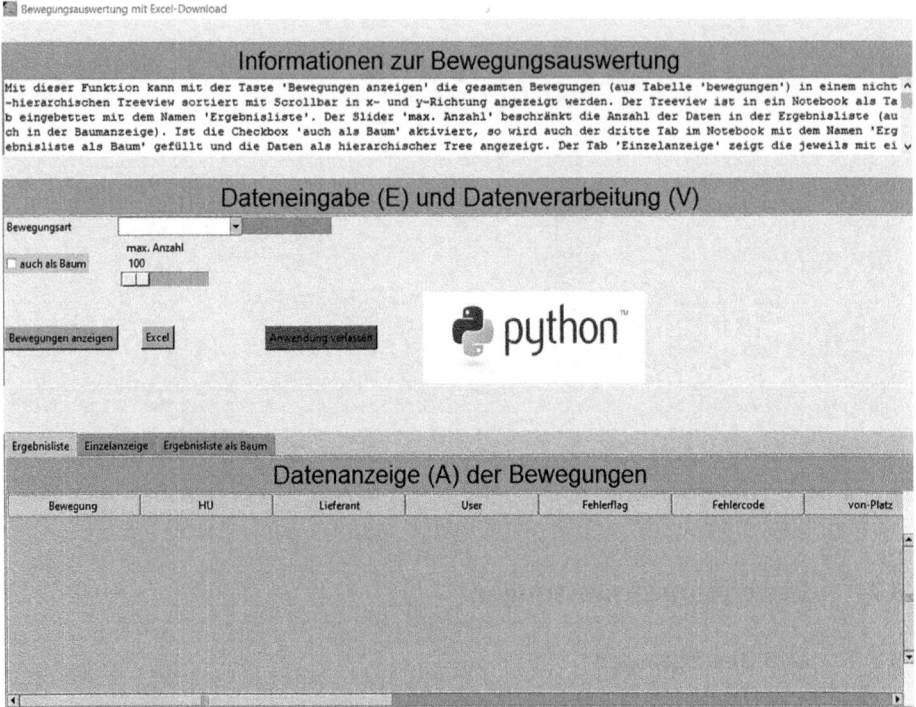

Abb. 8.178 SMILE – GUI – Bewegungen

Abb. 8.179
SMILE – GUI – Bewegungen –
Selektionsbedingungen

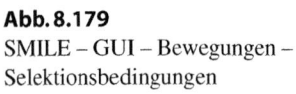

- Die *‚Bewegungsart'* kann mittels Dropdown-Hilfe vorbelegt werden. Sie kann auch leergelassen werden. In diesem Fall werden alle Bewegungsarten berücksichtigt.
- Das Ankreuzfeld *‚auch als Baum'* zeigt im Tabstrip *‚Ergebnisliste als Baum'* die selektierten Daten als Baum an.
- Über das Feld *‚max. Anzahl'* kann die Trefferzahl = Anzahl an selektierten Bewegungen eingeschränkt werden (Abb. 8.180).

Durch einen Doppelklick in eine Ergebniszeile wird diese markiert und der Reiter *‚Einzelanzeige'* entsprechend gefüllt (Abb. 8.181).

Wie bereits beschrieben, kann das Ergebnis auch als *‚Baum'* angezeigt werden (Abb. 8.182).

8.7 Bewegungsauswertungen

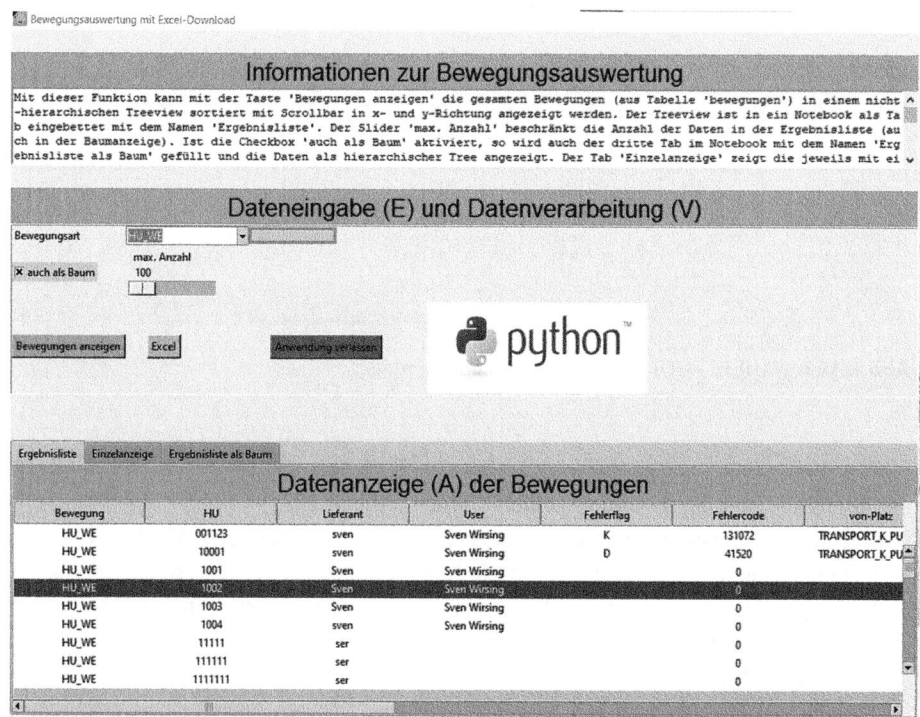

Abb. 8.180 SMILE – GUI – Bewegungen – Ergebnis

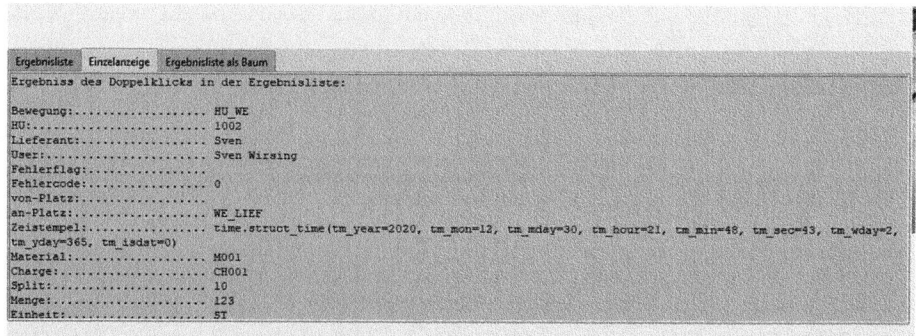

Abb. 8.181 SMILE – GUI – Bewegungen – Einzelanzeige

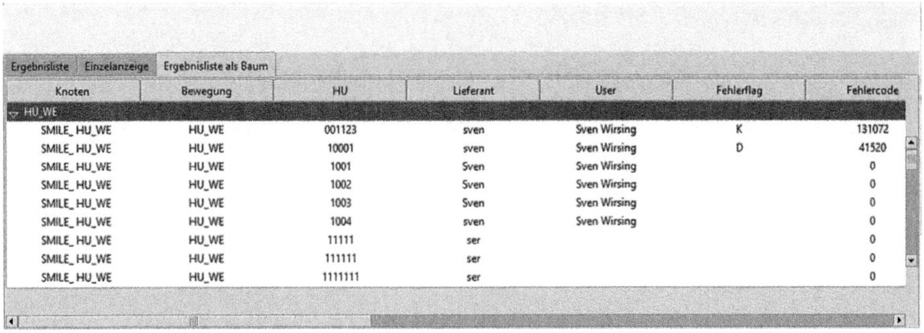

Abb. 8.182 SMILE – GUI – Bewegungen – Baumanzeige

Mit der Taste ![Excel] kann ein ‚*Excel-Download*' sämtlicher – und nicht der selektierten – Bewegungen durchgeführt werden (Abb. 8.183).

Nach erfolgreichem Download erscheint ein Informationsfenster (Abb. 8.184).

Die entstandene Excel-Datei kann nach dem Download geöffnet werden (Abb. 8.185).

Sie zeigt alle Bewegungen aus der CSV-Datei ‚*bewegungen.csv*' an (Abb. 8.186).

Auf dem Bildschirm befindet sich ein Python-Logo, daß per Mouse-Over-Event einen Text anzeigt (Abb. 8.187).

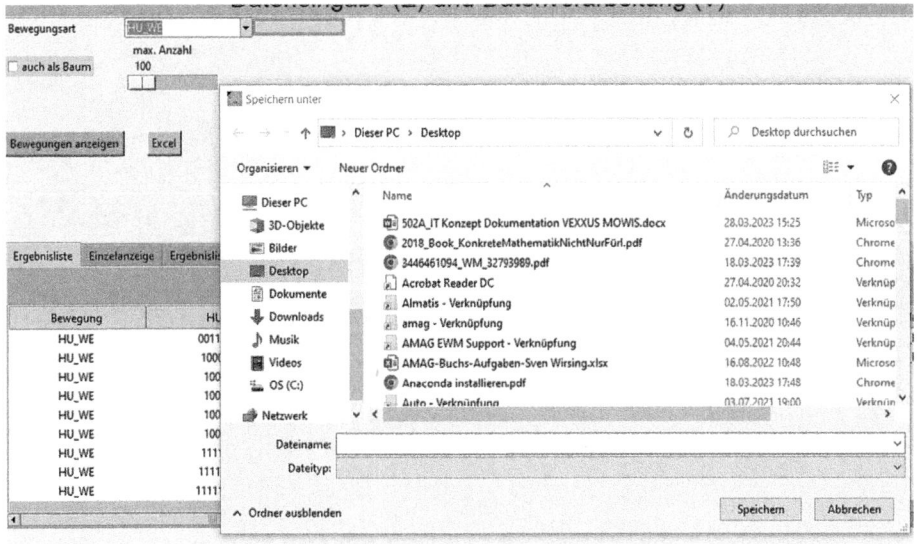

Abb. 8.183 SMILE – GUI – Bewegungen – Excel-Download

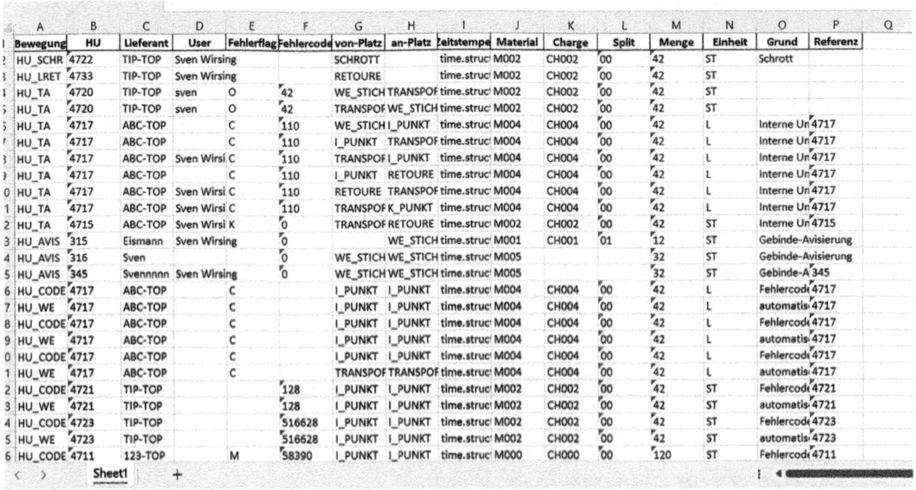

Abb. 8.184 SMILE – GUI – Bewegungen – Excel-Download – Informationsfenster

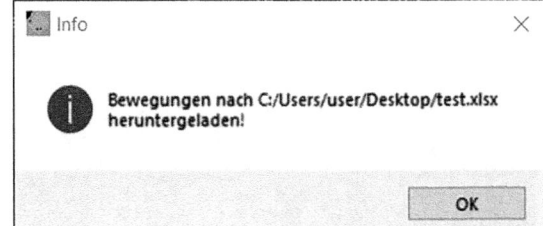

Abb. 8.185 SMILE – GUI – Bewegungen – Exceldatei

Bewegung	HU	Lieferant	User	Fehlerflag	Fehlercode	von-Platz	an-Platz	Zeitstempe	Material	Charge	Split	Menge	Einheit	Grund	Referenz
HU_SCHR	4722	TIP-TOP	Sven Wirsing			SCHROTT		time.struc	M002	CH002	00	42	ST	Schrott	
HU_LRET	4733	TIP-TOP	Sven Wirsing			RETOURE		time.struc	M002	CH002	00	42	ST		
HU_TA	4720	TIP-TOP	sven	O	42	WE_STICH	TRANSPOF	time.struc	M002	CH002	00	42	ST		
HU_TA	4720	TIP-TOP	sven	O	42	TRANSPOF	WE_STICH	time.struc	M002	CH002	00	42	ST		
HU_TA	4717	ABC-TOP		C	110	WE_STICH	I_PUNKT	time.struc	M004	CH004	00	42	L	Interne Ur	4717
HU_TA	4717	ABC-TOP		C	110	I_PUNKT	TRANSPOF	time.struc	M004	CH004	00	42	L	Interne Ur	4717
HU_TA	4717	ABC-TOP	Sven Wirsi	C	110	TRANSPOF	I_PUNKT	time.struc	M004	CH004	00	42	L	Interne Ur	4717
HU_TA	4717	ABC-TOP		C	110	I_PUNKT	RETOURE	time.struc	M004	CH004	00	42	L	Interne Ur	4717
HU_TA	4717	ABC-TOP	Sven Wirsi	C	110	RETOURE	TRANSPOF	time.struc	M004	CH004	00	42	L	Interne Ur	4717
HU_TA	4717	ABC-TOP	Sven Wirsi	C	110	TRANSPOF	K_PUNKT	time.struc	M004	CH004	00	42	L	Interne Ur	4717
HU_TA	4715	ABC-TOP	Sven Wirsi	K	0	TRANSPOF	RETOURE	time.struc	M002	CH002	00	42	ST	Interne Ur	4715
HU_AVIS	315	Eismann	Sven Wirsing		0		WE_STICH	time.struc	M001	CH001	01	12	ST	Gebinde-Avisierung	
HU_AVIS	316	Sven			0	WE_STICH	WE_STICH	time.struc	M005			32	ST	Gebinde-Avisierung	
HU_AVIS	345	Svennnnn	Sven Wirsing		0	WE_STICH	WE_STICH	time.struc	M005			32	ST	Gebinde-A	345
HU_CODE	4717	ABC-TOP		C		I_PUNKT	I_PUNKT	time.struc	M004	CH004	00	42	L	Fehlercod	4717
HU_WE	4717	ABC-TOP		C		I_PUNKT	I_PUNKT	time.struc	M004	CH004	00	42	L	automatis	4717
HU_CODE	4717	ABC-TOP		C		I_PUNKT	I_PUNKT	time.struc	M004	CH004	00	42	L	Fehlercod	4717
HU_WE	4717	ABC-TOP		C		I_PUNKT	I_PUNKT	time.struc	M004	CH004	00	42	L	automatis	4717
HU_CODE	4717	ABC-TOP		C		I_PUNKT	I_PUNKT	time.struc	M004	CH004	00	42	L	Fehlercod	4717
HU_WE	4717	ABC-TOP		C		TRANSPOF	TRANSPOF	time.struc	M004	CH004	00	42	L	automatis	4717
HU_CODE	4721	TIP-TOP			128	I_PUNKT	I_PUNKT	time.struc	M002	CH002	00	42	ST	Fehlercod	4721
HU_WE	4721	TIP-TOP			128	I_PUNKT	I_PUNKT	time.struc	M002	CH002	00	42	ST	automatis	4721
HU_CODE	4723	TIP-TOP			516628	I_PUNKT	I_PUNKT	time.struc	M002	CH002	00	42	ST	Fehlercod	4723
HU_WE	4723	TIP-TOP			516628	I_PUNKT	I_PUNKT	time.struc	M002	CH002	00	42	ST	automatis	4723
HU_CODE	4711	123-TOP		M	58390	I_PUNKT	I_PUNKT	time.struc	M000	CH000	00	120	ST	Fehlercod	4711

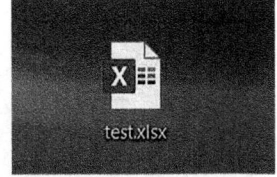

Abb. 8.186 SMILE – GUI – Bewegungen – Exceldateianzeige

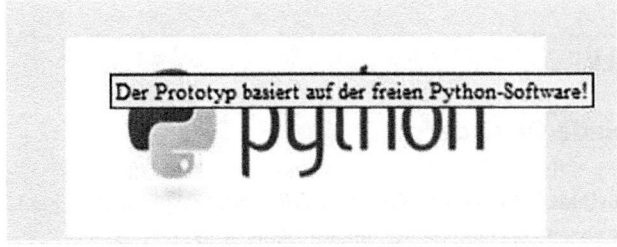

Abb. 8.187 SMILE – GUI – Bewegungen – Python-Logo

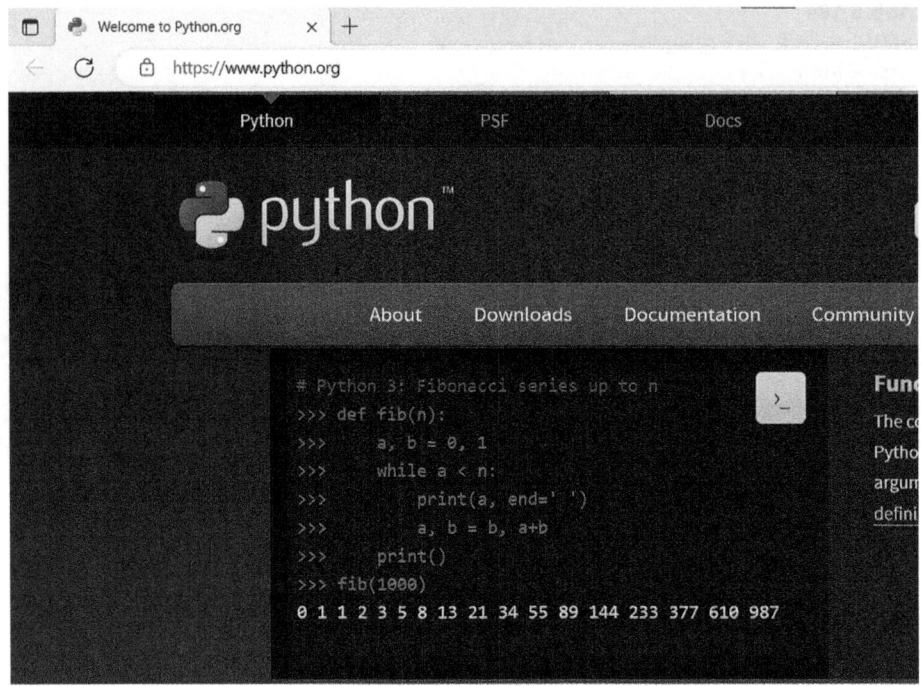

Abb. 8.188 SMILE – GUI – Bewegungen – Python-Homepage

Klickt man auf das Logo, wird im Browser die Homepage von Python geöffnet (Abb. 8.188).

Mit der roten Drucktaste Anwendung verlassen wird die Bewegungsauswertung geschlossen.

Die in Abschn. 8.6.2 verschrotteten Gebinde sind in der Auswertung mittels Bewegungsart ‚*HU_SCHR*' ersichtlich (Abb. 8.189):

Auch die per Lieferantenretoure in Abschn. 8.4.7 abgewickelten Gebinde sind durch Verwendung der Bewegungsart ‚*HU_LRET*' selektierbar (Abb. 8.190):

8.8 Druck

8.8.1 Gebinde QR-Code

Mit dem Menü-Punkt ‚*Druck* - > *Gebinde-QR-Code*' (Abb. 8.191) kann man QR-Codes zu in SMILE existenten Gebinden erzeugen (Abb. 8.192).

8.8 Druck

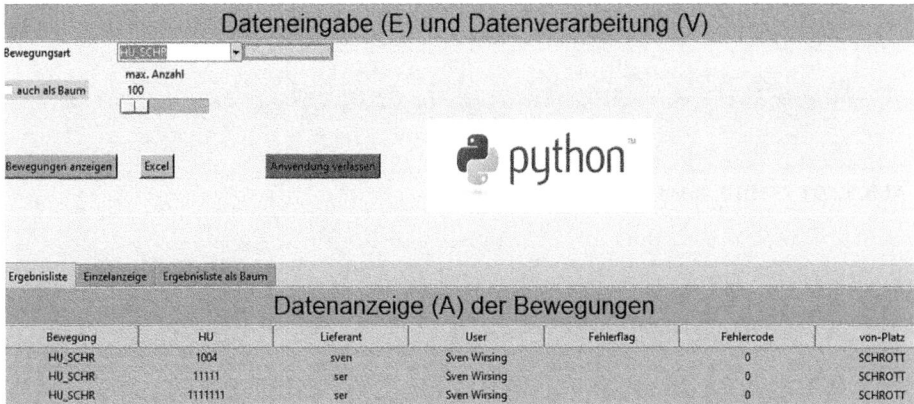

Abb. 8.189 SMILE – GUI – Bewegungen – Verschrottung

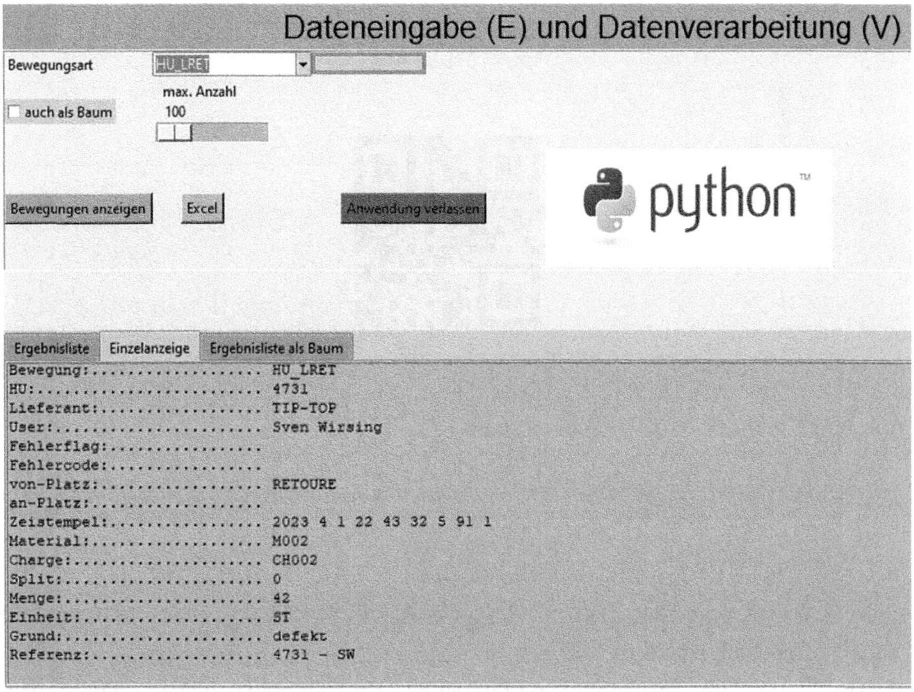

Abb. 8.190 SMILE – GUI – Bewegungen – Lieferantenretoure

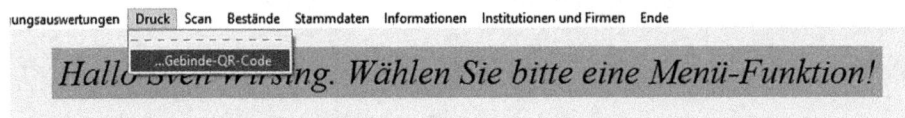

Abb. 8.191 SMILE – Menü – Druck QR-Barcode

Abb. 8.192 SMILE – GUO – Druck QR-Barcode

Über das Mussfeld Bitte das Gebinde eingeben: ist zwingend ein *„Gebinde'* einzugeben. Der Button Gebinde-QR-Code erstellen erzeugt den *„QR-Barcode'* zum Gebindeinhalt. Dabei zeigt der Balken den Fortschritt der Barcode-Erstellung an (Abb. 8.193).

Die QR-Barcode-Datei ist im PNG-Format abgespeichert und befindet sich im SMILE-Projektordner (Abb. 8.194).

Sie kann geöffnet und z. B. auf einem Drucker ausgedruckt werden. Natürlich kann sie auch mit einem Handy abfotografiert oder auf dieses übertragen werden. Der Barcode kann in diversen Prozessen (siehe etwa Abschnitte 8.4, 8.6 oder 8.9) für einen Gebinde-Scan genutzt werden. Öffnet man die Barcode-PNG-Datei, erhält man folgendes Bild (Abb. 8.195):

8.8 Druck

Abb. 8.193 SMILE – GUI – Druck QR-Code – erzeugt

Abb. 8.194 SMILE – GUI – Druck QR-Code – Ablage der Datei

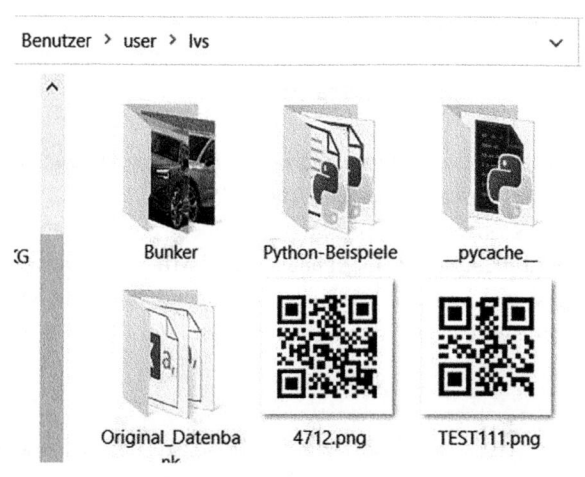

Mithilfe des roten Buttons  kann die Druck-Abwicklung geschlossen werden.

Abb. 8.195 SMILE – GUI – Druck QR-Code – Öffnen der Datei

8.9 Scan

8.9.1 QR-Code scannen

Mit dem Menü-Punkt ‚*Scan - > QR-Code scannen*' können die in Abschn. 8.8 gedruckten Labels gescannt werden (Abb. 8.196):

Es öffnet sich folgend die Kamera am PC/Laptop. Der ins Bild gehaltene Barcode wird identifiziert. Es können auch SMILE-fremde = nicht in SMILE erzeugte Barcodes gescannt werden. Dies ist nachfolgend für zwei SMILE-Barcodes und einen SMILE-fremden Barcode durchgeführt (Abbs. 8.197, 8.198, und 8.199).

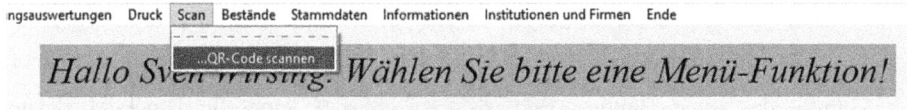

Abb. 8.196 SMILE – Menü – QR-Barcode

8.9 Scan

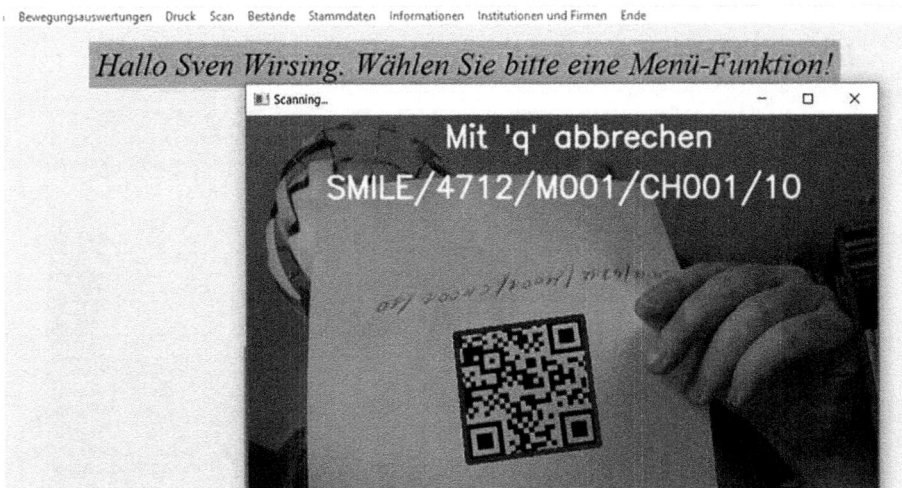

Abb. 8.197 SMILE – GUI – QR-Barcode – Gebinde 4712

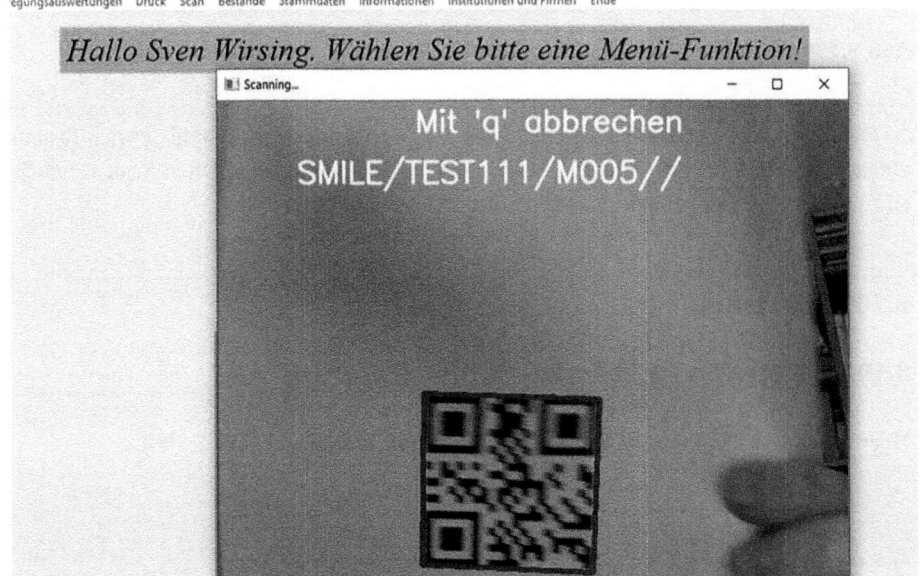

Abb. 8.198 SMILE – Menü – QR-Barcode – Gebinde TEST111

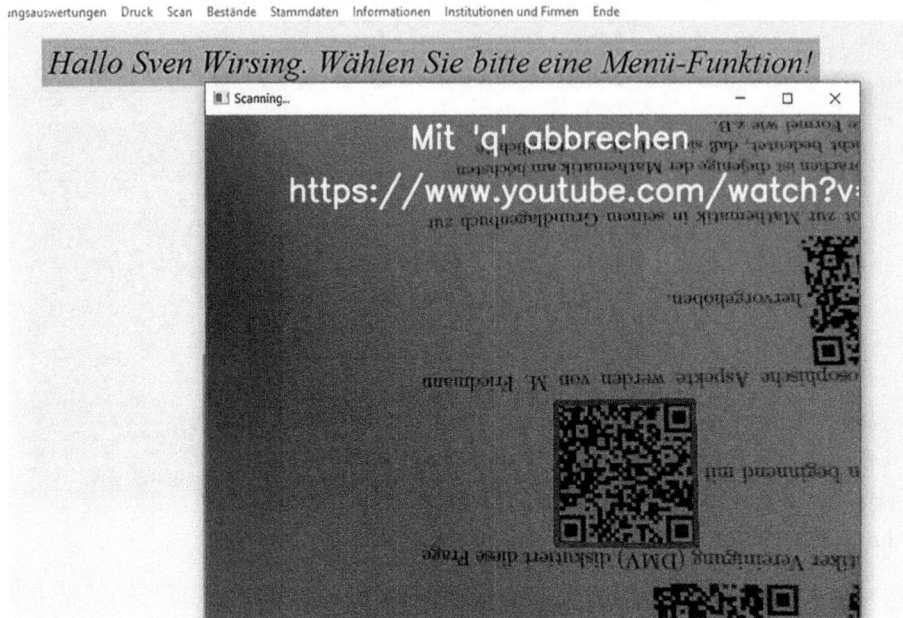

Abb. 8.199 SMILE – Menü – QR-Barcode – WWW-Adresse

Der Scan wird solange durchgeführt, bis er entweder mit dem Befehl ‚*q*' per Tastatureingabe geschlossen wird oder eine kurze Zeit nach einem erfolgreichen Scan vergangen ist. In beiden Fällen gelangt man zurück ins Menü-Bild.

8.10 Bestände

8.10.1 Bestand zum Material

Über den Menü-Punkt ‚*Bestände - > Bestand zum Material*' (Abb. 8.200).

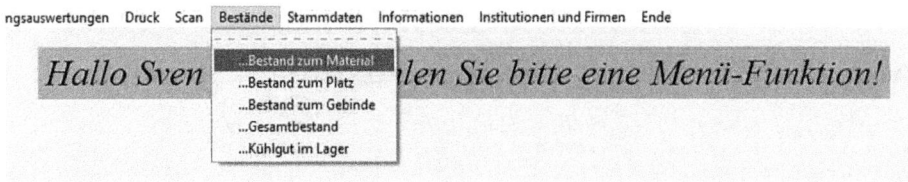

Abb. 8.200 SMILE – Menü – Bestand zum Material

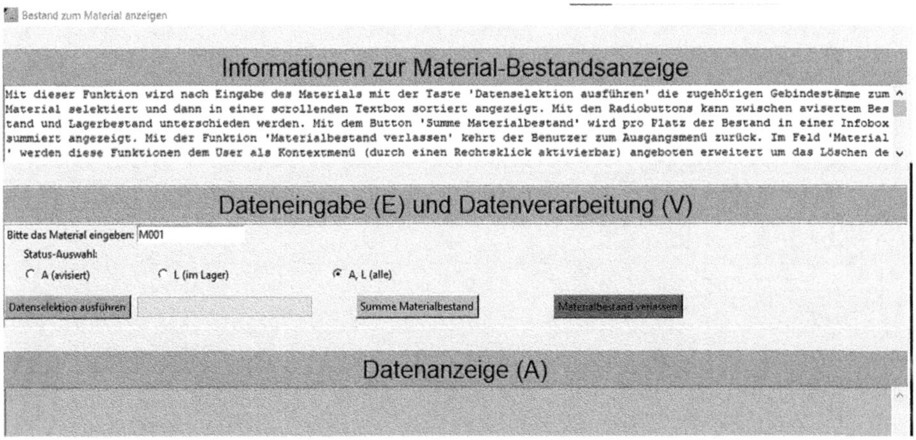

8.10 Beständе

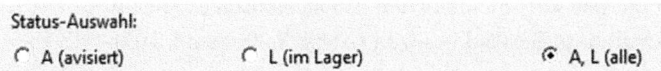

Abb. 8.201 SMILE – GUI – Bestand zum Material

öffnet sich die „*Material-Bestandsanzeige*"(Abb. 8.201):

Ein „*Material*" muss zwingend eingegeben werden. Über die Status-Auswahl kann der Gebindestatus „*A = avisiert*" bzw. „*L = im Lager*" in die Selektion einbezogen werden (Abb. 8.202).

Das Mouse-Over-Event auf dem Materialfeld zeigt Zusatzinformationen zum Material an (Abb. 8.203):

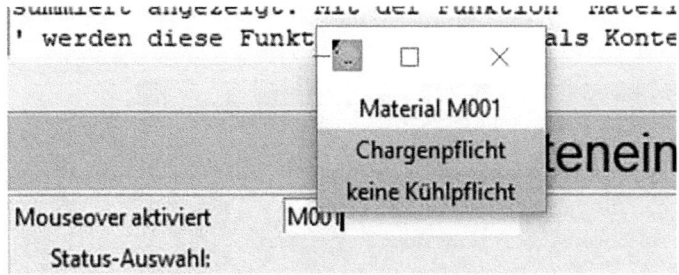

Abb. 8.202 SMILE – GUI – Bestand zum Material – Statusselektion

Abb. 8.203 SMILE – GUI – Bestand zum Material – Mouseover

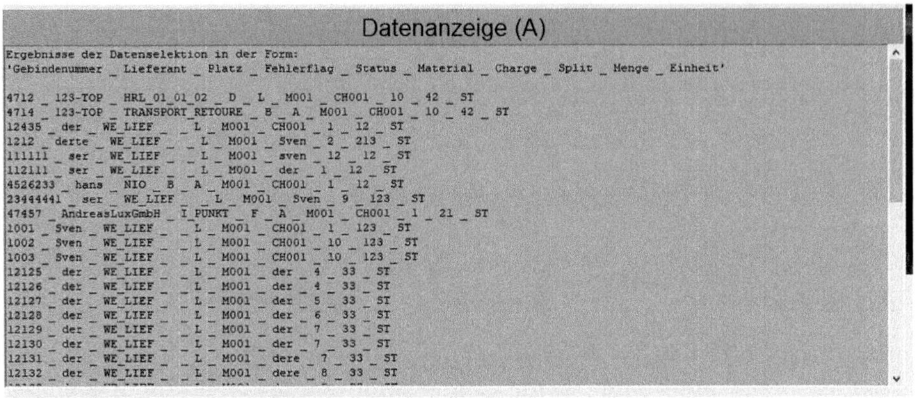

Abb. 8.204 SMILE – GUI – Bestand zum Material – Ergebnisliste

Die Selektion der Materialbestände kann wahlweise mit dem Button Datenselektion ausführen oder mit der Return-Taste durchgeführt werden. Ein mögliches Ergebnis ist nachfolgend dargestellt (Abb. 8.204).

Mit der Taste Summe Materialbestand kann die ‚Bestands-Summe' zum Material summiert je Lagerplatz in einem Informationsfenster angezeigt werden (Abb. 8.205).

Bei der Datenselektion werden folgende Prüfungen ausgeführt:

- Das Material ist ein Mussfeld und muss eingegeben werden.
- Das Material muss als Stammdatum datentechnisch existieren.
- Das Material muss Bestand besitzen (Abbs. 8.206 und 8.207).

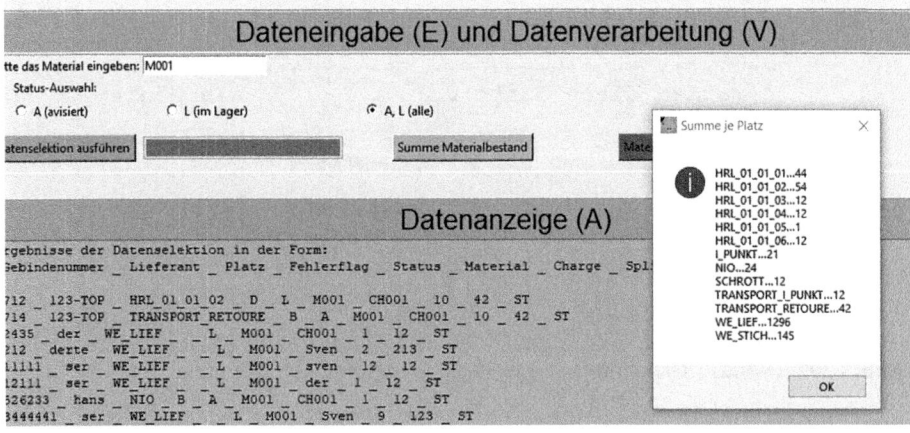

Abb. 8.205 SMILE – GUI – Bestand zum Material – Bestandssumme

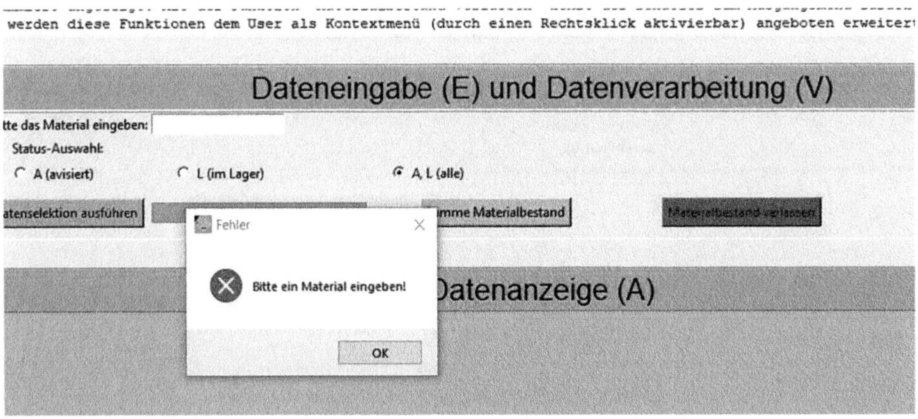

8.10 Bestände

werden diese Funktionen dem User als Kontextmenü (durch einen Rechtsklick aktivierbar) angeboten erweitert

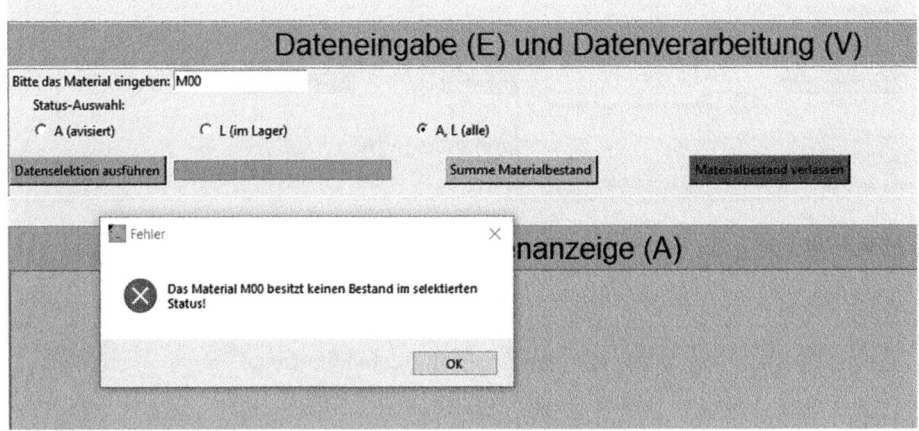

Abb. 8.206 SMILE – GUI – Bestand zum Material – Prüfung I

Abb. 8.207 SMILE – GUI – Bestand zum Material – Prüfung II

8.10.2 Bestand zum Platz

Der ‚*Platz- Bestand*' wird aus dem Menü wie folgt aufgerufen (Abb. 8.208):

Es öffnet sich nachfolgendes Fenster, auf dem nach Eingabe des ‚*Lagerplatzes*' und Nutzung des Buttons ‚*Datenselektion ausführen*' festgestellt worden ist, daß es im Beispiel keinen Bestand auf dem Platz gibt (Abb. 8.209).

Grund ist, daß der Lagerplatz datentechnisch nicht existiert. Ein vorhandener Lagerplatz kann zudem leer sein (Abb. 8.210).

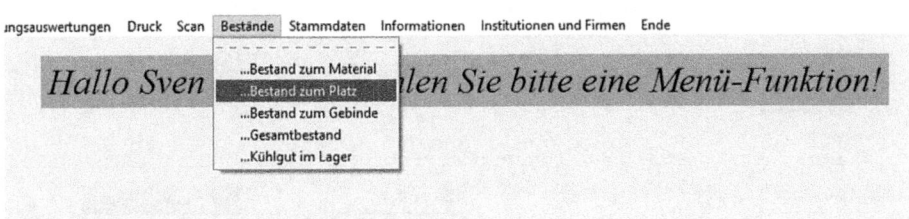

Abb. 8.208 SMILE – Menü – Bestand zum Platz

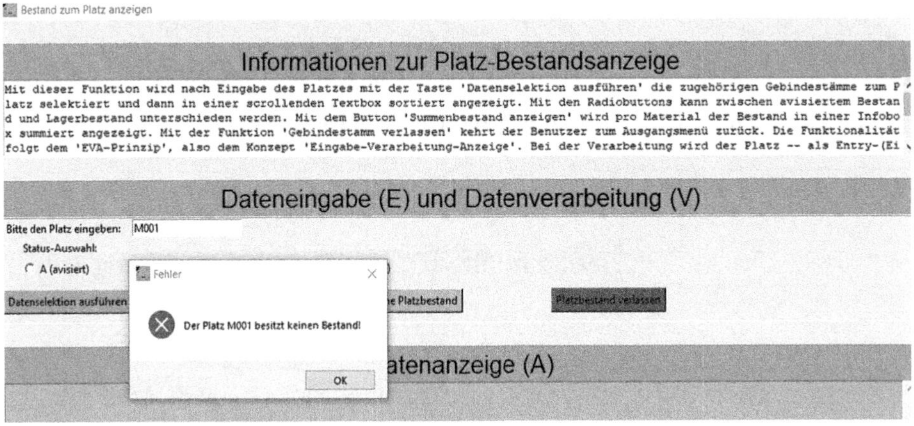

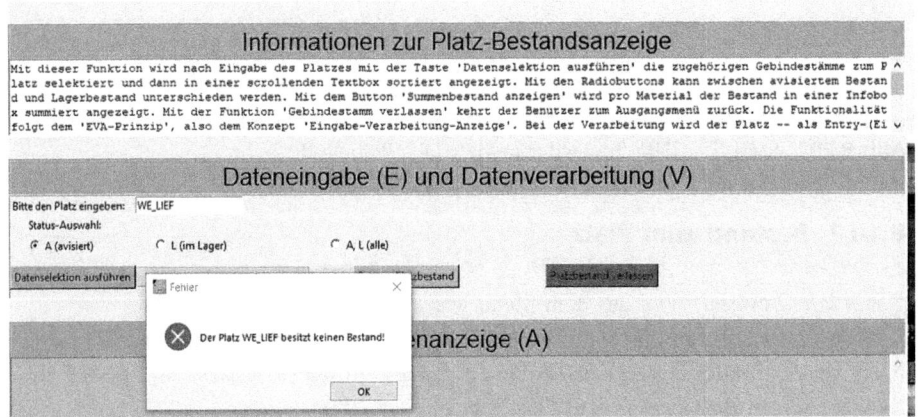

Abb. 8.209 SMILE – GUI – Bestand zum Platz

Abb. 8.210 SMILE – GUI – Bestand zum Platz – kein Bestand

8.10 Bestände

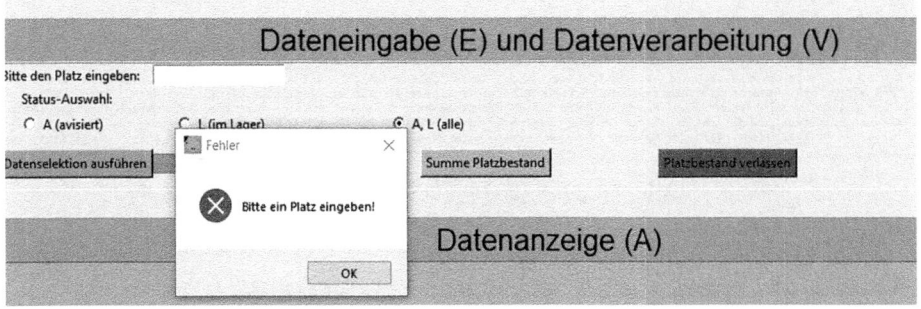

Abb. 8.211 SMILE – GUI – Bestand zum Platz – Mussfeld

Der Lagerplatz ist innerhalb der Datenselektion als Mussfeld deklariert, da gezielt für einen ausgewählten Lagerplatz der Bestand ermittelt werden soll (Abb. 8.211).

Liegt Platz-Bestand vor, wird dieser zeilenartig angezeigt. Dabei kann die Selektion durch Wahl des *‚Gebinde-Status'* mit den Radiobuttons.

beeinflusst werden. Die Selektion der Bestände erfolgt durch Nutzung der Taste `Datenselektion ausführen`. Im Balken ▬▬▬▬ wird der Fortschritt der Selektion angezeigt (Abb. 8.212).

Mithilfe des Buttons `Summe Platzbestand` wird der Bestand summiert je Material auf dem gewählten Lagerplatz in einem Pop-Up-Fenster angezeigt (Abb. 8.213).

Die Taste `Platzbestand verlassen` dient zum Schliessen der Bestandsauswertung zum Platz.

8.10.3 Bestand zum Gebinde

Den Bestand zum Gebinde ruft man über *‚Bestand - > Bestand zum Gebinde'* im Menü auf (Abb. 8.214).

Es öffnet sich folgendes Fenster, in dem bereits die Ausführung ohne Gebinde per Drucktaste `Datenselektion ausführen` prozessiert worden ist. Die Selektion ist fehlerhaft ist, weil das Mussfeld *‚Gebinde'* nicht eingegeben wurde (Abb. 8.215).

Gibt man ein IT-seitig existierendes Gebinde ein, wird der Gebindeinhalt als Liste angezeigt (Abb. 8.216).

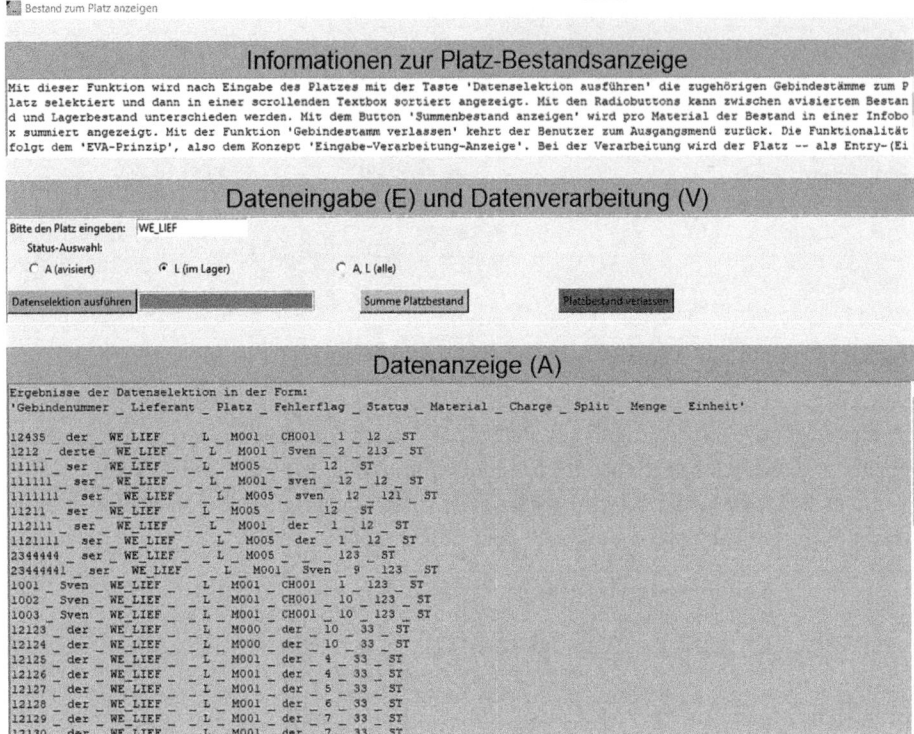

Abb. 8.212 SMILE – GUI – Bestand zum Platz – Ergebnis

Der Balken ▬▬▬▬ zeigt den Selektionsfortschritt an. Mit der Drucktaste `Gebindestamm verlassen` kann die Gebindebestands-Anzeige beendet werden.

8.10.4 Gesamtbestand

Möchte man sich den Gesamtbestand anzeigen lassen, kann im Menü der Unterpunkt *‚Bestände - > Gesamtbestand'* verwendet werden (Abb. 8.217).

Man gelangt zu folgendem GUI-Dialog (Abb. 8.218):

Der Gesamtbestand wird mit der Drucktaste `Gesamtbestand` selektiert. Dabei kann die Selektion durch den Schieberegler `max. Anzahl 100` auf eine maximale Anzahl beschränkt werden. Das Ergebnis kann auch als Baum dargestellt werden, wenn die Checkbox

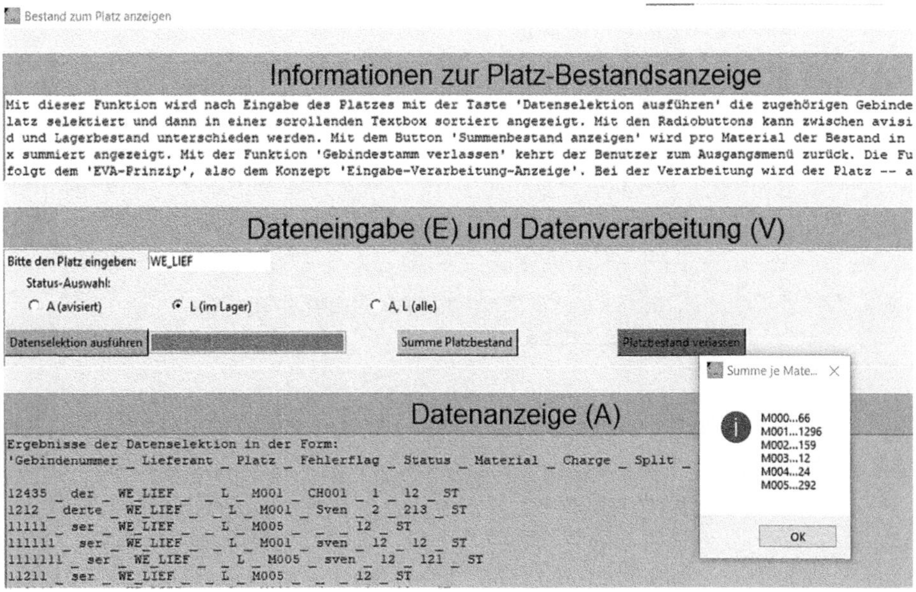

8.10 Beständе

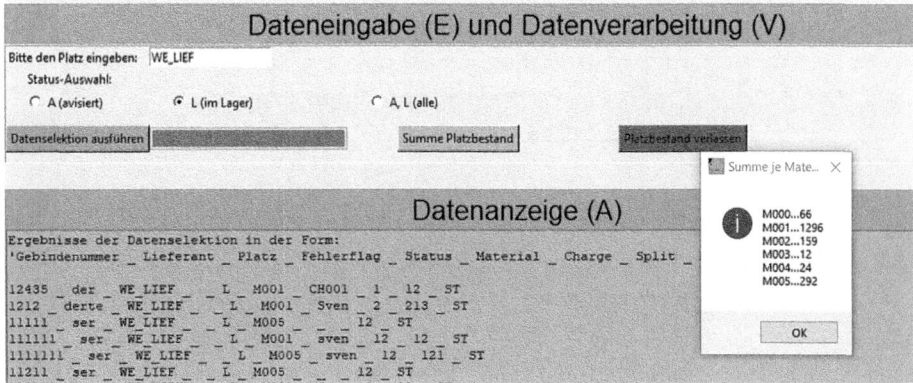

Abb. 8.213 SMILE – GUI – Bestand zum Platz – Summe je Material

Abb. 8.214 SMILE – Menü – Bestand zum Gebinde

 auch als Baum angekreuzt ist. Es zeigt sich folgendes Ergebnis mit drei Tabstrips. Der Balken 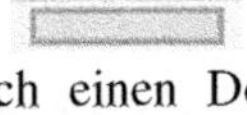 zeigt den aktuellen Selektionsfortschritt an (Abb. 8.219).

Durch einen Doppelklick auf eine Zeile wird die Zeile markiert und im Reiter *‚Einzelanzeige'* im Detail angezeigt (Abb. 8.220).

Im Reiter *‚Ergebnisliste als Baum'* ist das Ergebnis als Baum dargestellt (Abb. 8.221).

Das Ergebnis kann als Excel-Dokument mittels Drucktaste Excel heruntergeladen werden (Abb. 8.222).

Nach erfolgreichem Download erscheint eine Infomeldung (Abb. 8.223).

Das Excel-Dokument befindet sich im SMILE-Projektordner (Abb. 8.224).

Durch Nutzung der roten Drucktaste Anwendung verlassen wird das Fenster der Gesamtbestandsanzeige geschlossen.

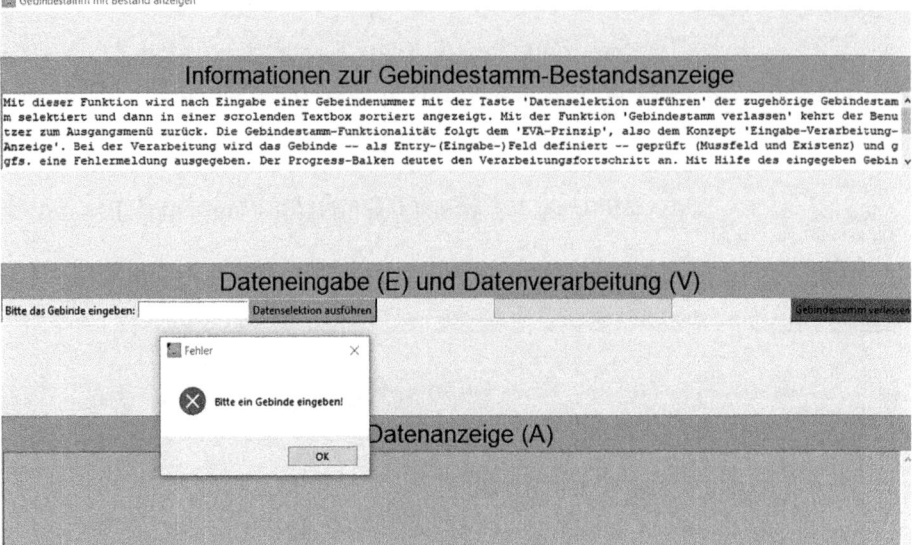

Abb. 8.215 SMILE – GUI – Bestand zum Gebinde – Mussfeld

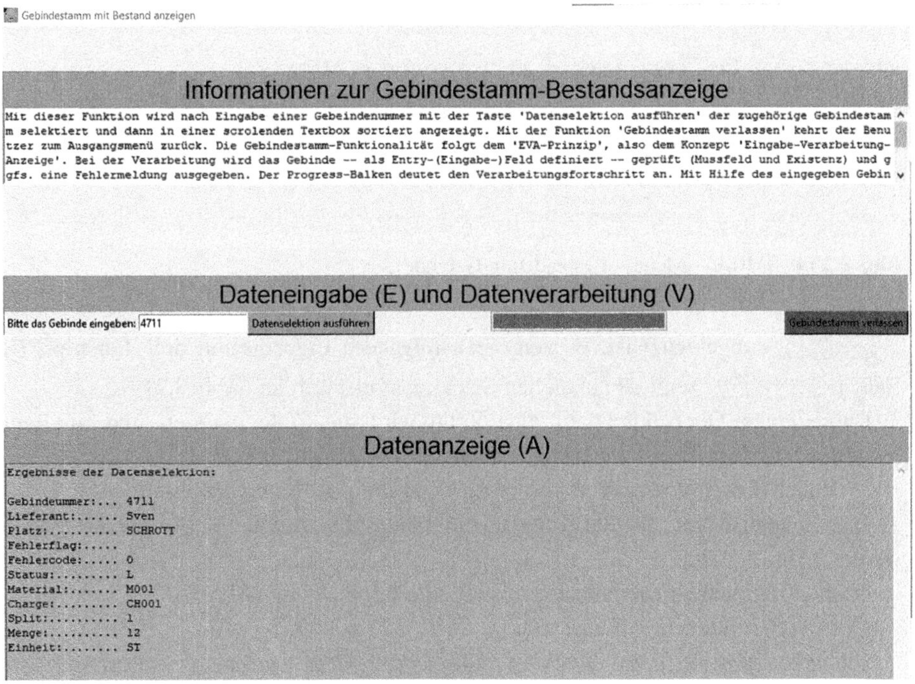

Abb. 8.216 SMILE – GUI – Bestand zum Gebinde – Ergebnis

8.10 Bestände

Abb. 8.217 SMILE – Menü – Gesamtbestand

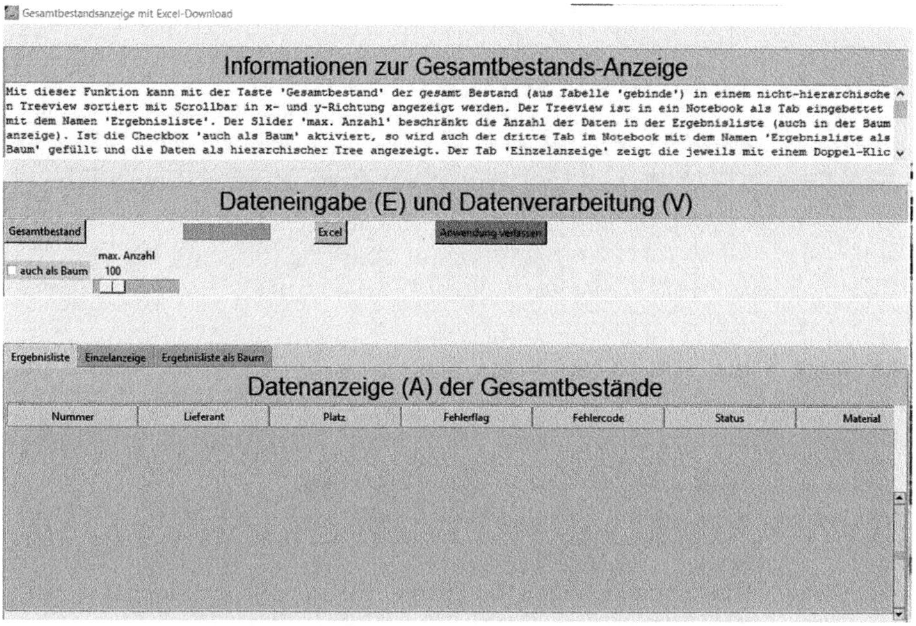

Abb. 8.218 SMILE – GUI – Gesamtbestand

8.10.5 Kühlgut im Lager

In der Kühlgutauswertung, die über den Menüpunkt ‚*Bestände - > Kühlgut im Lager'* erreichbar ist (Abb. 8.225),

öffnet sich nachfolgendes Fenster. Die Auswertung kann optional durch Eingabe des ‚*Materials'* und des ‚*Platzes'* eingeschränkt werden: 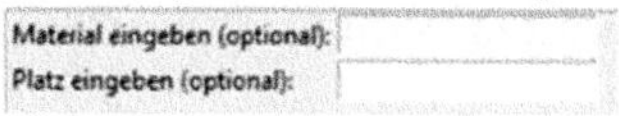 . Sie wird durch den Button Start Analyse gestartet (Abb. 8.226).

Bei der Selektion wird der Fortschritt durch den Balken 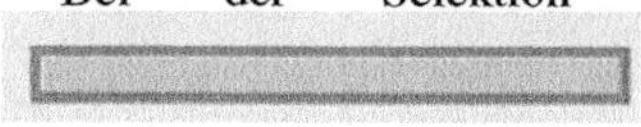 angezeigt. Im Protokoll ist verzeichnet, welche Kühlgüter

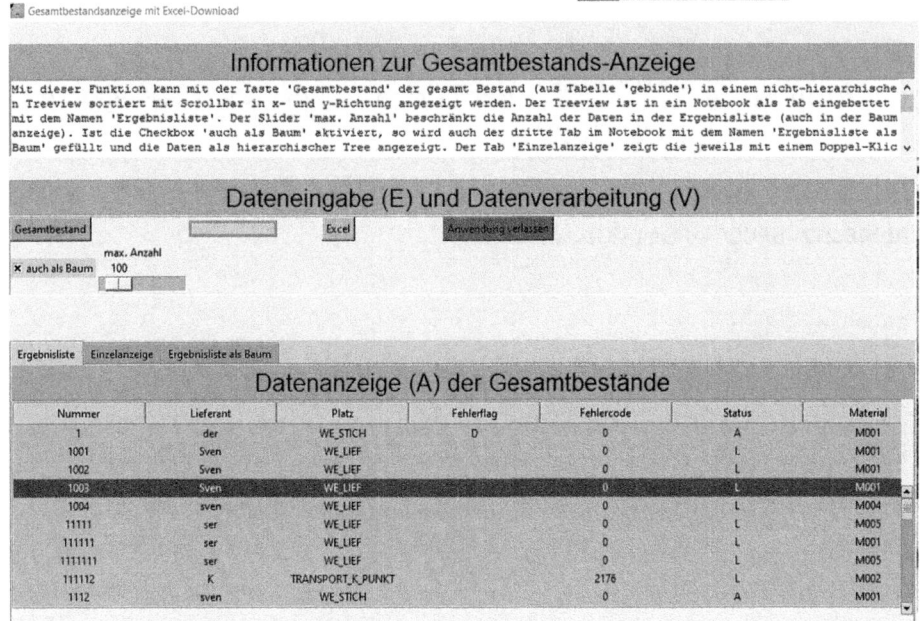

Abb. 8.219 SMILE – GUI – Gesamtbestand – Ergebnis

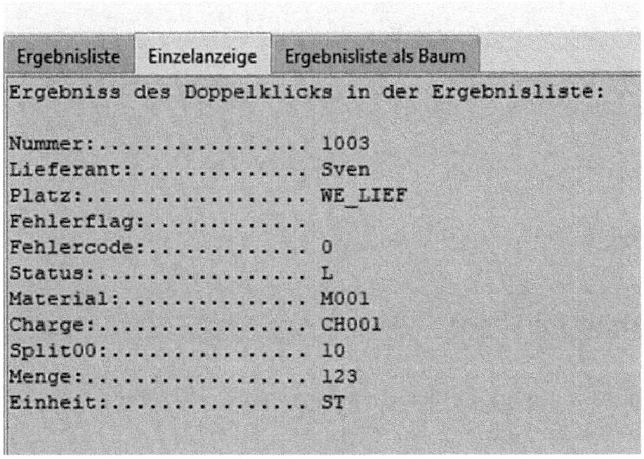

Abb. 8.220 SMILE – GUI – Gesamtbestand – Einzelanzeige

8.10 Bestände

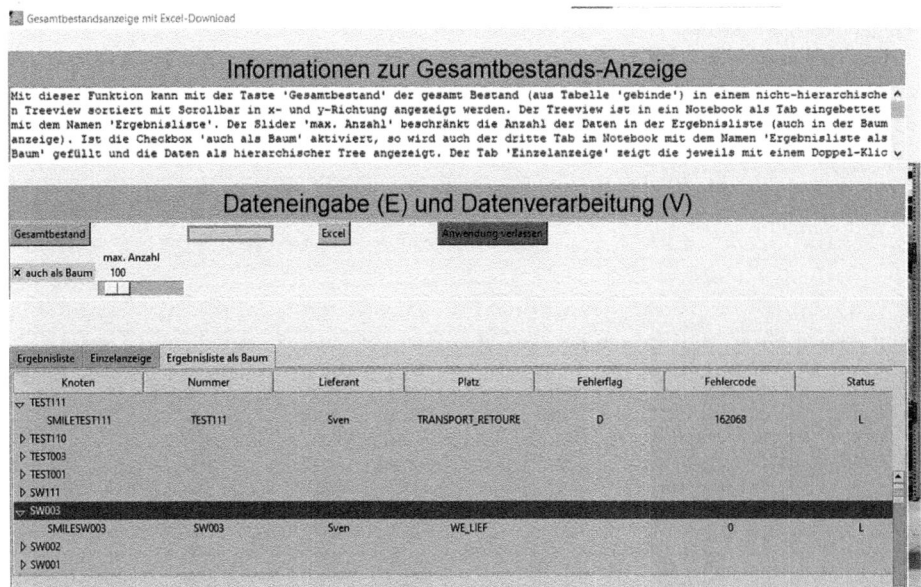

Abb. 8.221 SMILE – GUI – Gesamtbestand – Baum

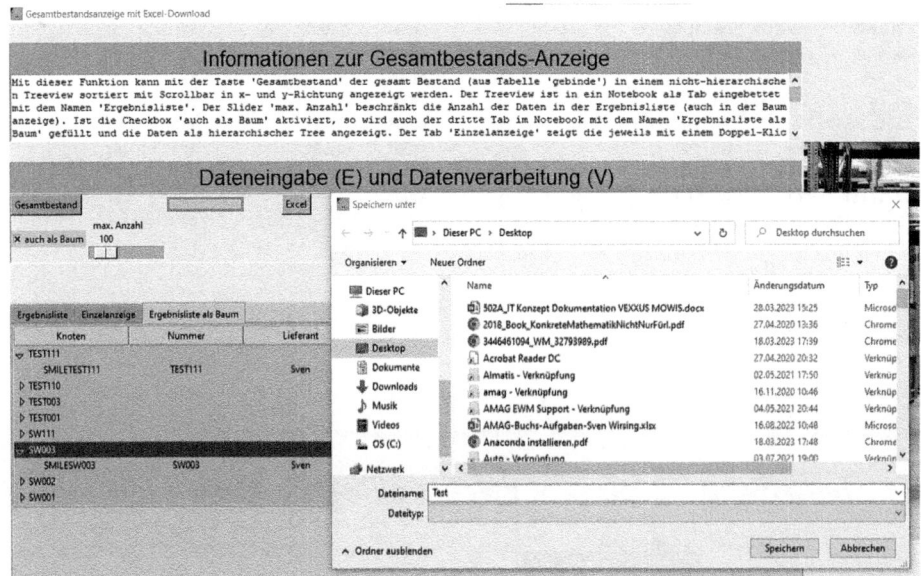

Abb. 8.222 SMILE – GUI – Ergebnis – Exceldownload

Abb. 8.223 SMILE – GUI – Gesamtbestand – Excel-Erfolgsmeldung

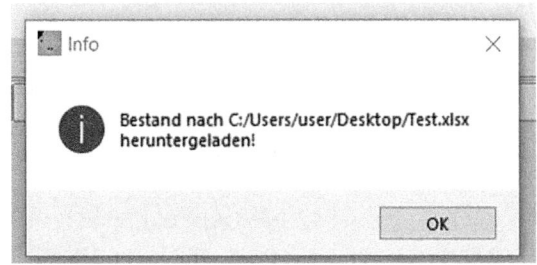

	A	B	C	D	E	F	G	H	I	J	K	L
1	Nummer	Lieferant	Platz	Fehlerflag	Fehlercode	Status	Material	Charge	Split	Menge	Einheit	
2	4712	123-TOP	HRL_01_0	D	0	L	M001	CH001	10	42	ST	
3	4713	123-TOP	NIO		98428	L	M000	CH000	0	120	ST	
4	4714	123-TOP	TRANSPOF	B	164368	A	M001	CH001	10	42	ST	
5	4715	ABC-TOP	I_PUNKT	K	259	A	M002	CH002	0	42	ST	
6	4716	ABC-TOP	WE_STICH	P	259	A	M003	CH003	0	42	M	
7	4718	ABC-TOP	WE_STICH		0	A	M002	CH002	0	42	ST	
8	4719	TIP-TOP	NIO	C	23	L	M002	CH0010	10	42	ST	
9	4721	TIP-TOP	NIO		606248	L	M002	CH002	0	42	ST	
0	4723	TIP-TOP	TRANSPORT_K_PUNK		591104	L	M002	CH002	0	42	ST	
1	4724	TIP-TOP	TRANSPORT_HRL			L	M002	CH002	0	42	ST	
2	4728	TIP-TOP	SCHROTT			A	M002	CH002	0	42	ST	
3	4731	TIP-TOP	RETOURE			A	M002	CH002	0	42	ST	
4	4732	TIP-TOP	RETOURE			A	M002	CH002	0	42	ST	
5	4733	TIP-TOP	RETOURE			A	M002	CH002	0	42	ST	
6	4734	TIP-TOP	RETOURE			A	M002	CH002	0	42	ST	
7	4735	TIP-TOP	RETOURE			A	M002	CH002	0	42	ST	
8	4736	TIP-TOP	RETOURE			A	M002	CH002	0	42	ST	
9	316	Sven	WE_STICH		0	A	M005			32	ST	
!0	345	Svennnnn	WE_STICH		0	A	M005			32	ST	
!1	1234567	Der	TRANSPORT_K_PUNK		0	L	M005			13	ST	
!2	12435	der	WE_LIEF		0	L	M001	CH001	1	12	ST	
!3	1212	derte	WE_LIEF		0	L	M001	Sven	2	213	ST	
!4	11111	ser	WE_LIEF		0	L	M005			12	ST	
!5	111111	ser	WE_LIEF		0	L	M001	sven	12	12	ST	
!6	1111111	ser	WE_LIEF		0	L	M005	sven	12	121	ST	

Sheet1

Abb. 8.224 SMILE – GUI – Gesamtbestand – Excel-Datei

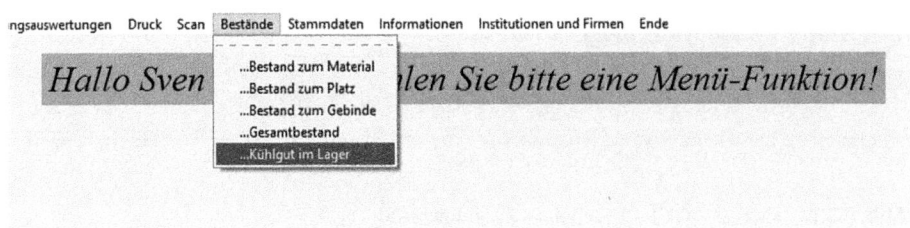

Abb. 8.225 SMILE – Menü – Kühlgutauswertung

8.10 Beständе

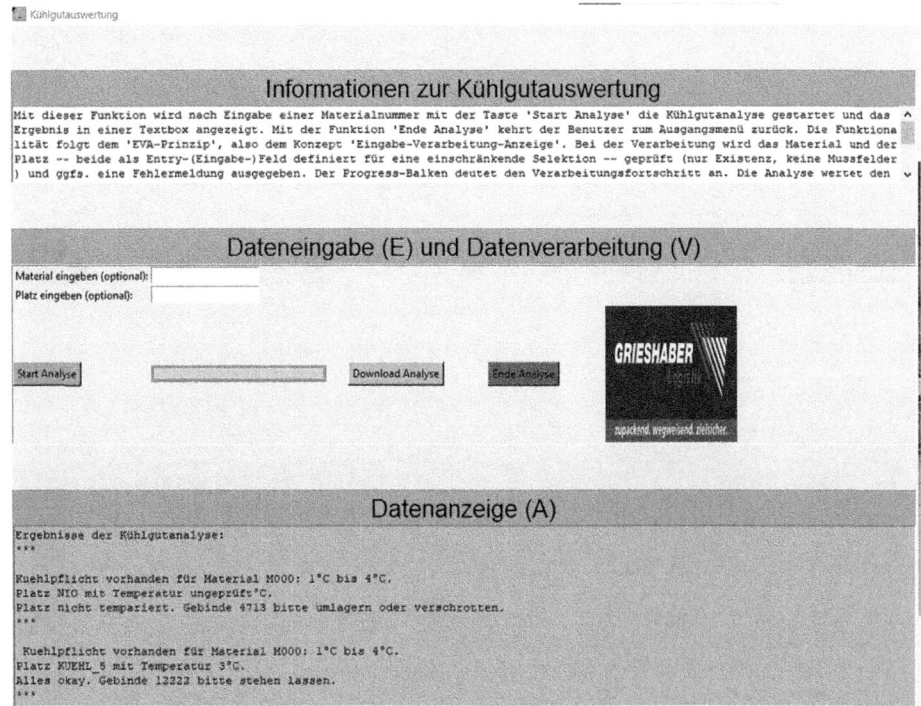

Abb. 8.226 SMILE – GUI – Kühlgutauswertung – Protokoll

es gibt und ob sie ordnungsgemäß temperiert lagern. Entsprechend durchzuführende Folgeaktivitäten, die separat in anderen Menü-Punkten durchzuführen sind, werden ebenfalls im Protokoll angegeben. Eine mögliche Einschränkung der Selektion ist nachfolgend in zwei Screenshots dargestellt (Abbs. 8.227 und 8.228).

Mit dem Button Download Analyse kann das Protokoll als Textdatei heruntergeladen werden (Abb. 8.229).

Die Datei hat folgende Gestalt und befindet sich im SMILE-Projektordner (Abb. 8.230).

Das Logo der Firma Grieshaber ist mit deren Homepage verlinkt und mit einem Mouse-Over-Event ausgestattet (Abbs. 8.231 und 8.232).

Mit dem Button Ende Analyse wird die Kühlgutauswertung beendet.

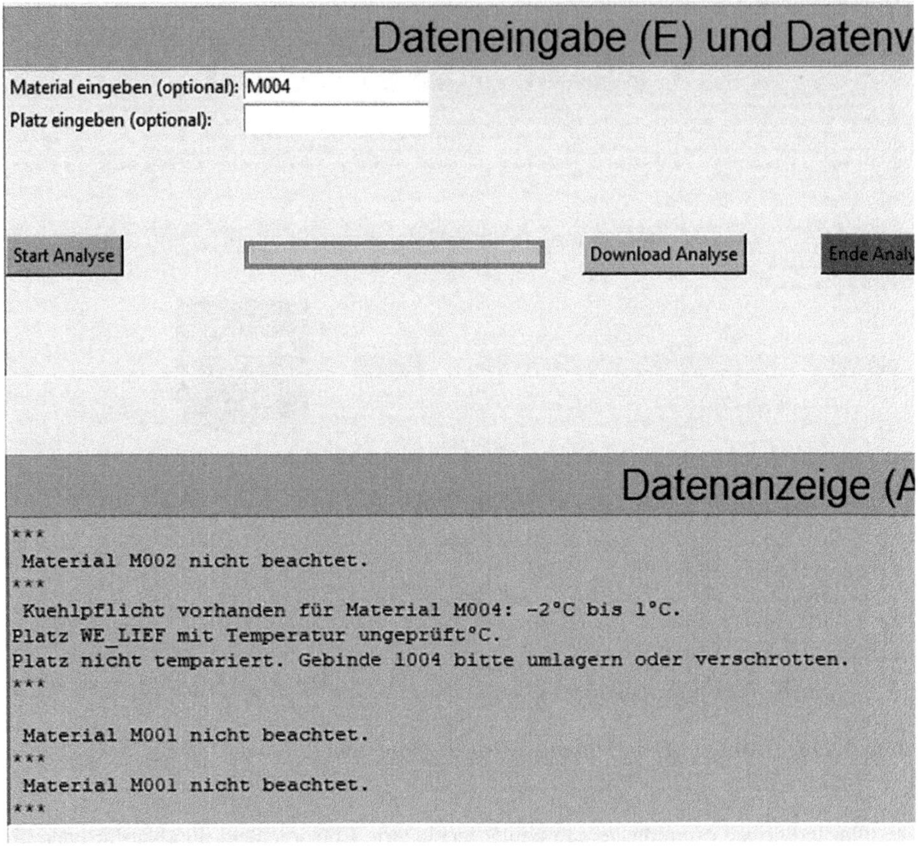

Abb. 8.227 SMILE – GUI – Kühlgutauswertung – Protokoll II

8.11 Stammdaten

8.11.1 Material

Der Materialstamm wird über den Menü-Punkt *‚Stammdaten - > Material'* aufgerufen (Abb. 8.233).

Es öffnet sich folgender GUI-Dialog (Abb. 8.234):

Die Drucktaste Datenselektion ausführen dient zur Datenselektion, die im Beispiel mit dem *‚Material'* Bitte das Material eingeben: M001 ausgeführt wird. Es werden die Musseingabe zum Material sowie dessen IT-seitige Existenz als Stammdatum überprüft (Abbs. 8.235 und 8.236).

Im unteren Bereich der Materialstamm-Anzeige werden die Selektions-Ergebnisse als Liste angezeigt.

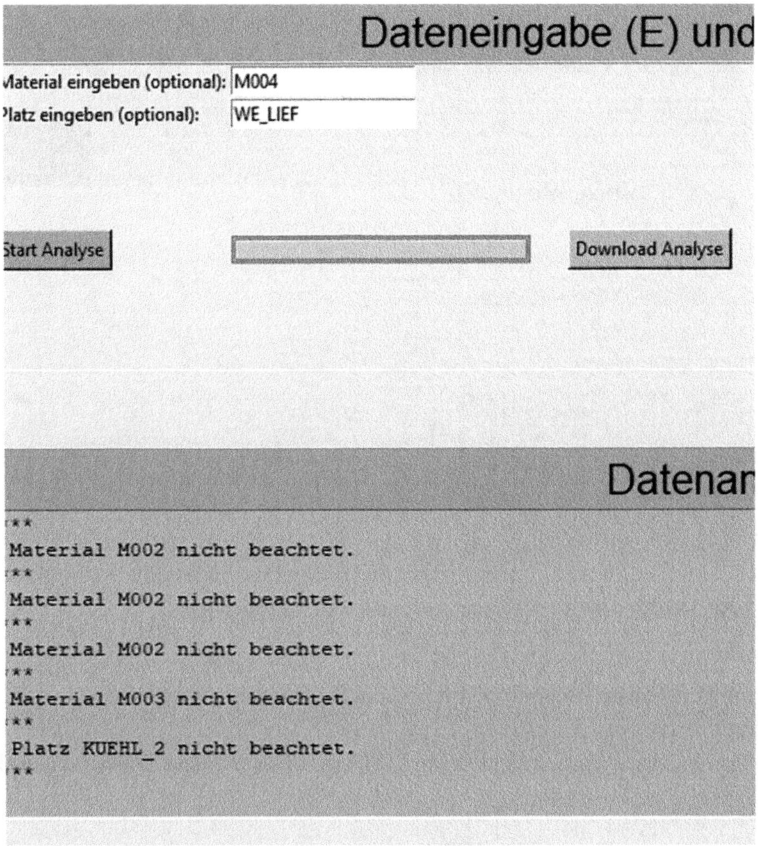

8.11 Stammdaten

Abb. 8.228 SMILE – GUI – Kühlgutauswertung – Protokoll III

Die Taste ▓Materialstamm verlassen▓ dient zum Beenden der Stammdatenanzeige.
Der Balken ▓▓▓▓▓▓▓▓▓▓ zeigt den Fortschritt der Datenselektion an.

8.11.2 Chargen

Chargen können mithilfe des Menü-Punktes ‚*Stammdaten - > Charge*' angezeigt werden (Abb. 8.237).

Es öffnet sich folgender Dialog (Abb. 8.238):

Die Drucktaste ▓▓▓▓▓▓▓ dient zur Datenselektion, die mit dem Feld ▓Datenselektion ausführen▓ beeinflusst werden kann. Am rechten Rand des Feldes ist eine Wertehilfe implementiert, mit der aus vorhandenen Chargen genau eine ausgewählt werden kann.

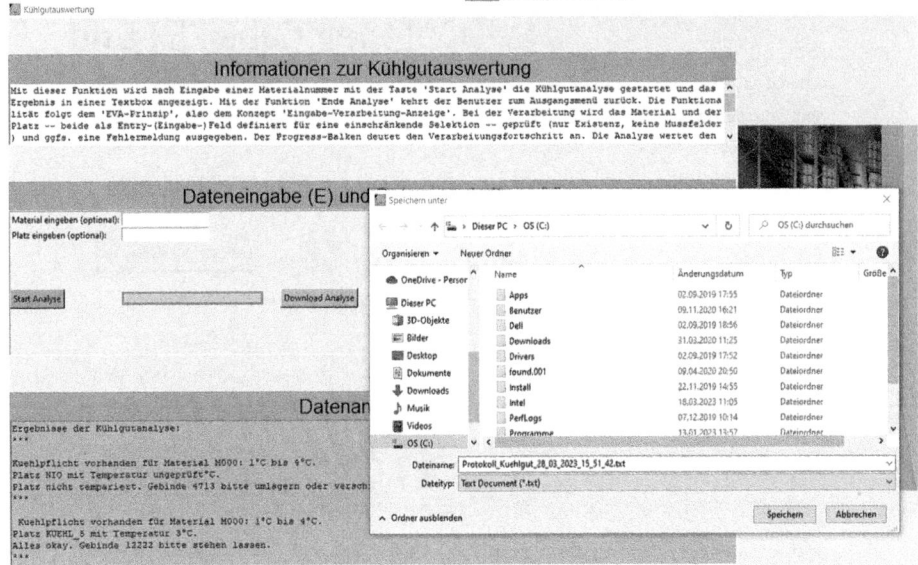

Abb. 8.229 SMILE – GUI – Kühlgutauswertung – Excel-Download

Im unteren Fenster-Bereich werden nach Selektion die Ergebnisse in drei Tabstrips angezeigt.

Die Ergebnisliste erscheint nur dann als Baum, wenn auf dem Fenster das Ankreuzfeld ☒ auch als Baum markiert ist.

Mit dem Schieberegler [max. Anzahl 294] kann die Anzahl der Zeilen in der Ergebnisliste eingeschränkt werden.

Die Taste [Anwendung verlassen] dient zum Beenden der Chargenanzeige.

Der Balken [   ] zeigt den Fortschritt der Datenselektion an.

Markiert man eine Zeile der Ergebnisliste durch einen Doppelklick, füllt sich der Tabstrip zur ‚*Einzelanzeige*' (Abb. 8.239):

Ist das Ankreuzfeld ☒ auch als Baum gefüllt, ist auch der dritte Tabstrip ‚*Ergebnisliste als Baum*' mit Daten angereichert (Abb. 8.240).

8.11.3 Lagerplätze

Lagerplätze können im SMILE-LVS über den Menü-Punkt ‚*Stammdaten - > Plätze*'(Abb. 8.241)

angezeigt werden (Abb. 8.242).

8.11 Stammdaten

```
Protokoll_Kuehlgut_28_03_2023_15_51_42.txt - Editor
Datei  Bearbeiten  Format  Ansicht  Hilfe
Ergebnisse der Kühlgutanalyse:
***

 Kuehlpflicht vorhanden für Material M000: 1°C bis 4°C.
Platz NIO mit Temperatur ungeprüft°C.
Platz nicht tempariert. Gebinde 4713 bitte umlagern oder verschrotten.
***

 Kuehlpflicht vorhanden für Material M000: 1°C bis 4°C.
Platz KUEHL_5 mit Temperatur 3°C.
Alles okay. Gebinde 12222 bitte stehen lassen.
***

 Kuehlpflicht vorhanden für Material M000: 1°C bis 4°C.
Platz KUEHL_3 mit Temperatur 1°C.
Alles okay. Gebinde 47456 bitte stehen lassen.
***

 Kuehlpflicht vorhanden für Material M000: 1°C bis 4°C.
Platz WE_LIEF mit Temperatur ungeprüft°C.
Platz nicht tempariert. Gebinde 12123 bitte umlagern oder verschrotten.
***

 Kuehlpflicht vorhanden für Material M000: 1°C bis 4°C.
Platz WE_LIEF mit Temperatur ungeprüft°C.
Platz nicht tempariert. Gebinde 12124 bitte umlagern oder verschrotten.
***

 Kuehlpflicht vorhanden für Material M004: -2°C bis 1°C.
Platz WE_LIEF mit Temperatur ungeprüft°C.
Platz nicht tempariert. Gebinde 1004 bitte umlagern oder verschrotten.
***

 Kuehlpflicht vorhanden für Material M004: -2°C bis 1°C.
Platz WE_LIEF mit Temperatur ungeprüft°C.
Platz nicht tempariert. Gebinde 122211 bitte umlagern oder verschrotten.
***
```

Abb. 8.230 SMILE – GUI – Kühlgutauswertung – Excel-Datei

Die Drucktaste `Datenselektion ausführen` dient zur Datenselektion, die mit dem Feld beeinflusst werden kann. Mit den Tasten *‚Pfeil runter/hoch'* kann genau ein *‚Lagerplatz'* optional vorgegeben werden.

Im unteren Fenster-Bereich werden die Ergebnisse nach Selektion als Tabelle angezeigt.

Die Taste `Anwendung verlassen` dient zum Beenden der Stammdatenanzeige.

Der Balken zeigt den Fortschritt der Datenselektion an.

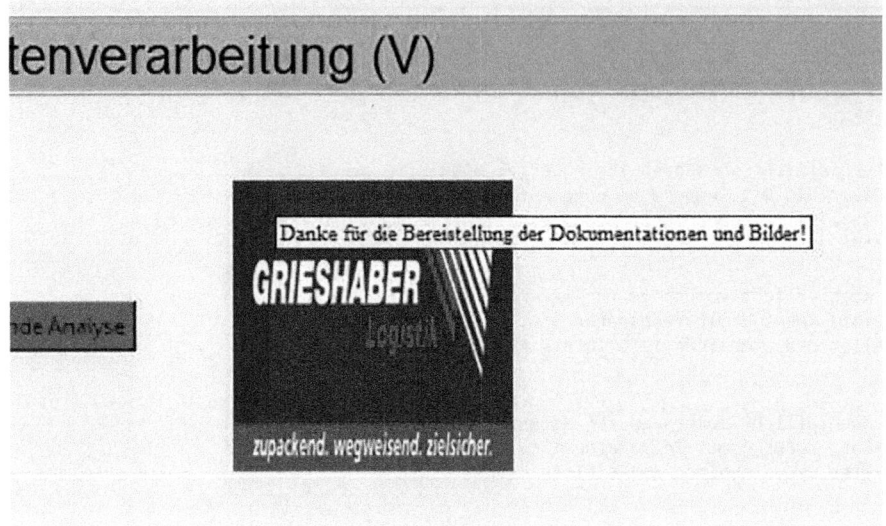

Abb. 8.231 SMILE – GUI – Kühlgutauswertung – Grieshaber

Abb. 8.232 SMILE – GUI – Kühlgutauswertung – Grieshaber II

8.11.4 Nummernkreise

Der Menü-Punkt ‚*Stammdaten - > Nummernkreise*' (Abb. 8.243) dient zur Anzeige der ‚*Nummernkreise*' (Abb. 8.244).

8.11 Stammdaten

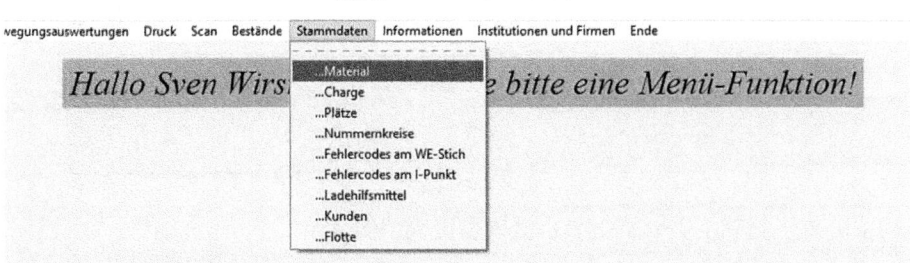

Abb. 8.233 SMILE – Menü – Materialstamm

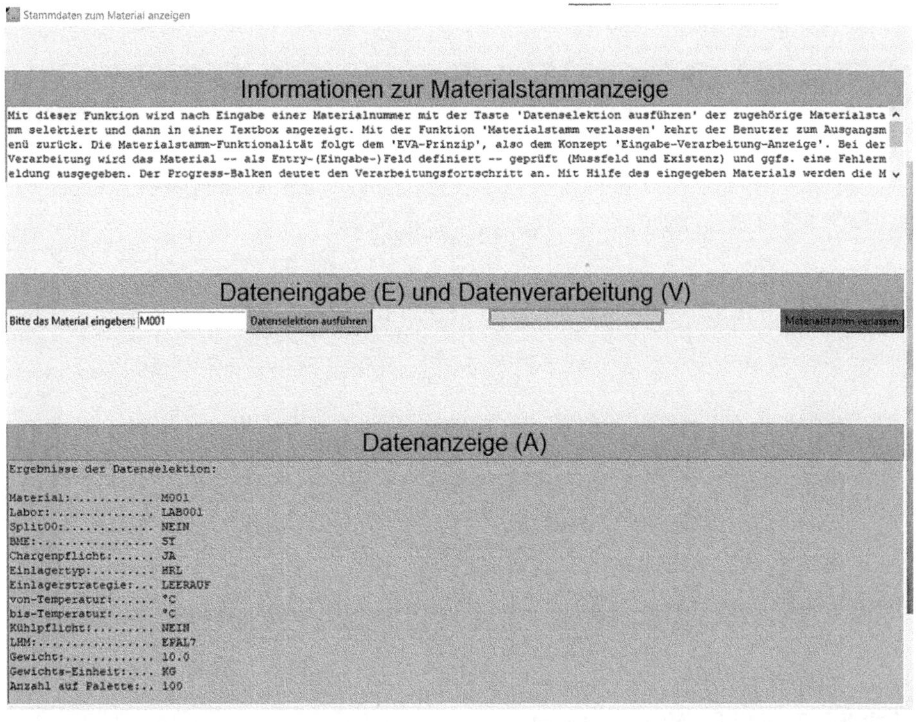

Abb. 8.234 SMILE – GUI – Materialstamm

Rechts neben der Drucktaste `Datenselektion ausführen` befindet sich das Feld zur Eingabe des Nummernkreisobjektes (z. B. TRAPO für interne Umlagerungen). Wird es nicht gefüllt, werden alle Nummernkreise selektiert. Das Eingabefeld besitzt rechtsseitig Pfeiltasten, mit denen die Eingabe durch Blättern in den möglichen Nummernkreisen unterstützt wird.

Im unteren Bereich werden die Ergebnisse nach Selektion als Liste angezeigt.

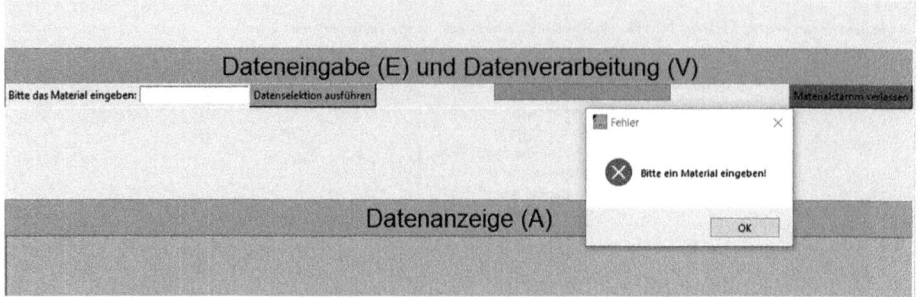

Abb. 8.235 SMILE – GUI – Materialstamm – Fehler I

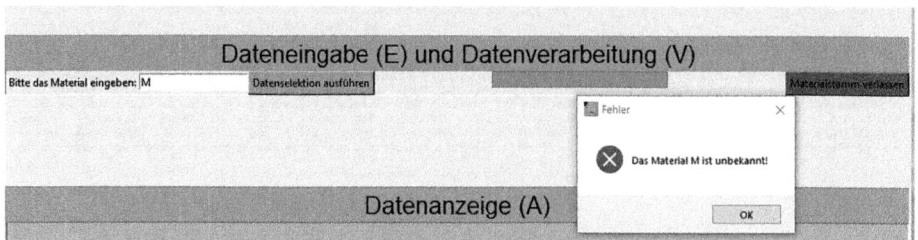

Abb. 8.236 SMILE – GUI – Materialstamm – Fehler II

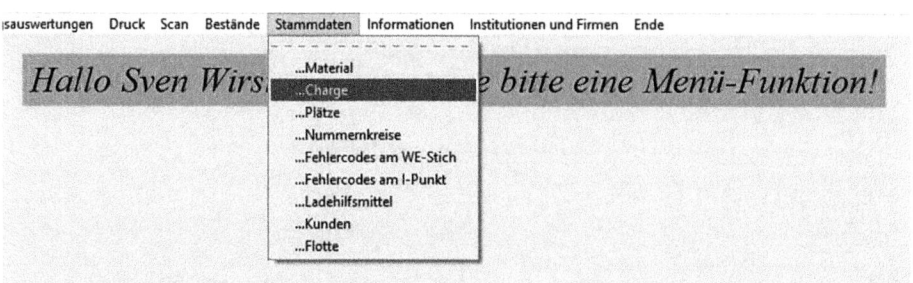

Abb. 8.237 SMILE – Menü – Chargen

Die Taste ![Anwendung verlassen] dient zum Beenden der Stammdatenanzeige.
Der Balken [   ] zeigt den Fortschritt der Datenselektion an.
Mithilfe des Suchfeldes ![Suche ausführen] kann das eingegebene Wort in der Ergebnisliste gesucht werden. Beispielhaft ist das Wort „JA" eingetragen. Alle Zeilen, die das Wort

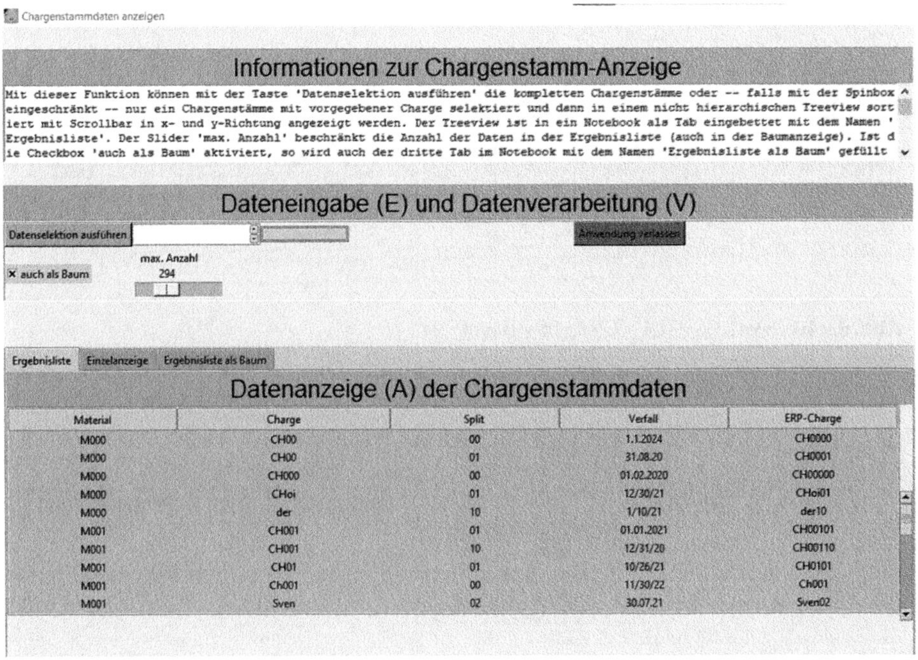

8.11 Stammdaten

Abb. 8.238 SMILE – GUI – Chargen

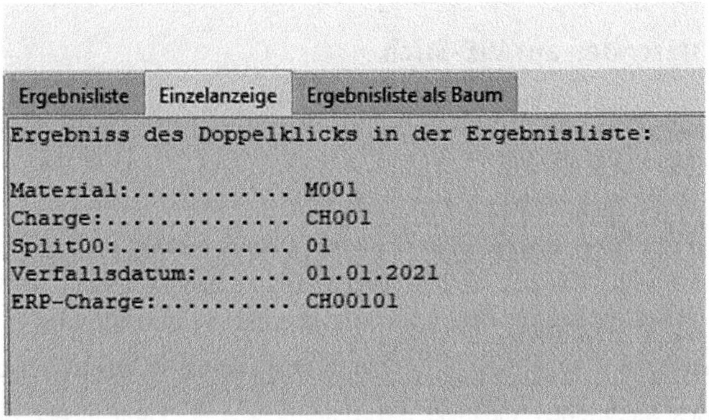

Abb. 8.239 SMILE – GUI – Chargen – Einzelbild

„*JA*' komplett beinhalten, werden markiert (siehe Abb. 8.244: SMILE – GUI – Nummernkreise).

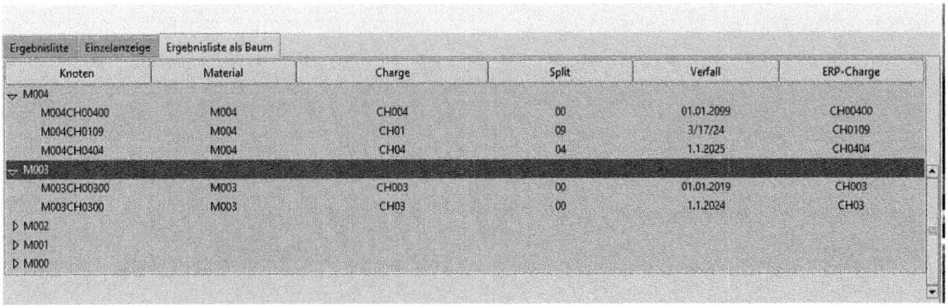

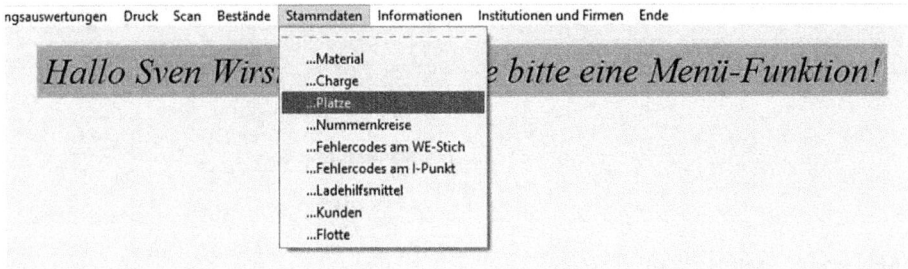

Abb. 8.240 SMILE – GUI – Chargen – Baum

Abb. 8.241 SMILE – MENÜ – Lagerplätze

8.11.5 Fehlercodes am WE-Stich

Die ‚*Fehlercodes*' am WE-Stich sind wie in folgender Abbildung dargestellt über das Menü erreichbar (Abb. 8.245).

Es öffnet sich folgendes Fenster (Abb. 8.246):

Die Drucktaste Datenselektion ausführen dient zur Datenselektion.

Im unteren Fenster-Bereich werden die Ergebnisse nach Selektion als Liste angezeigt.

Die Taste Anwendung verlassen dient zum Beenden der Stammdatenanzeige.

Der Balken zeigt den Fortschritt der Datenselektion an.

Mithilfe des Suchfeldes Suche ausführen | Char kann in der Ergebnisliste das eingegebene Wort gesucht werden. Beispielhaft ist das Wort ‚*Char*' eingetragen. Alle Zeilen, die das Wort ‚*Char*' komplett beinhalten, werden markiert (siehe Abb. 8.246: SMILE – GUI – Fehlercodes am I-Punkt).

8.11 Stammdaten

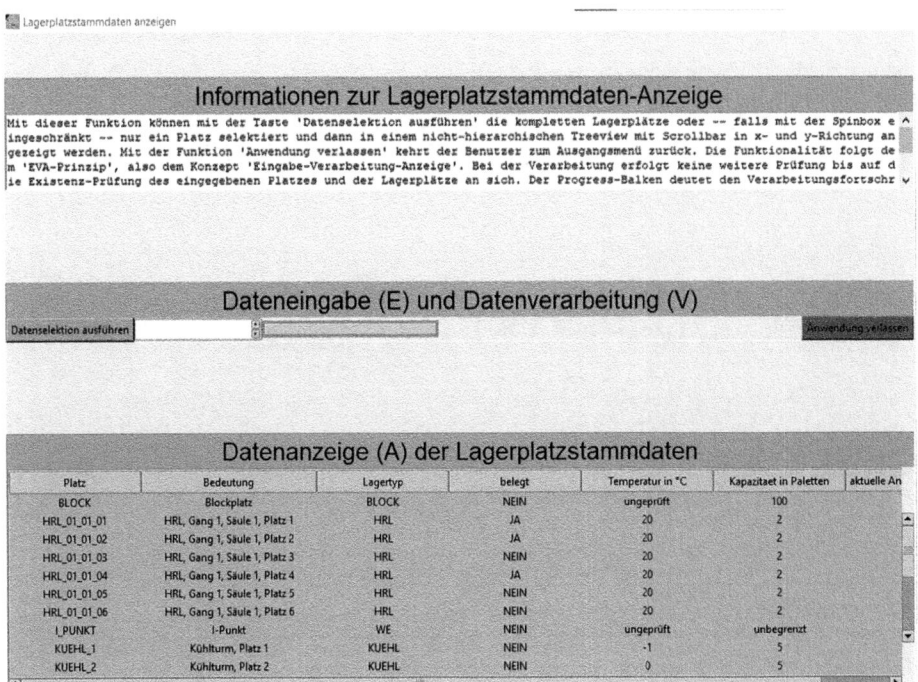

Abb. 8.242 SMILE – GUI – Lagerplätze

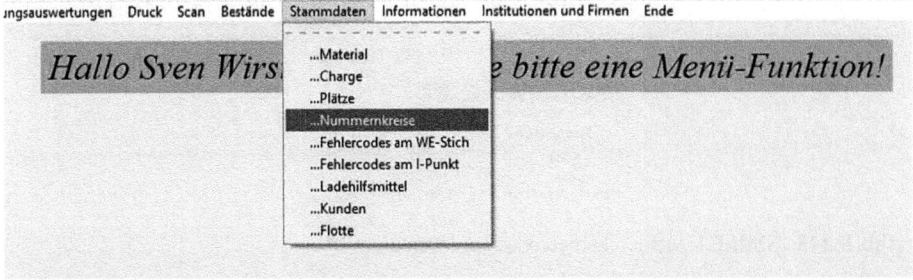

Abb. 8.243 SMILE – Menü – Nummernkreise

8.11.6 Fehlercodes am I-Punkt

Die Fehlercodes am I-Punkt können über den Menü-Punkt ‚*Stammdaten - > Fehlercodes am I-Punkt'* angezeigt werden (Abb. 8.247).
Folgender GUI-Dialog erscheint (Abb. 8.248):

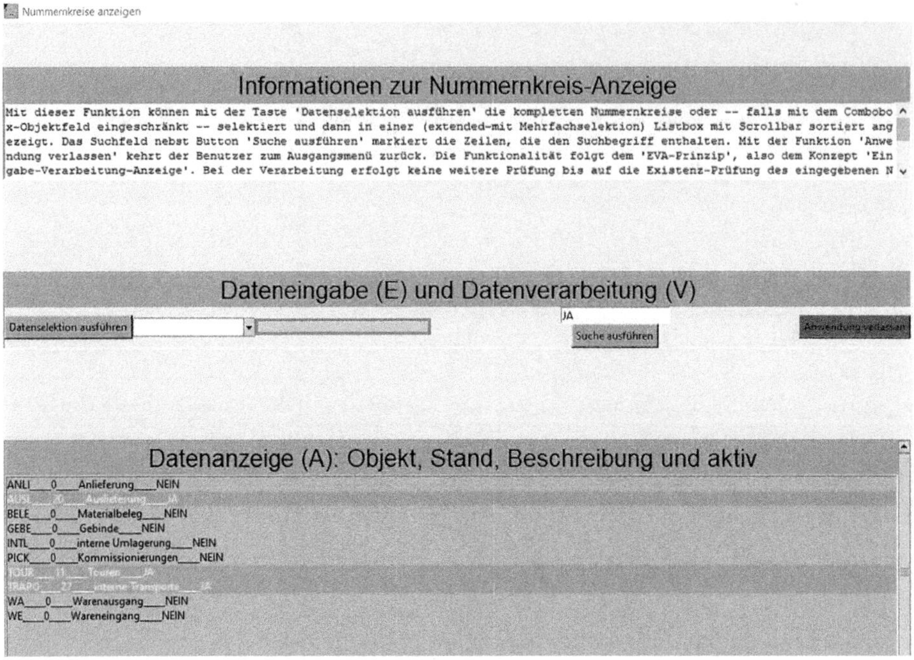

Abb. 8.244 SMILE – GUI – Nummernkreise

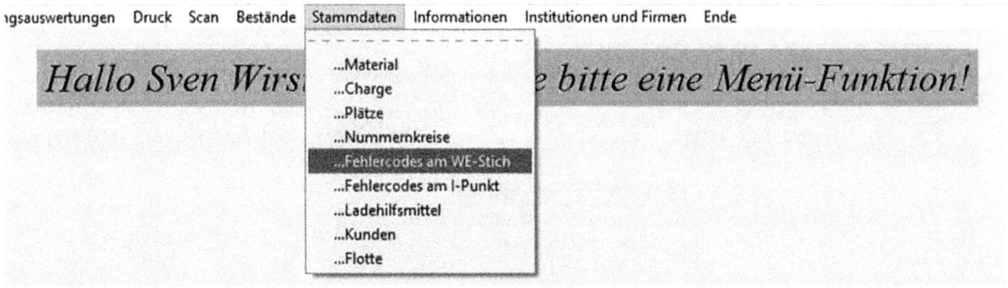

Abb. 8.245 SMILE – Menü – Fehlercodes am I-Punkt

Mit der Drucktaste `Datenselektion ausführen` erfolgt die Selektion der Fehlercodes. Weitere Einschränkungen können zur Selektion nicht eingegeben werden.

Im unteren Bereich werden die Selektions-Ergebnisse als Tabelle angezeigt.

Die Taste `Anwendung verlassen` dient zum Beenden der Stammdatenanzeige.

Der Balken [⁣⁣⁣⁣⁣⁣⁣⁣⁣⁣⁣⁣⁣⁣] zeigt den Fortschritt der Datenselektion an.

8.11 Stammdaten

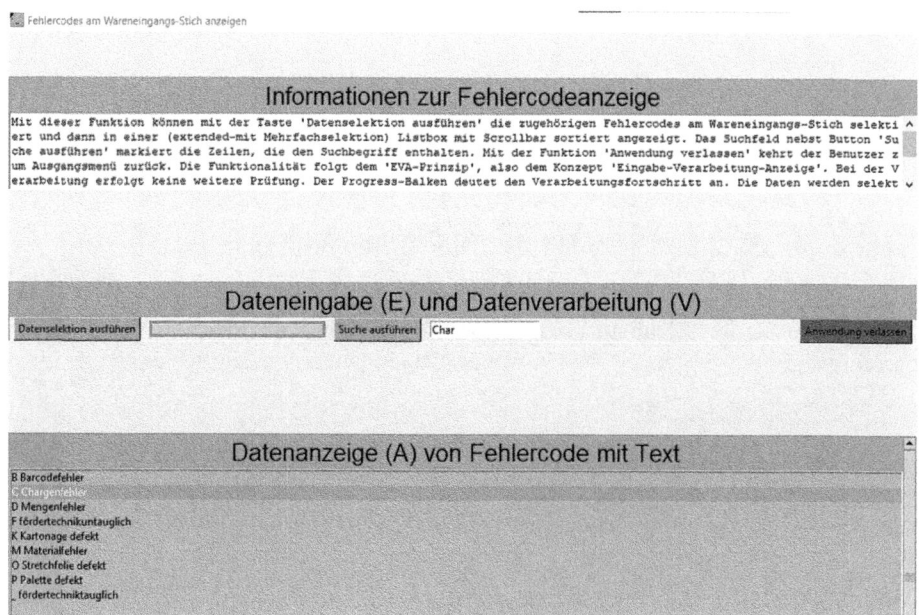

Abb. 8.246 SMILE – GUI – Fehlercodes am I-Punkt

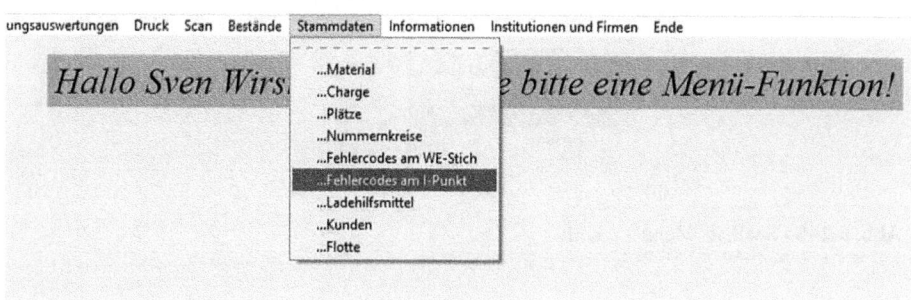

Abb. 8.247 SMILE – Menü – Fehlercodes am I-Punkt

8.11.7 Ladehilfsmittel

Die Anzeige der Ladehilfsmittel = LHMs erreicht man im Menü unter ‚*Stammdaten - > Ladehilfsmittel*' (Abb. 8.249).

Es öffnet sich folgendes Fenster (Abb. 8.250):

Rechts neben der Drucktaste Datenselektion ausführen befindet sich das Feld zur Eingabe der ‚*LHMs*'. Wird es nicht gefüllt, werden nachfolgend

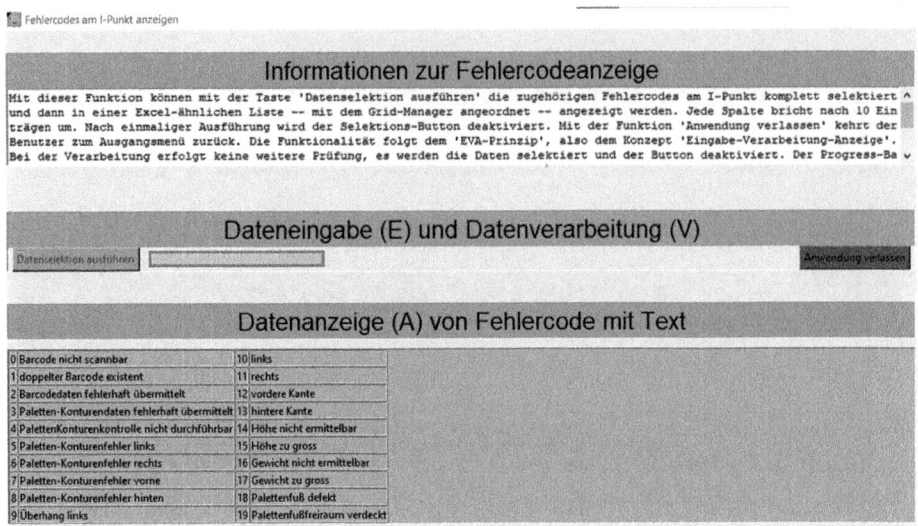

Abb. 8.248 SMILE – GUI – Fehlercodes am I-Punkt

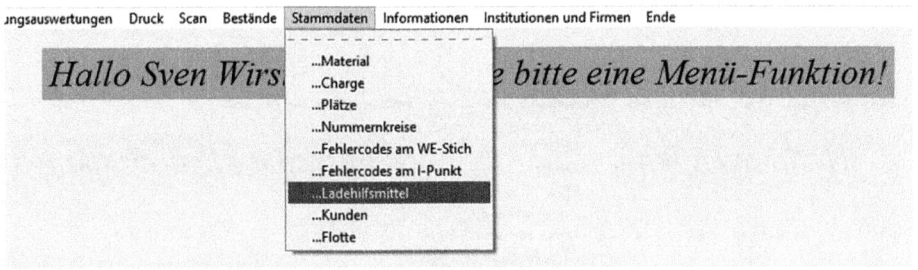

Abb. 8.249 SMILE- Menü – LHMs

alle LHMs selektiert. Das Eingabefeld besitzt rechtsseitig Pfeiltasten , mit denen die Eingabe unterstützt wird (Blättern in den möglichen LHMs).

Im unteren Fenster-Bereich werden die Selektions-Ergebnisse als Liste angezeigt.

Die Taste dient zum Beenden der LHM-Anzeige.

Der Balken zeigt den Fortschritt der Datenselektion an.

Das Ankreuzfeld technische Dokumentation anzeigen dient zur Anzeige eine technischen Dokumentation zum gewählten LHM im PDF-Format.

In der Fenster-Mitte befindet sich ein Bild, das nach dem Markieren einer Zeile in der Datenanzeige entsprechend geändert wird. Die technische Dokumentation öffnet sich gleichzeitig (Abb. 8.251).

8.11 Stammdaten

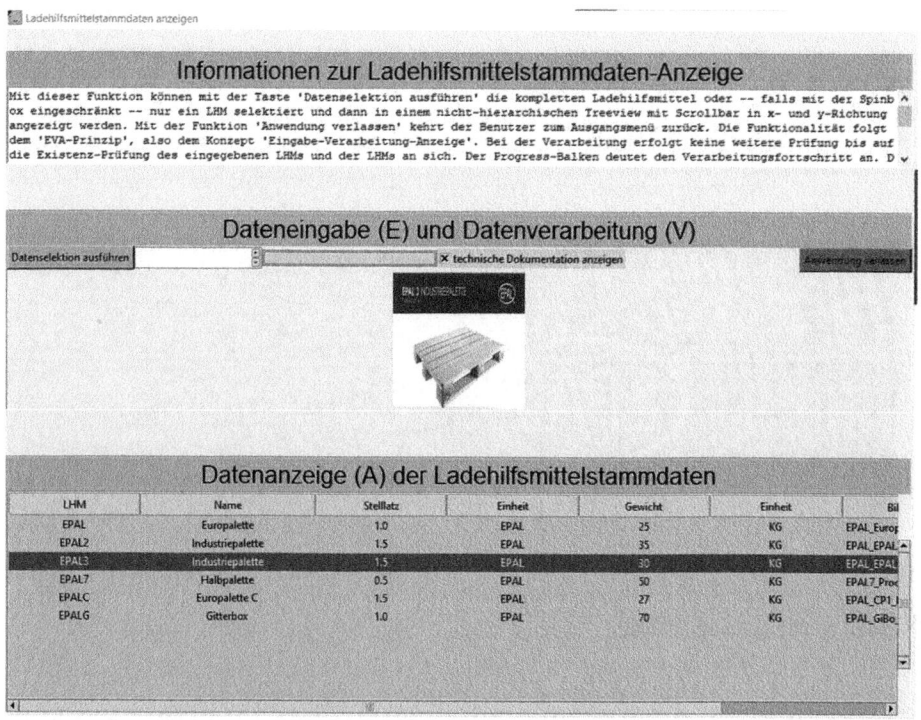

Abb. 8.250 SMILE-GUI-LHMs

Abb. 8.251 SMILE – GUI – LHM – technische Dokumentation

Abb. 8.252 SMILE – GUI – LHM – Homepage EPAL

Das jeweilige LHM-Bild auf der Oberfläche des Dialogs ist mit der Homepage von EPAL verlinkt (Abb. 8.252).

8.11.8 Kunden

Der Menü-Punkt ,*Stammdaten - > Kunden*' führt die Kunden-Stammdatenanzeige aus (Abb. 8.253).

Nachfolgend öffnet sich ein GUI-Dialog (Abb. 8.254):

Rechts neben der Drucktaste Datenselektion ausführen befindet sich das Feld LI-MS-0001 zur Eingabe des ,*Kunden*'. Wird es nicht gefüllt, werden

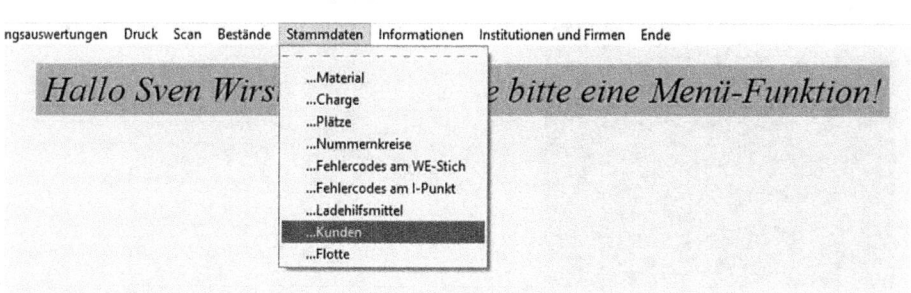

Abb. 8.253 SMILE – Menü – Kundenstammdaten

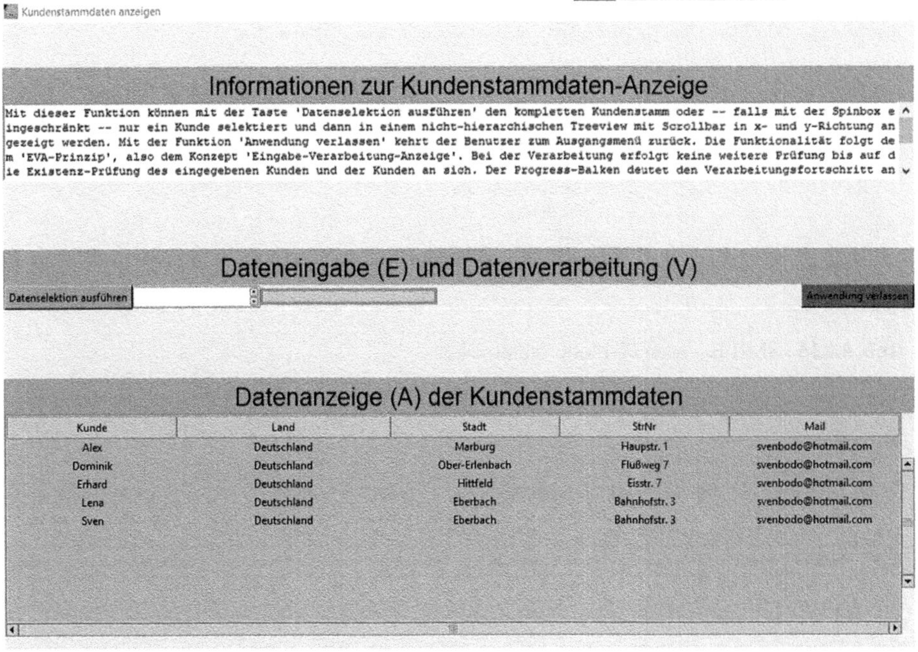

Abb. 8.254 SMILE – GUI – Kundendaten

folgend alle Kunden selektiert. Das Eingabefeld besitzt rechts Pfeiltasten, mit denen die Eingabe unterstützt wird (Blättern in den möglichen Kunden).

Im unteren Fenster-Bereich werden die Selektions-Ergebnisse als Liste angezeigt.

Die Taste [Anwendung verlassen] dient zum Beenden der Kunden-Stammdatenanzeige.

Der Balken zeigt den Fortschritt der Datenselektion an.

8.11.9 Flotte

Unter dem Menü-Punkt ***‚Stammdaten - > Flotte‘*** sind die Stammdaten zur Flotte = LKWs abgelegt (Abb. 8.255).

Nach Ausführung des Menü-Punktes öffnet sich folgender Dialog (Abb. 8.256):

Neben der Drucktaste [Datenselektion ausführen] befindet sich das Feld zur Eingabe des ***‚LKW-Kennzeichens‘***. Wird es nicht gefüllt, werden nachfolgend alle LKWs selektiert. Das Eingabefeld besitzt rechts Pfeiltasten, mit denen die Eingabe unterstützt wird. Im unteren Fenster-Bereich werden die Selektions-Ergebnisse als Liste angezeigt.

Die Taste [Anwendung verlassen] dient zum Beenden der Flotten-Stammdatenanzeige.

Das Firmenlogo ist mit der Homepage der Firma trilogIQa verlinkt.

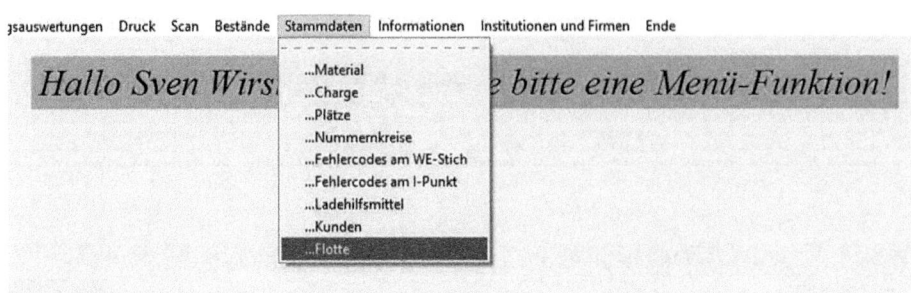

Abb. 8.255 SMILE – Menü – Flottenstammdaten

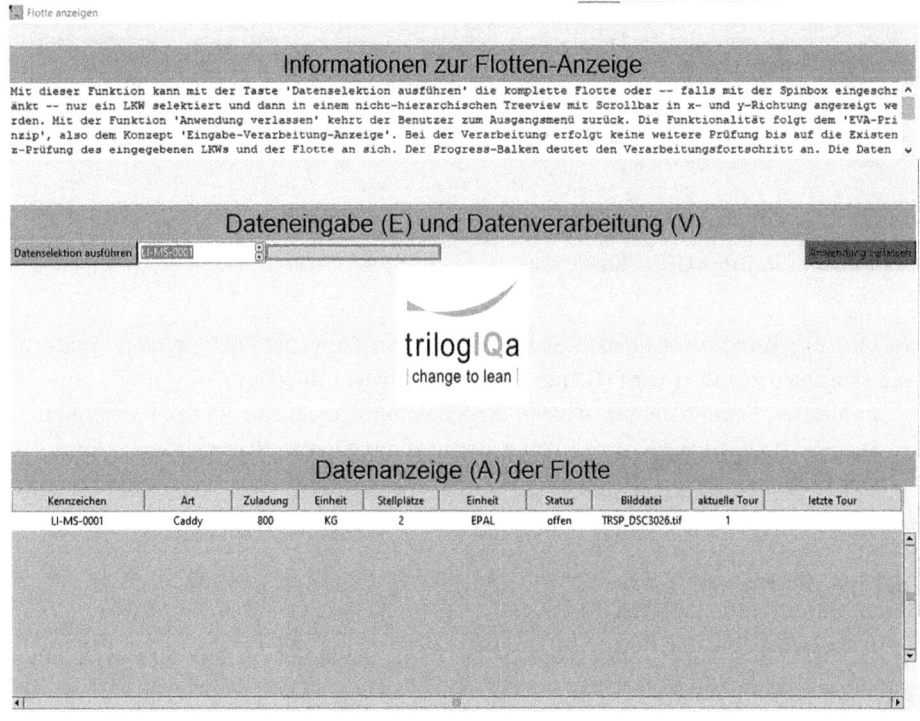

Abb. 8.256 SMILE – GUI – Flotte

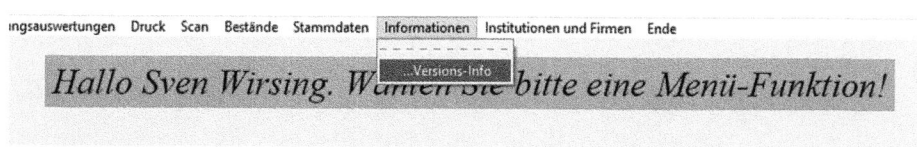

Abb. 8.257 SMILE – Menü – Versions-Info

Abb. 8.258
SMILE – GUI – Versions-Info

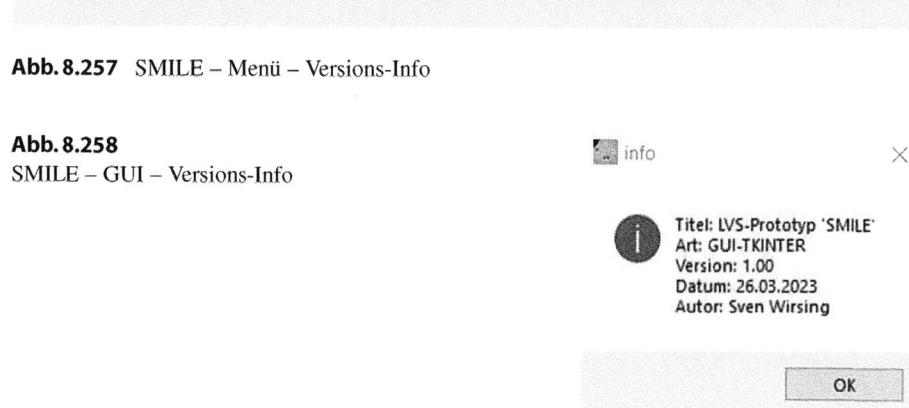

8.12 Informationen

8.12.1 Versions-Information

Die Versions-Information findet sich im Menü unter ‚*Informationen - > Versions-Info*' (Abbs. 8.257 und 8.258).

Mit dem Button ‚*OK*' wird das Fenster geschlossen. Man befindet sich anschließend wieder im Menü.

8.13 beteiligte Institutionen und Firmen

8.13.1 beteiligte Institutionen

Die an SMILE beteiligten Institutionen (in Form von Bereitstellung von diversen Dateien und inhaltlichen Diskussionen) sind im Menü unter ‚*Institutionen und Firmen - > Institutionen*' mit ihrem Logo aufgeführt (Abbs. 8.259 und 8.260):.

Durch ein Druck auf das jeweilige Logo wird zur entsprechenden Homepage weitergeleitet, hier bspw. die Hochschule Rhein-Main (Abb. 8.261).

Durch die Taste zurück zum Menü gelangt man wieder zum Menü zurück. Das aktuelle Fenster der beteiligten Institutionen wird geschlossen.

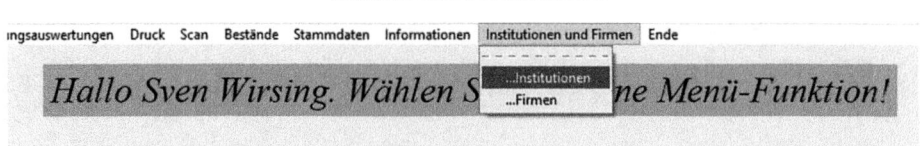

Abb. 8.259 SMILE – Menü – Institutionen

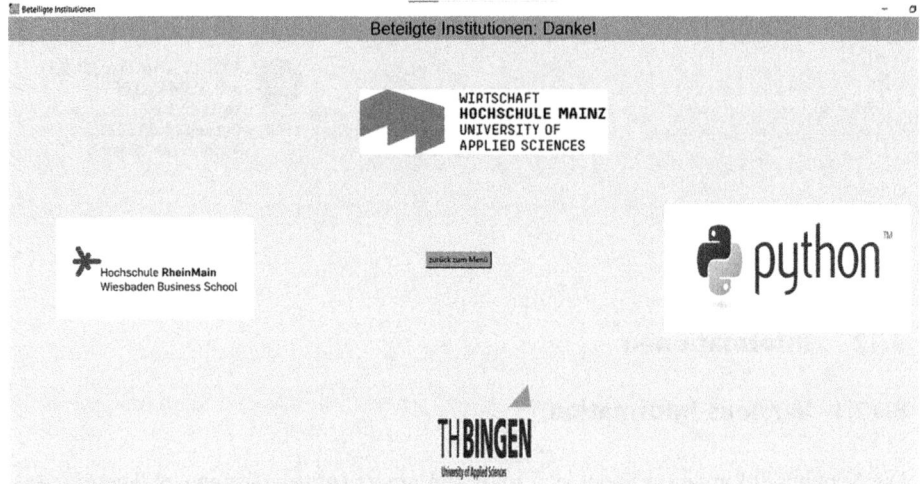

Abb. 8.260 SMILE – GUI – Institutionen

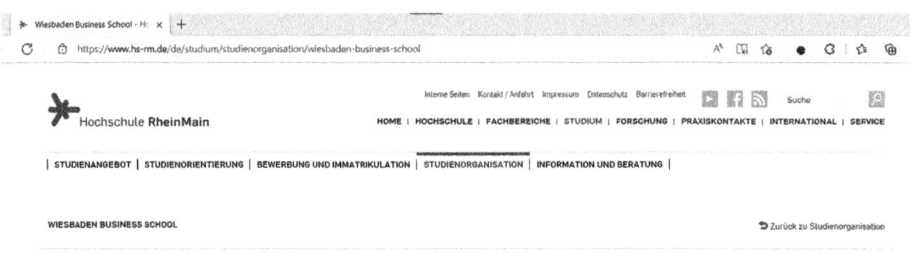

Abb. 8.261 SMILE – GUI – Homepage Hochschule Rhein-Main

8.13.2 beteiligte Firmen

Die an SMILE beteiligten Firmen (in Form von Bereitstellung von diversen Dateien und inhaltlichen Diskussionen) sind im Menü unter ‚*Institutionen und Firmen - > Firmen*' mit ihrem Firmenlogo aufgeführt (Abbs. 8.262 und 8.263).

8.13 beteiligte Institutionen und Firmen

Abb. 8.262 SMILE – Menü – Firmen

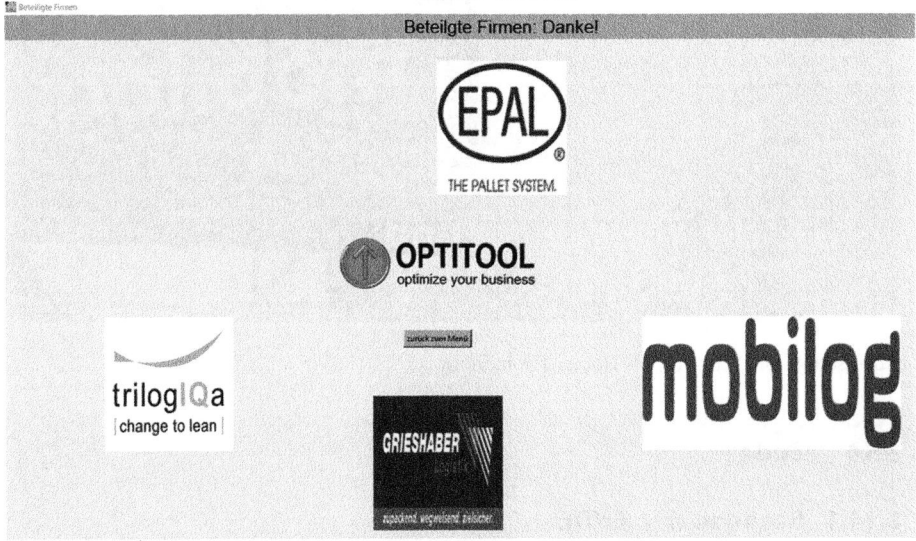

Abb. 8.263 SMILE – GUI – Firmenlogos

Durch ein Druck auf das Logo wird man zur entsprechenden Homepage weitergeleitet, hier z. B. von der Firma mobilog (Abb. 8.264).

Durch die Taste `zurück zum Menü` gelangt man zum Menü zurück. Das aktuelle Fenster der beteiligten Firmen wird geschlossen.

Abb. 8.264 SMILE – GUI – Homepage mobilog

8.14 Ende

8.14.1 Beenden mit ‚ENDE'

Um SMILE zu beenden, **muss zwingend** im Menü die Funktion ‚*Ende - > Schliessen und Datensicherung*' ausgewählt werden (Abb. 8.265).

Das GUI-Fenster wird geschlossen. Auf der Konsole wird die Sicherung der Daten analog zur CLI-Version angezeigt (Abb. 8.266).

Achtung – wichtiger Hinweis

Abb. 8.265 SMILE – Menü – Ende

8.14 Ende

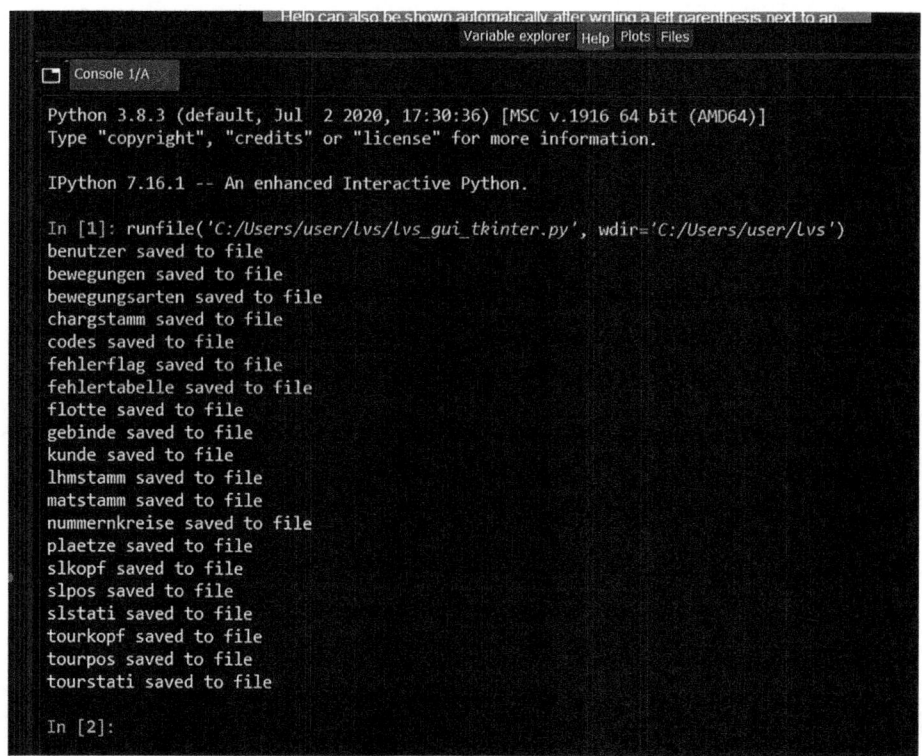

Abb. 8.266 SMILE – GUI – Datensicherung

Wird „*SMILE*" nicht auf diese Weise beendet, erfolgt keine Datenspeicherung in die CSV-Dateien! Alle Änderungen sind verloren und der alte Datenstand liegt beim nächsten Öffnen vor. Zudem kann ein falsch ausgeführtes Schliessen auch zu Dateninkonsistenzen und fehlenden CSV-Dateien führen. Zu einer fehlerhafte Sicherung kommt es auch dann, wenn einige der CSV-Dateien noch geöffnet sind!

Ausgewählte Szenarien zur SMILE-GUI-Version

9

Inhaltsverzeichnis

9.1	Szenario 1 – Useranlage, Login und Logout	248
9.2	Szenario 2 – Stammdaten	249
9.3	Szenario 3 – Bestandsauswertungen	249
9.4	Szenario 4 – Druck & Scan von QR-Barcodes	249
9.5	Szenario 5 – Umlagern & Bewegungsauswertung	253
9.6	Szenario 6 – Wareneingangskontrolle	257
9.7	Szenario 7 – manueller Wareneingang	257
9.8	Szenario 8 – Kühlgut	266
9.9	Szenario 9 – Einlagern	274
9.10	Szenario 10 – Lieferantenretoure	275
9.11	Szenario 11 – Verschrotten	275
9.12	Szenario 12 – Auslieferungen & Touren	275
9.13	Szenario 13 – Version, Institutionen & Firmen	288

In diesem Kapitel werden *‚Szenarien zur GUI-Version'* von SMILE vorgestellt, die im Prototyp prozessierbar sind. Die Szenarien decken alle Menü-Einträge der GUI-Version ab:

- Test SMILE – GUI-Version-Szenario 1 – Useranlage, Login und Logout.zip
- Test SMILE – GUI-Version-Szenario 2 – Stammdaten.zip
- Test SMILE – GUI-Version-Szenario 3 – Bestandsauswertungen.zip
- Test SMILE – GUI-Version-Szenario 4 – Druck & Scan von QR-Barcodes.zip
- Test SMILE – GUI-Version-Szenario 5 – Umlagern & Bewegungsauswertung.zip
- Test SMILE – GUI-Version-Szenario 6 – Wareneingangs-Kontrolle.zip
- Test SMILE – GUI-Version-Szenario 7 – manueller Wareneingang.zip

- Test SMILE – GUI-Version-Szenario 8 – Kühlgut.zip
- Test SMILE – GUI-Version-Szenario 9 – Einlagern.zip
- Test SMILE – GUI-Version-Szenario 10 – Lieferantenretoure.zip
- Test SMILE – GUI-Version-Szenario 11 – Verschrottung.zip
- Test SMILE – GUI-Version-Szenario 12 – Auslieferungen & Touren.zip
- Test SMILE – GUI-Version – Mailversand.zip
- Test SMILE – GUI-Version-Szenario 13 – Version, Institutionen & Firmen.zip

Für jedes Szenario werden die durchzuführenden Schritte aufgelistet.

Auch zu den GUI-Szenarien sind Videos downloadbar. Es empfiehlt sich, sie nur bei Problemen während des oder nach dem eigenen Durchspielen(s) zu nutzen.

9.1 Szenario 1 – Useranlage, Login und Logout

In diesem Szenario werden grundlegende Funktionen zur ‚*Useranlage*', zum ‚*Login*' und zum ‚*Abmelden*' vollzogen. Der Hashwert wird auf der Konsole mit dem Befehl *int(hashlib.sha256(passwortdesusers.encode('utf-8')).hexdigest(), 16) % 10**8* erzeugt. Dazu muss zunächst der Befehl **import hashlib** ausgeführt werden. Der Text ‚*passwortdesusers*' ist in Anführungszeichen einzugeben, also z. B. ‚*SMILE42*'.

Die Schritte des Szenarios werden in folgender Tabelle beschrieben (Tab. 9.1):

Das Szenario ist beispielhaft im Video ‚*Test SMILE – GUI-Version-Szenario 1 – Useranlage, Login und Logout.zip*' prozessiert.

Tab. 9.1 GUI-Szenario 1 – Useranlage, Login und Logout

Schritt	GUI Menü-Punkt/ Thema	Eingabedaten	Ausführung/Aktionen/Werte
1	**keiner, auf Konsole**	Passwort	Hashwert auf Konsole bestimmen
2	**keiner, im Excel**	Username, Hashwert	Useranlage in CSV-Datei benutzer.csv
3	**keiner, Spyder**	Keine	Datei LVS_GUI_TKINTER.PY aus Spyder ausführen
4	**keiner, Login-Felder füllen**	Username, Passwort	Daten aus Schritt 2 Login erfolgreich
5	**Ende-> Schliessen und Datensicherung**	keine	Anwendung wird geschossen Datenspeicherung erfolgt in CSV-Dateien und wird auf der Konsole angezeigt

9.2 Szenario 2 – Stammdaten

In diesem Szenario werden ‚*Stammdatenanzeigen*' zu folgenden Themen prozessiert:

- **Materialien**
- **Chargen**
- **Lagerplätzen**
- **Nummernkreisen**
- **Fehlerflags zum WE-Stich**
- **Fehlernummern am I-Punkt**
- **Ladehilfsmitteln**
- **Kunden und**
- **Flotten.**

Die Schritte des Szenarios sind (Tab. 9.2):
  Das Szenario ist beispielhaft im Video ‚*Test SMILE – GUI-Version-Szenario 2 – Stammdaten.zip*' erfasst.

9.3 Szenario 3 – Bestandsauswertungen

In diesem Szenario werden grundlegende Menü-Punkte zu ‚*Beständen*' (ausgenommen Kühlgutauswertung) verwendet:

- **Bestand zum Material**
- **Bestand zum Platz**
- **Bestand zum Gebinde und**
- **Gesamtbestand.**

Die Schritte des Szenarios sind in folgender Tabelle erfasst (Tab. 9.3).
  Das Szenario ist beispielhaft im Video ‚*Test SMILE – GUI-Version-Szenario 3 – Bestandsauswertungen.zip*' durchgespielt.

9.4 Szenario 4 – Druck & Scan von QR-Barcodes

In diesem Szenario werden grundlegende Aktionen zum ‚*Scannen und Drucken von QR-Barcodes*' durchgeführt (Tab. 9.4).
  Das Szenario ist beispielhaft im Video ‚*Test SMILE – GUI-Version-Szenario 4 – Druck & Scan von QR-Barcodes.zip*' prozessiert.

Tab. 9.2 GUI-Szenario 2 – Stammdaten

Schritt	GUI Menü-Punkt/Thema	Eingabedaten	Ausführung/Aktionen/Werte
1	**LOGIN**	keine	keine
1.1	keiner, Spyder	keine	Datei LVS_GUI_TKINTER.PY aus Spyder ausführen
1.2	keiner, Login-Felder füllen	Username, Passwort	Login erfolgreich
2	**Materialstamm**		
2.1	Stammdaten -> Material	Material	M001 Datenselektion ausführen
2.2	Stammdaten -> Material	Material	Keines Datenselektion ausführen Fehlermeldung beenden M005 Datenselektion ausführen Materialstamm verlassen
3	**Chargenstamm**		
3.1	Stammdaten -> Charge	Charge auch als Baum max. Anzahl	keine angekreuzt 100 Datenselektion ausführen beliebige Zeile durch Doppelklick markieren zu Einzelanzeige wechseln zu Baumanzeige wechseln und Baum an beliebiger Stelle ausklappen Anwendung verlassen
4	**Lagerplätze**	Lagerplatz	keine Datenselektion ausführen
4.1	Stammdaten -> Plätze	Lagerplatz	KUEHL_2 Datenselektion ausführen Anwendung verlassen
5	**Nummernkreise**		
5.1	Stammdaten -> Nummernkreise	Nummernkreis Suche	keinen Datenselektion ausführen ,TRA' eingeben als Wort Suche ausführen entsprechende Zeilen sind markiert Anwendung verlassen

(Fortsetzung)

9.4 Szenario 4 – Druck & Scan von QR-Barcodes

Tab. 9.2 (Fortsetzung)

Schritt	GUI Menü-Punkt/Thema	Eingabedaten	Ausführung/Aktionen/Werte
6	**Fehlercodes am WE-Stich**		
6.1	Stammdaten -> Fehlercodes am WE-Stich	keine Suche	Datenselektion ausführen ‚Menge' eingeben als Wort Suche ausführen entsprechende Zeilen sind markiert Anwendung verlassen
7	**Fehlercodes am I-Punkt**		
7.1	Stammdaten -> Fehlercodes am I-Punkt	keine	Datenselektion ausführen Anwendung verlassen
8	**Ladehilfsmittel**		
8.1	Stammdaten->Ladehilfsmittel	Ladehilfsmittel technische Dokumentation	‚EPAL3' eingeben ankreuzen Datenselektion ausführen Doppelklick auf die Ergebniszeile technische Dokumentation wird im Browser angezeigt Bild ändert sich ab Anwendung verlassen
9	**Kunden**		
9.1	Stammdaten -> Kunden	Kunde	‚Sven' eingeben Datenselektion ausführen keinen Kunden eingeben Datenselektion ausführen Anwendung verlassen
10	**Flotte**		
10.1	Stammdaten -> Flotte	Kennzeichen	‚SMILE002' eingeben Datenselektion ausführen kein Kennzeichen eingeben Datenselektion ausführen Mouse-Over auf dem Logo Doppelklick auf das Logo -> Browser mit Homepage öffnet sich Anwendung verlassen
11	**Ende**		
11.1	Ende-> Schliessen und Datensicherung	keine	Anwendung wird geschossen Datenspeicherung erfolgt in CSV-Dateien und wird auf der Konsole angezeigt

Tab. 9.3 GUI-Szenario 3 – Bestandsauswertungen

Schritt	GUI Menü-Punkt/ Thema	Eingabedaten	Ausführung/Aktionen/Werte
1	**LOGIN**	keine	keine
1.1	keiner, Spyder	keine	Datei LVS_GUI_TKINTER.PY aus Spyder ausführen
1.2	keiner, Login-Felder füllen	Username, Passwort	Login erfolgreich
2	**Bestand zum Material**		
2.1	Bestände -> Bestand zum Material	Material	keines Datenselektion ausführen Fehlermeldung bestätigen
2.2	Bestände -> Bestand zum Material	Material Status	M001 alle Mouse-Over auf dem Materialfeld zeigt kleines Popup an Datenselektion ausführen durch grünen Button oder durch Return-Taste Summe Materialbestand ausführen Status = L einschränken und Return drücken Summe Materialbestand ausführen Anwendung wird geschossen
3	**Bestand zum Platz**		
3.1	Bestände -> Bestand zum Platz	Platz	keiner Datenselektion ausführen Fehlermeldung bestätigen
3.2	Bestände -> Bestand zum Platz	Platz Status	WE_STICH alle Datenselektion ausführen durch grünen Button Summe Platzbestand ausführen Status = A einschränken und erneut selektieren Summe Platzbestand ausführen Anwendung wird geschossen
4	**Bestand zum Gebinde**		
4.1	Bestände -> Bestand zum Gebinde	Gebinde	keines Datenselektion ausführen Fehlermeldung bestätigen
4.2	Bestände -> Bestand zum Gebinde	Gebinde	4712 Datenselektion ausführen Anwendung wird geschossen

(Fortsetzung)

Tab. 9.3 (Fortsetzung)

Schritt	GUI Menü-Punkt/ Thema	Eingabedaten	Ausführung/Aktionen/Werte
5	**Gesamtbestand**		
5.1	Bestände -> Gesamtbestand	auch als Baum max. Anzahl	nicht angekreuzt 100 Gesamtbestand drücken eine Zeile durch Doppelklick markieren zur Einzelanzeige wechseln Baumanzeige ist leer Excel-Taste für Download nutzen und Download durchführen Excel-Datei anzeigen
5.2	Bestände -> Gesamtbestand	auch als Baum max. Anzahl	angekreuzt 200 Gesamtbestand drücken eine Zeile durch Doppelklick markieren zur Einzelanzeige wechseln Baumanzeige ist nicht leer
6	**Ende**		
6.1	Ende-> Schliessen und Datensicherung	keine	Anwendung wird geschossen Datenspeicherung erfolgt in CSV-Dateien und wird auf der Konsole angezeigt

9.5 Szenario 5 – Umlagern & Bewegungsauswertung

In diesem Szenario werden grundlegende Menü-Funktionen zur ‚*Umlagerung und zur Bewegungsauswertung*' prozessiert. Umzulagernde Gebinde werden aus dem Gesamtbestand ausgewählt. Die Umlagerungen werden mit und ohne Gebindescan sowie mit und ohne Transportbeleg durchgeführt. Bei der Umlagerung werden zudem Fehler provoziert (Gebinde avisiert, Gebinde unbekannt, Zielplatz unbekannt, Zielplatz nicht eingegeben). Nach der Umlagerung werden die Zielplatzänderungen durch die Gebinde-Information sowie die erzeugten Bewegungen durch die Bewegungsauswertung überprüft.

Die Schritte des Szenarios beinhaltet folgende Tabelle (Tab. 9.5).

Das Szenario ist beispielhaft im Video ‚*Test SMILE – GUI-Version-Szenario 5 – Umlagern & Bewegungsauswertung.zip*' durchgeführt.

Tab. 9.4 GUI-Szenario 4 – Scan & Druck von QR-Barcodes

Schritt	GUI Menü-Punkt/Thema	Eingabedaten	Ausführung/Aktionen/Werte
1	**LOGIN**	keine	keine
1.1	keiner, Spyder	keine	Datei LVS_GUI_TKINTER.PY aus Spyder ausführen
1.2	keiner, Login-Felder füllen	Username, Passwort	Login erfolgreich
2	**Druck**		
2.1	Druck -> Gebinde QR-Code	Gebinde	keines Gebinde QR-Code erstellen Fehlermeldung bestätigen
2.2	Druck -> Gebinde QR-Code	Gebinde	4711 Gebinde QR-Code erstellen Fehlermeldung bestätigen
2.3	Druck -> Gebinde QR-Code	Gebinde	4712 Gebinde QR-Code erstellen Infomeldung bestätigen PNG-Datei im Ordner öffnen PNG-Datei auf Drucker ausdrucken
2.4	Druck -> Gebinde QR-Code	Gebinde	TEST111 Gebinde QR-Code erstellen Infomeldung bestätigen Anwendung verlassen PNG-Datei im Ordner öffnen PNG-Datei auf Drucker ausdrucken
3	**Scan**		
3.1	Scan -> QR-Code scannen	QR-Barcode	keiner Kamera mir ‚q' abbrechen
3.2	Scan -> QR-Code scannen	QR-Barcode	QR-Code aus 2.3 Scan erfolgreich, Inhalt wird angezeigt
3.3	Scan -> QR-Code scannen	QR-Barcode	QR-Code aus 2.4 Scan erfolgreich, Inhalt wird angezeigt Anwendung verlassen
4	**Ende**		
4.1	Ende-> Schliessen und Datensicherung	keine	Anwendung wird geschossen Datenspeicherung erfolgt in CSV-Dateien und wird auf der Konsole angezeigt

9.5 Szenario 5 – Umlagern & Bewegungsauswertung

Tab. 9.5 GUI-Szenario 5 – Umlagern & Bewegungsauswertung

Schritt	GUI Menü-Punkt/Thema	Eingabedaten	Ausführung/Aktionen/Werte
1	**LOGIN**	keine	keine
1.1	keiner, Spyder	keine	Datei LVS_GUI_TKINTER.PY aus Spyder ausführen
1.2	keiner, Login-Felder füllen	Username, Passwort	Login erfolgreich
2	**Gesamtbestand**		
2.1	Bestand -> Gesamtbestand	max. Anzahl auch als Baum	100 nicht angehakt ein avisiertes Gebinde (Status A) notieren zwei Gebinde im Status L notieren inkl. aktueller Lagerplatz Anwendung verlassen
3	**Gebinde-Label drucken**		
3.1	Druck -> Gebinde-QR-Code	Gebinde	Gebinde im Status L aus 2.1 Drucken Infomeldung bestätigen PNG-Datei auf Drucker ausdrucken optional analog für das zweites Gebinde durchführen Anwendung beenden
4	**Umlagern**		
4.1	Interne Bewegungen -> Umlagern	Gebinde	Gebinde im Status A aus 2.1 manuell eingeben Return oder ‚Umlagern'-Taste drücken Fehlermeldung bestätigen, daß das Gebinde avisiert ist
4.2	Interne Bewegungen -> Umlagern	Gebinde	ein unbekanntes Gebinde eingeben (z. B. SMILE123456) Return oder ‚Umlagern'-Taste drücken Fehlermeldung bestätigen, daß Gebinde unbekannt ist
4.3	Interne Bewegungen -> Umlagern	Gebinde	kein Gebinde eingeben Return oder ‚Umlagern'-Taste drücken Fehlermeldung bestätigen, daß Gebinde nicht eingegeben ist
4.4	Interne Bewegungen -> Umlagern	Gebinde Zielplatz	Gebinde im Status L aus 2.1 manuell eingeben unbekannter Platz, z. B. SMILE-111 Return oder ‚Umlagern'-Taste drücken Fehlermeldung bestätigen, daß Zielplatz unbekannt

(Fortsetzung)

Tab. 9.5 (Fortsetzung)

Schritt	GUI Menü-Punkt/Thema	Eingabedaten	Ausführung/Aktionen/Werte
4.5	Interne Bewegungen -> Umlagern	Gebinde Zielplatz	Gebinde im Status L aus 2.1 manuell eingeben Platz nicht eingeben Return oder ‚Umlagern'-Taste drücken Fehlermeldung bestätigen, daß Zielplatz nicht eingegeben ist
4.6	Interne Bewegungen -> Umlagern	Gebinde Zielplatz	Gebinde im Status L aus 2.1 manuell eingeben SCHROTT Return oder ‚Umlagern'-Taste drücken
4.7	Interne Bewegungen -> Umlagern	Gebinde Zielplatz	Gebinde im Status L aus 2.1 einscannen RETOURE Return oder ‚Umlagern'-Taste drücken Anwendung verlassen
5	**Gebindeinfo**		
5.1	Bestand -> Bestand zum Gebinde	Gebinde	Gebinde im Status L aus 4.6 Datenselektion ausführen Platz = SCHROTT
5.2	Bestand -> Bestand zum Gebinde	Gebinde	Gebinde im Status L aus 4.7 Datenselektion ausführen Platz = RETOURE Anwendung verlassen
6	**Bewegungsauswertung**		
6.1	Bewegungsauswertung -> alle Bewegungen	Bewegungsart auch als Baum max. Anzahl	HU_TA Nicht anhaken 100 Bewegungen anzeigen Gebinde aus 5.1 und 5.2 werden mit angezeigt Excel – Download durchführen Info-Meldung bestätigen Datei öffnen und wieder schliessen Anwendung verlassen
7	**Ende**		
7.1	Ende-> Schliessen und Datensicherung	keine	Anwendung wird geschossen Datenspeicherung erfolgt in CSV-Dateien und wird auf der Konsole angezeigt

9.6 Szenario 6 – Wareneingangskontrolle

In diesem Szenario wird die ‚*Wareneingangskontrolle*' ausgeführt. Mathematisch ist in diesem Zusammenhang insbesondere die Binärzerlegung natürlicher Zahlen von Bedeutung.

Für das Prozessieren wird zunächst ein Gebinde avisiert und nachfolgend auf dem Wareneingangsstich als fehlerhaft gekennzeichnet. Dem Gebinde wird am I-Punkt per Zufallszahlen ein Fehlercode zugeordnet. Nach dem Weitertransport zum K-Punkt werden die Fehler am Richtplatz-GUI-Dialog angezeigt. Am K-Punkt erfolgt eine Abnahme von der Fördertechnik inkl. Lieferantenretoure bzw. mittels zweitem avisierten Gebinde eine erneute Einlagerung durch einen Transport zum I-Punkt.

Als Material werden ein nicht-chargenpflichtiges – M005 – und ein chargenpflichtiges – M001 – verwendet.

Es werden diverse Fehler provoziert. Es kann etwa Kühlgut nicht avisiert werden.

Bei Eingabe der Gebindenummer muss geprüft werden, daß diese Nummer noch nicht im SMILE-Prototypen existiert. Gute Chancen haben Gebindenummern beginnend mit der Nummer 6,7,8 oder 9.

Nach jedem Schritt wird per Gebinde-Information der aktuelle Platz der avisierten Gebinde angezeigt.

Folgende Tabelle zeigt die Schritte des Szenarios (Tab. 9.6).

Das Szenario ist beispielhaft im Video ‚*Test SMILE – GUI-Version-Szenario 6 – Wareneingangs-Kontrolle.zip*' erfasst. Beim Scannen wurde ein alter Barcode mit dem Präfix ‚*LMIS*' verwendet. Aus diesem Grund war das Scannen im Video fehlerhaft und eine manuelle Nacherfassung notwendig. Bei neu ausgedruckten QR-Barcodes ist dieser Fehler nicht mehr vorhanden. Ihr Präfix ist richtigerweise nun ‚*SMILE*'.

9.7 Szenario 7 – manueller Wareneingang

In diesem Szenario wird der ‚*manuelle Wareneingang*' vollzogen. Mathematisch ist dabei insbesondere der Umgang mit Chargen und Splits von Bedeutung, der durch Worte, deren Länge, Alphabete und Prüfung der ERP-Chargen abgebildet wird.

Für das Prozessieren werden zunächst zwei Wareneingänge zum chargenpflichtigen Material M002 gebucht. Zu diesem Zweck wird einmal eine datentechnisch existierende Chargen-Split- und bei der zweiten Buchung eine neue Kombination verwendet. Die neue Charge wird folgend angezeigt, ebenso die beiden durch die Wareneingänge gebuchten Gebinde. Für eines von beiden wird ein Label gedruckt. Anschließend werden beide Gebinde eingelagert. Aus diesem Grund wird der Einlagertyp ‚*HRL*' sowie die Strategie ‚*LEERAB*' zum Einlagern ermittelt. Auf dieser Basis wird ein Lagerplatz durch

Tab. 9.6 GUI-Szenario 6 – Wareneingangs-Kontrolle

Schritt	GUI Menü-Punkt/ Thema	Eingabedaten	Ausführung/Aktionen/Werte
1	**LOGIN**	keine	keine
1.1	keiner, Spyder	keine	Datei LVS_GUI_TKINTER.PY aus Spyder ausführen
1.2	keiner, Login-Felder füllen	Username, Passwort	Login erfolgreich
2	**Avisierung**		
2.1	Wareneingang -> avisiert	Gebinde Gebinde Gebinde Gebinde Material Material Material Menge Menge Menge Menge Lieferant Lieferant Label anzeigen	SMILE + Return drücken Fehlermeldung bestätigen (nur Zahlen verwenden) leerlassen + Return drücken Fehlermeldung bestätigen (Gebinde fehlt) 4712 Fehlermeldung bestätigen (Gebinde existiert schon) beginnend mit der Nummer 6,7,8 oder 9 + Return M007 + Return drücken Fehlermeldung bestätigen (Material unbekannt) M000 + Return drücken Fehlermeldung bestätigen (Material kühlpflichtig) M005 + Return drücken Einheit automatisch gefüllt Charge und Split nicht eingebbar leerlassen + Return drücken Fehlermeldung bestätigen (Menge fehlt) A1 + Return drücken Fehlermeldung bestätigen (Menge numerisch) 1.2 + Return drücken Fehlermeldung bestätigen (Menge ganzzahlig) 13 + Return drücken leerlassen + Return drücken Fehlermeldung bestätigen (Lieferant fehlt) beliebigen Text eingeben + Return drücken AVIS anlegen Protokoll anschauen Markieren Label drucken

(Fortsetzung)

9.7 Szenario 7 – manueller Wareneingang

Tab. 9.6 (Fortsetzung)

Schritt	GUI Menü-Punkt/ Thema	Eingabedaten	Ausführung/Aktionen/Werte
			Infomeldung bestätigen Label wird angezeigt Label schliessen Label auf Pfad finden und von dort öffnen Label ausdrucken optional Label mit Handy abfotografieren optional Label mit Handy lesen lassen Label wieder schliessen
2.2	Wareneingang -> avisiert	Gebinde Material Lieferant Menge Charge Charge Charge Split Split Split Split Split Label anzeigen	beginnend mit der Nummer 6,7,8 oder 9 + Return M001 + Return beliebigen Text eingeben + Return drücken 42 + Return drücken SMILE + Return Fehlermeldung bestätigen (Charge unbekannt) leerlassen + Return Fehlermeldung bestätigen (Charge fehlt) CH001 + Return leerlassen + Return Fehlermeldung bestätigen (Split fehlt) 111 + Return Fehlermeldung bestätigen (Split zu lang) A1 + Return Fehlermeldung bestätigen (Split nicht numerisch) 42 + Return Fehlermeldung bestätigen (Split nicht bekannt) 01 + Return AVIS anlegen Protokoll anschauen Markieren Label drucken Infomeldung bestätigen Label wird angezeigt Label schliessen Label auf Pfad finden und von dort öffnen Label ausdrucken optional Label mit Handy abfotografieren optional Label mit Handy lesen lassen Label wieder schliessen Anwendung verlassen

(Fortsetzung)

Tab. 9.6 (Fortsetzung)

Schritt	GUI Menü-Punkt/ Thema	Eingabedaten	Ausführung/Aktionen/Werte
3	**Gebindeinfo**		
3.1	Bestand -> Bestand zum Gebinde	Gebinde	Gebinde aus 2.1 Datenselektion ausführen Platz = WE_STICH Status = A Material = M001 Charge = CH001 Split = 01 Menge aus 2.1 Lieferant aus 2.1 Einheit = ST Fehlerflag = blank Fehlercode = 0
3.2	Bestand -> Bestand zum Gebinde	Gebinde	Gebinde aus 2.2 Datenselektion ausführen Platz = WE_STICH Status = A Material = M005 Charge = blank Split = blank Menge aus 2.2 Lieferant aus 2.2 Einheit = ST Fehlerflag = blank Fehlercode = 0 Anwendung verlassen
4	**Stichkontrolle**		
4.1	Wareneingang -> Stichkontrolle	Gebinde Gebinde Gebinde Gebinde Fehlerflag Weitertransport	leerlassen + Return Fehlermeldung bestätigen (Gebinde fehlt) SMILE + Return Fehlermeldung bestätigen (Gebinde unbekannt) 4712 + Return Fehlermeldung bestätigen (Gebinde nicht Stich) Gebinde aus 2.1 manuell eingeben + Return D mit Wertehilfe eingeben anhaken Flag setzen Protokoll lesen

(Fortsetzung)

9.7 Szenario 7 – manueller Wareneingang

Tab. 9.6 (Fortsetzung)

Schritt	GUI Menü-Punkt/ Thema	Eingabedaten	Ausführung/Aktionen/Werte
4.2	Wareneingang -> Stichkontrolle	Gebinde Fehlerflag Weitertransport	einscannen per QR-Code aus 2.2 Gebindefeld gefüllt Protokoll zum Scannen erscheint M mit Wertehilfe eingeben anhaken Flag setzen Protokoll lesen Anwendung verlassen
5	**Gebindeinfo**		
5.1	Bestand -> Bestand zum Gebinde	Gebinde	Gebinde aus 2.1 Datenselektion ausführen Platz = TRANSPORT_I_PUNKT Status = A Material = M001 Charge = CH001 Split = 01 Menge aus 2.1 Lieferant aus 2.1 Einheit = ST Fehlerflag = D Fehlercode = 0
5.2	Bestand -> Bestand zum Gebinde	Gebinde	Gebinde aus 2.2 Datenselektion ausführen Platz = TRANSPORT_I_PUNKT Status = A Material = M005 Charge = blank Split = blank Menge aus 2.2 Lieferant aus 2.2 Einheit = ST Fehlerflag = M Fehlercode = 0 Anwendung verlassen

(Fortsetzung)

Tab. 9.6 (Fortsetzung)

Schritt	GUI Menü-Punkt/Thema	Eingabedaten	Ausführung/Aktionen/Werte
6	**I-Punkt**		
6.1	Wareneingang -> I-Punkt Simulation	Gebinde Gebinde Gebinde Gebinde Gebinde Gebindeabtransport	leerlassen + Return Fehlermeldung bestätigen (Gebinde fehlt) SMILE + Return Fehlermeldung bestätigen (Gebinde unbekannt) 4719 + Return Fehlermeldung bestätigen (HU nicht avisiert) 1 + Return Fehlermeldung bestätigen (HU nicht am I-Punkt) Gebinde aus 2.1 + Return anhaken Simulation starten Gebinde fährt zum K-Punkt lt. Protokoll Protokoll Grafik vergleichen mit Protokoll Grafik wieder schliessen
6.2	Wareneingang -> I-Punkt Simulation	Gebinde Gebindeabtransport	Scan mit Barcode aus 2.2 Gebindefeld ist belegt anhaken Simulation starten Gebinde fährt zum K-Punkt lt. Protokoll Protokoll anhören Protokoll wird vorgelesen Grafik wieder schliessen
7	**Gebindeinfo**		
7.1	Bestand -> Bestand zum Gebinde	Gebinde	Gebinde aus 2.1 Datenselektion ausführen Platz = TRANSPORT_K_PUNKT Status = L – WE ist gebucht worden! Material = M001 Charge = CH001 Split = 01 Menge aus 2.1 Lieferant aus 2.1 Einheit = ST Fehlerflag = D Fehlercode = aus I-Punkt-Simulation

(Fortsetzung)

9.7 Szenario 7 – manueller Wareneingang

Tab. 9.6 (Fortsetzung)

Schritt	GUI Menü-Punkt/ Thema	Eingabedaten	Ausführung/Aktionen/Werte
7.2	Bestand -> Bestand zum Gebinde	Gebinde	Gebinde aus 2.2 Datenselektion ausführen Platz = TRANSPORT_K_PUNKT Status = L – WE ist gebucht! Material = M005 Charge = blank Split = blank Menge aus 2.2 Lieferant aus 2.2 Einheit = ST Fehlerflag = M Fehlercode = aus I-Punkt-Simulation Anwendung verlassen
8	**K-Punkt**		
8.1	Wareneingang -> Richtplatz	Gebinde Gebinde Gebinde Gebinde	leerlassen + Return Fehlermeldung bestätigen (Gebinde fehlt) SMILE + Return Fehlermeldung bestätigen (Gebinde unbekannt) 1 + Return Fehlermeldung bestätigen (HU nicht avisiert) Gebinde aus 2.1 + Return Fehlerflag = D aktueller Platz = TRANSPORT_KPUNKT Fehleranzahl am Tacho entspricht 6.1 grüne LED nutzen rote Zahlen = Fehler aus 6.1 Mouse-Over auf Zahlen zeigt zugehörigen Fehlertext an Grafik schliessen zum NIO-Platz
8.2	Wareneingang -> Richtplatz	Gebinde	Scan mit Barcode aus 2.2 Fehlerflag = M aktueller Platz = TRANSPORT_KPUNKT Fehleranzahl am Tacho entspricht 6.2 grüne LED nutzen rote Zahlen = Fehler aus 6.2 Mouse-Over auf Zahlen zeigt zugehörigen Fehlertext an

(Fortsetzung)

Tab. 9.6 (Fortsetzung)

Schritt	GUI Menü-Punkt/ Thema	Eingabedaten	Ausführung/Aktionen/Werte
			Grafik schliessen zum I-Punkt Anwendung schliessen
9	**Gebindeinfo**		
9.1	Bestand -> Bestand zum Gebinde	Gebinde	Gebinde aus 2.1 Datenselektion ausführen Platz = NIO Status = L Material = M001 Charge = CH001 Split = 01 Menge aus 2.1 Lieferant aus 2.1 Einheit = ST Fehlerflag = D Fehlercode = aus I-Punkt-Simulation
9.2	Bestand -> Bestand zum Gebinde	Gebinde	Gebinde aus 2.2 Datenselektion ausführen Platz = I_PUNKT Status = L Material = M005 Charge = blank Split = blank Menge aus 2.2 Lieferant aus 2.2 Einheit = ST Fehlerflag = blank Fehlercode = 0 Anwendung verlassen
10	**Umlagerung**		
10.1	Interne Bewegungen -> umlagern	Gebinde Zielplatz	Gebinde aus 2.1 + Return Quellplatz = NIO RETOURE Umlagern Anwendung schliessen
11	**Gebindeinfo**		
11.1	Bestand -> Bestand zum Gebinde	Gebinde	Gebinde aus 2.1 Platz = RETOURE

(Fortsetzung)

9.7 Szenario 7 – manueller Wareneingang

Tab. 9.6 (Fortsetzung)

Schritt	GUI Menü-Punkt/ Thema	Eingabedaten	Ausführung/Aktionen/Werte
12	**Lieferantenretoure**		
12.1	Wareneingang -> retournieren	Gebinde Grund Referenz	Gebinde aus 2.1 Text optional eingeben Text optional eingeben Lieferantenretoure ausführen Anwendung verlassen
13	**Gebindeinfo**		
13.1	Bestand -> Bestand zum Gebinde	Gebinde	Gebinde aus 2.1 Datenselektion ausführen Fehlermeldung bestätigen Anwendung verlassen
14	**Einlagerung**		
14.1	Wareneingang -> einlagern	Gebinde Zielplatz	Scan mit Barcode aus 2.2 Quellplatz = I_PUNKT Einlagertyp = BLOCK leerlassen Einlagern Zielplatz = BLOCK gefunden Anwendung schliessen
15	**Gebindeinfo**		
15.1	Bestand -> Bestand zum Gebinde	Gebinde	Gebinde aus 2.2 Platz = BLOCK
16	**Ende**		
16.1	Ende-> Schliessen und Datensicherung	keine	Anwendung wird geschossen Datenspeicherung erfolgt in CSV-Dateien und wird auf der Konsole angezeigt

absteigende Sortierung der freien Kapazitäten im ‚*HRL*' bestimmt. Die Informations-Dialoge zum Lagerplatz- und zum Material-Bestand sowie die Übersicht der Lagerplätze bestätigen dies.

Nachfolgend werden Prüfungen bei Anlage einer IT-seitig neuen Chargen-Split-Kombination verletzt. Konsequenzen werden im Dialog zum manuellen Wareneingang entsprechend angezeigt. Fehler sind ein zu langer Split, ein nicht-numerischer Split, eine zu lange sowie eine bereits datentechnisch existierende ERP-Charge. Zu diesem Zweck wird das Material M001 verwendet, daß chargenpflichtig ist und den Split00 nicht an die ERP-Charge anhängt.

Bei Eingabe der Gebindenummer muss geprüft werden, daß diese Nummer IT-seitig noch nicht existiert. Gute Chancen liegen bei Verwendung von Gebindenummern beginnend mit den Nummern 6,7,8 oder 9 vor.

Die Schritte des Szenarios werden in folgender Tabelle beschrieben (Tab. 9.7).

Das Szenario ist beispielhaft im Video ‚*Test SMILE – GUI-Version-Szenario 7 – manueller Wareneingang.zip*' erfasst. Im Video wurden die QR-Barcodes nicht gedruckt, sondern mit dem Handy fotografiert und beim Scannen vor die Laptop-Kamera gehalten. Zudem wurde der Bug (= Fehler im Programmcode), daß nach dem Scannen des QR-Barcodes der Einlagertyp des Materials nicht auf der Oberfläche angezeigt wird, nachträglich korrigiert.

9.8 Szenario 8 – Kühlgut

Beim ‚*Kühlgutszenario*' wird zunächst der Materialstamm zu den Materialien M000 und M004 angezeigt, zu denen nachfolgend ein manueller Wareneingang gebucht wird.

Bei Eingabe der Gebindenummer muss geprüft werden, daß diese IT-seitig noch nicht verwendet wird. Gute Chancen besitzen Nummern beginnend mit den 6,7,8 oder 9.

Beide Gebinde werden anschließend im Lagertyp ‚*KUEHL*' eingelagert. Dabei spielen mathematisch Sortierungen sowie geeignete Temperaturintervalle möglicher Plätze eine wesentliche Rolle.

Die Kühlgutauswertung zeigt, welche Kühlgüter bereits eingelagert sind (insbesondere also auch die beiden in diesem Szenario gebuchten Gebinde) und welche davon auf korrekt temperierten Plätzen liegen.

Durch Umlagerung wird zunächst versucht, Kühlgut auf einen falsch temperierten Platz zu transportieren. Es erscheint ein Fehler. Nachfolgend wird das Kühlgut auf den Schrottplatz weitertransportiert. Die Umlagerungsnummer wird im zugehörigen Nummernkreis-Objekt überprüft.

Schließlich wird ein Kühlgutgebinde verschrottet, was durch den datentechnisch nicht mehr vorhandenen Gebindestamm sowie durch die Gebindebewegung verifiziert wird.

Die Schritte des Szenarios lauten (Tab. 9.8):

Das Szenario ist beispielhaft im Video ‚*Test SMILE – GUI-Version-Szenario 8 – Kühlgut.zip*' erfasst. Beim Szenario wurde für das Gebinde zum Material M000 zunächst kein Platz zur Einlagerung gefunden. Grund war, daß ein falscher Einlagertyp in den Stammdaten vorlag: ‚*KUHL*' und nicht ‚*KUEHL*'. Das wurde im Materialstamm (CSV-Datei ‚*matstamm*') korrigiert. Auch in diesem Szenario wurde der QR-Code-Scan mittels Handy verwendet, um ein Ausdrucken auf Papier zu vermeiden.

9.8 Szenario 8 – Kühlgut

Tab. 9.7 GUI-Szenario 7 – manueller Wareneingang

Schritt	GUI Menü-Punkt/Thema	Eingabedaten	Ausführung/Aktionen/Werte
1	**LOGIN**	keine	keine
1.1	keiner, Spyder	keine	Datei LVS_GUI_TKINTER.PY aus Spyder ausführen
2	**Materialstamm**		
2.1	Stammdaten -> Material	Material	M002 Datenselektion ausführen Material ist chargenpflichtig, Split00 wird an die ERP-Charge angehängt
2.2	Stammdaten -> Material	Material	M001 Datenselektion ausführen Material ist chargenpflichtig, Split00 wird nicht an die ERP-Charge angehängt Materialstamm verlassen
3	**Chargenstamm**		
3.1	Stammdaten -> Charge	Charge auch als Baum max. Anzahl	keine nein 100 Man notiere die existierende Chargen-Split-Kombination CH002/01 für Material M002 Es gibt die Kombination CH001/01 für Material M001 mit ERP-Charge CH00101
4	**manueller Wareneingang**		
4.1	Wareneingang -> manuell	Gebinde Material Charge Split Verfallsdatum Menge Lieferant	neue Nummer beginnend mit 6,7,8 oder 9 M002 CH002 01 nicht einzugeben 12 SMILE Wareneingang buchen grüne LED-Lampe anklicken Label nicht erzeugen

(Fortsetzung)

Tab. 9.7 (Fortsetzung)

Schritt	GUI Menü-Punkt/Thema	Eingabedaten	Ausführung/Aktionen/Werte
4.2	Wareneingang -> manuell	Gebinde Material Charge Split Verfallsdatum Menge Lieferant	neue Nummer beginnend mit 6,7,8 oder 9 M002 SMILE 42 (oder ein anderer, der noch nicht existiert) beliebig eingeben, Wertehilfe nutzen 12 SMILE Wareneingang buchen grüne LED-Lampe anklicken Label erzeugen und drucken Anwendung verlassen
5	**Gebindeinfo**		
5.1	Bestände -> Bestand zum Gebinde	Gebinde	Gebinde aus 4.1 Datenselektion durchführen Charge und Split aus 4.1 werden angezeigt
5.2	Bestände -> Bestand zum Gebinde	Gebinde	Gebinde aus 4.2 Datenselektion durchführen Charge und Split aus 4.2 werden angezeigt Anwendung verlassen
6	**Chargenstamm**		
6.1	Stammdaten -> Charge	Charge Auch als Baum Max. Anzahl	keine nein 100 Datenselektion ausführen neue Charge aus 4.2 für Material M002 wird mit dem eingegebenen Verfallsdatum angezeigt Charge durch Doppelklick markieren Einzelanzeige der Charge kontrollieren Anwendung verlassen

(Fortsetzung)

9.8 Szenario 8 – Kühlgut

Tab. 9.7 (Fortsetzung)

Schritt	GUI Menü-Punkt/Thema	Eingabedaten	Ausführung/Aktionen/Werte
7	**Platzkontrolle & Einlagern**		
7.0	Stammdaten -> Plätze	Platz	keine Datenselektion ausführen aktuelle Anzahl Paletten für die Plätze im HRL notieren Anwendung verlassen
7.1	Wareneingang -> Einlagern	Gebinde Zielplatz Sonstige Flags	Gebinde aus 4.1 manuell eingeben und Return leerlassen nicht markieren Quellplatz ist gefüllt mit WE_LIEF Einlagern Platz im HRL ausgewählt und diesen notieren
7.2	Wareneingang -> Einlagern	Gebinde Zielplatz Sonstige Flags	Gebinde aus 4.2 einscannen leerlassen beide Flags markieren Einlagern drücken Platz im HRL ausgewählt und diesen notieren Transportbeleg wird angezeigt Transportbeleg auf Laufwerk prüfen und anzeigen Anwendung verlassen
8	**Bestand zum Platz**		
8.1	Bestände -> Bestand zum Platz	Platz Platz	Platz aus 7.1 Datenselektion durchführen Gebinde aus 7.1 wird auch angezeigt Platz aus 7.2 Datenselektion durchführen Gebinde aus 7.2 wird auch angezeigt Anwendung verlassen
9	**Bestand zum Material**		
9.1	Bestände -> Bestand zum Material	Material	M002 und Return drücken Gebinde aus 7.1 und 7.2 werden auch angezeigt Anwendung verlassen

(Fortsetzung)

Tab. 9.7 (Fortsetzung)

Schritt	GUI Menü-Punkt/Thema	Eingabedaten	Ausführung/Aktionen/Werte
10	**Lagerplätze**		
10.1	Stammdaten -> Plätze	Platz Platz	Platz aus 7.1 Datenselektion ausführen aktuelle Anzahl an Paletten hat sich erhöht (siehe 7.0) Platz aus 7.2 Datenselektion ausführen aktuelle Anzahl an Paletten hat sich erhöht (siehe 7.0) Anwendung verlassen
11	**manueller Wareneingang**		
11.1	Wareneingang -> manuell	Gebinde Material Charge Split Verfallsdatum Menge Lieferant	neue Nummer beginnend mit 6,7,8 oder 9 M001 CH001 Split nicht eingegeben Nicht eingeben 12 Sven Fehlermeldung, daß Split nicht eingegeben ist, bestätigen
11.2	Wareneingang -> manuell	Gebinde Material Charge Split Verfallsdatum Menge Lieferant	neue Nummer beginnend mit 6,7,8 oder 9 M001 CH001 A1 nicht eingeben 12 Sven Fehlermeldung, daß Split nicht numerisch ist, bestätigen
11.3	Wareneingang -> manuell	Gebinde Material Charge Split Verfallsdatum Menge Lieferant	neue Nummer beginnend mit 6,7,8 oder 9 M001 CH001 111 nicht eingeben 12 Sven Fehlermeldung, daß Split zu lang ist, bestätigen

(Fortsetzung)

9.8 Szenario 8 – Kühlgut

Tab. 9.7 (Fortsetzung)

Schritt	GUI Menü-Punkt/Thema	Eingabedaten	Ausführung/Aktionen/Werte
11.4	Wareneingang -> manuell	Gebinde Material Charge Split Verfallsdatum Menge Lieferant	neue Nummer beginnend mit 6,7,8 oder 9 M001 CH001 % 11 nicht eingeben 12 Sven Fehlermeldung, daß Chargenalphabet nicht berücksichtigt ist, bestätigen
11.5	Wareneingang -> manuell	Gebinde Material Charge Split Verfallsdatum Menge Lieferant	neue Nummer beginnend mit 6,7,8 oder 9 M001 CH00101 00 eingeben 12 Sven Wareneingang anlegen drücken Fehlermeldung, daß die ERP-Charge existiert (siehe 3.1), bestätigen
11.6	Wareneingang -> manuell	Gebinde Material Charge Split Verfallsdatum Menge Lieferant	neue Nummer beginnend mit 6,7,8 oder 9 M001 CH001011111111111 00 eingeben 12 Sven Wareneingang anlegen drücken Fehlermeldung, daß die ERP-Charge zu lang ist, bestätigen Anwendung verlassen
12	**Ende**		
12.1	Ende -> Schliessen und Datensicherung	keine	Anwendung wird geschossen Datenspeicherung erfolgt in CSV-Dateien und wird auf der Konsole angezeigt

Tab. 9.8 GUI-Szenario 8 – Kühlgut

Schritt	GUI Menü-Punkt/Thema	Eingabedaten	Ausführung/Aktionen/Werte
1	**LOGIN**	keine	keine
1.1	keiner, Spyder	keine	Datei LVS_GUI_TKINTER.PY aus Spyder ausführen
1.2	keiner, Login-Felder füllen	Username, Passwort	Login erfolgreich
2	**Materialstamm**		
2.1	Stammdaten -> Material	Material	M000 Datenselektion ausführen Material ist Kühlgut
2.2	Stammdaten -> Material	Material	M004 Datenselektion ausführen Material ist Kühlgut Materialstamm verlassen
3	**Manueller Wareneingang & Einlagern**		
3.1	Wareneingang -> manuell	Gebinde Material Charge Split Verfallsdatum Menge Lieferant	Nummer beginnend mit 6,7,8 oder 9 M000 CH000 01 ggfs. eingeben 12 SMILE Wareneingang buchen optional Label erzeugen und drucken
3.2	Wareneingang -> manuell	Gebinde Material Charge Split Verfallsdatum Menge Lieferant	Nummer beginnend mit 6,7,8 oder 9 M004 CH04 04 ggfs. eingeben 12 SMILE Wareneingang buchen optional Label erzeugen und drucken
3.3	Wareneingang -> einlagern	Gebinde Lagerplatz Lagerplatz	Nummer aus 3.1 (manuell oder Scan) KUEHL_1 Fehlermeldung bestätigen (Platz nicht geeignet temperiert) leerlassen Einlagern

(Fortsetzung)

9.8 Szenario 8 – Kühlgut

Tab. 9.8 (Fortsetzung)

Schritt	GUI Menü-Punkt/Thema	Eingabedaten	Ausführung/Aktionen/Werte
3.4	Wareneingang -> einlagern	Gebinde Lagerplatz Lagerplatz	Nummer aus 3.2 (manuell oder Scan) HRL_01_02_06 Fehlermeldung bestätigen (Platz nicht geeignet temperiert) leerlassen Einlagern Anwendung verlassen
4	**Kühlgutauswertung**		
4.1	Bestände -> Kühlgut im Lager	Material Lagerplatz	M000 Platz aus 3.3 Auswertung durchführen Auswertung wird angezeigt Logo Grieshaber Mouse-Over & anklicken
4.2	Bestände -> Kühlgut im Lager	Material Lagerplatz	M004 Platz aus 3.4 Auswertung durchführen Auswertung wird angezeigt Excel-Download durchführen Excel-Datei anzeigen (auf Laufwerk) Anwendung verlassen
5	**Umlagerung**		
5.1	interne Bewegungen -> Umlagern	Gebinde Zielplatz	Nummer aus 3.1 oder 3.2 + Return HRL_01_01_01 oder … oder HRL_01_02_06 Umlagern Fehlermeldung bestätigen
5.2	interne Bewegungen -> Umlagern	Gebinde Zielplatz	Nummer aus 3.1 oder 3.2 + Return SCHROTT Umlagern Anwendung verlassen
6	**Nummernkreise**		
6.1	Stammdaten -> Nummernkreise	Intervall	INTL Selektion ausführen Intervall ist inaktiv Anwendung verlassen

(Fortsetzung)

Tab. 9.8 (Fortsetzung)

Schritt	GUI Menü-Punkt/Thema	Eingabedaten	Ausführung/Aktionen/Werte
7	**Verschrottung**		
7.1	Interne Bewegungen -> verschrotten	Gebinde Grund Protokoll anzeigen	Nummer aus 5.2 SMILE Haken setzen Verschrotten Protokoll wird angezeigt Protokoll auf Laufwerk suchen Anwendung verlassen
8	**Gebindeinfo**		
8.1	Bestände -> Bestand zum Gebinde	Gebinde	Gebinde aus 7.1 Info einholen Fehlermeldung bestätigen Anwendung verlassen
9	**Bewegungsauswertung**		
9.1	Bewegungsauswertung -> alle Bewegungen	Bewegungsart auch als Baum max. Anzahl	HU_SCHR nicht anhaken 100 Auswertung durchführen Anwendung verlassen
10	**Ende**		
10.1	Ende -> Schliessen und Datensicherung	keine	Anwendung wird geschossen Datenspeicherung erfolgt in CSV-Dateien und wird auf der Konsole angezeigt

9.9 Szenario 9 – Einlagern

In diesem Szenario wird auf das *‚Einlagern'* eingegangen. Zunächst wird der Einlagertyp für die Materialien M001, M002, M003 und M005 bestimmt. Kühlgut (Materialien M000 und M004 – siehe Szenario 8 in Abschn. 9.8) wird in diesem Szenario nicht betrachtet.

Für die vier gewählten Materialien wird ein manueller Wareneingang gebucht, wobei auch QR-Codes zu den gebildeten Beständen = HUs = Gebinden erzeugt werden. Für das Material M005 werden zwei Wareneingänge gebucht.

Zur Einlagerung werden die QR-Codes zum Scannen der Gebinde benutzt. Dabei werden diverse Fehler provoziert.

In den ersten vier Einlagerungen wird der Zielplatz automatisch per Einlagertyp bestimmt, im fünften Fall erfolgt die manuelle Ziel-Platzvorgabe *‚SCHROTT'*.

Die aktuellen Gebinde-Anzahlen erhöhen sich auf den Zielplätzen, was durch Aufruf von Auswertungsdialogen kontrolliert wird.

Bei Eingabe der Gebindenummer sollten Nummern verwendet werden, die mit 6,7,8 oder 9 beginnen.

Die Szenario-Schritte sind in folgender Liste zusammengefasst (Tab. 9.9).

Das Szenario ist beispielhaft im Video ‚*Test SMILE – GUI-Version-Szenario 9 – Einlagern.zip*' erfasst. In diesem Video wurden QR-Codes nicht papierbasiert, sondern per Handy-Bild verwendet.

9.10 Szenario 10 – Lieferantenretoure

Beim Szenario der ‚*Lieferantenretoure*' wird ein manueller Wareneingang gebucht. Der organisatorisch als fehlerhaft erkannte Wareneingang muss zum Lieferanten retourniert werden. Zu diesem Zweck wird das Gebinde zum Platz ‚*RETOURE*' umgelagert und zum Lieferanten retourniert. Das Gebinde ist nach Buchung der Lieferantenretoure datentechnisch nicht mehr vorhanden. Der zugehörige Bewegungssatz wird zur Verifikation selektiert. Eingegebene Gebindenummern sollten mit 6,7,8 oder 9 beginnen.

Die Schritte des Szenarios werden in folgender Tabelle beschrieben (Tab. 9.10):

Das Szenario ist beispielhaft im Video ‚*Test SMILE – GUI-Version-Szenario 10 – Lieferantenretoure.zip*' prozessiert worden. Im Video wurde kein QR-Barcode gedruckt, sondern mit dem Handy fotografiert und zum papierlosem Scannen verwendet.

9.11 Szenario 11 – Verschrotten

Beim Szenario der ‚*Verschrottung*' wird zunächst ein manueller Wareneingang gebucht und das zugehörige Gebinde eingelagert. Bei Eingabe der Gebindenummer sollten die Nummern 6,7,8 oder 9 als erste Ziffer verwendet werden. Das Gebinde wird beim Einlagern beschädigt und muss vernichtet werden. Zu diesem Zweck wird das Gebinde zum Platz ‚*SCHROTT*' umgelagert und anschließend verschrottet. Das Gebinde ist nach der Verschrottung datentechnisch nicht mehr im SMILE-Prototyp vorhanden. Der zugehörige Bewegungssatz wird zur Verifikation angezeigt.

Die Schritte des Szenarios lauten (Tab. 9.11):

Das Szenario ist beispielhaft im Video ‚*Test SMILE – GUI-Version-Szenario 11 – Verschrottung.zip*' erfasst. In diesem Video wurde ohne Barcode-Scan gearbeitet.

9.12 Szenario 12 – Auslieferungen & Touren

In diesem Szenario werden ‚*Auslieferungen und Touren*' angelegt und angezeigt.

Die Anlage wird an den Nummernkreisen, den Flottendaten sowie der Touren- und Auslieferungsanzeige nachvollzogen. Diverse Fehlersituation werden nachgestellt.

Tab. 9.9 GUI-Szenario 9 – Einlagern

Schritt	GUI Menü-Punkt/Thema	Eingabedaten	Ausführung/Aktionen/Werte
1	**LOGIN**	keine	keine
1.1	keiner, Spyder	keine	Datei LVS_GUI_TKINTER.PY aus Spyder ausführen
1.2	keiner, Login-Felder füllen	Username, Passwort	Login erfolgreich
2	**Stammdaten**		
2.1	Stammdaten -> Material	Material	M001 Datenselektion ausführen Material ist chargenpflichtig Einlagertyp ist HRL
2.2	Stammdaten -> Material	Material	M002 Datenselektion ausführen Material ist chargenpflichtig Einlagertyp ist HRL
2.3	Stammdaten -> Material	Material	M003 Datenselektion ausführen Material ist chargenpflichtig Einlagertyp ist BLOCK
2.4	Stammdaten -> Material	Material	M005 Datenselektion ausführen Material ist nicht chargenpflichtig Einlagertyp ist BLOCK
3	**Manueller Wareneingang**		
3.1	Wareneingang -> manuell	Gebinde Material Charge Split Verfallsdatum Menge Lieferant	Nummer beginnend mit 6,7,8 oder 9 M001 CH001 01 nicht eingeben 12 SMILE Wareneingang buchen Label erzeugen und drucken grüne LED nutzen
3.2	Wareneingang -> manuell	Gebinde Material Charge Split Verfallsdatum Menge Lieferant	Nummer beginnend mit 6,7,8 oder 9 M002 CH002 01

(Fortsetzung)

9.12 Szenario 12 – Auslieferungen & Touren

Tab. 9.9 (Fortsetzung)

Schritt	GUI Menü-Punkt/Thema	Eingabedaten	Ausführung/Aktionen/Werte
			nicht eingeben 12 SMILE Wareneingang buchen Label erzeugen und drucken grüne LED nutzen
3.3	Wareneingang -> manuell	Gebinde Material Charge Split Verfallsdatum Menge Lieferant	Nummer beginnend mit 6,7,8 oder 9 M003 CH002 99 mit Wertehilfe eingeben 12 SMILE Wareneingang buchen Label erzeugen und drucken grüne LED nutzen
3.4	Wareneingang -> manuell	Gebinde Material Charge Split Verfallsdatum Menge Lieferant	Nummer beginnend mit 6,7,8 oder 9 M005 nicht einzugeben nicht einzugeben nicht einzugeben 12 SMILE Wareneingang buchen Label erzeugen und drucken grüne LED nutzen
3.5	Wareneingang -> manuell	Gebinde Material Charge Split Verfallsdatum Menge Lieferant	Nummer beginnend mit 6,7,8 oder 9 M005 nicht einzugeben nicht einzugeben nicht einzugeben 12 SMILE Wareneingang buchen Label erzeugen und drucken grüne LED nutzen Anwendung verlassen

(Fortsetzung)

Tab. 9.9 (Fortsetzung)

Schritt	GUI Menü-Punkt/Thema	Eingabedaten	Ausführung/Aktionen/Werte
4	**Einlagern**		
4.0	Stammdaten -> Plätze	Platz	keine Datenselektion ausführen aktuelle Anzahl Paletten für die Plätze im HRL, Platz ‚SCHROTT' und Platz ‚BLOCK' notieren Anwendung verlassen
4.1	Wareneingang -> Einlagern	Gebinde Zielplatz Sonstige Flags	Gebinde aus 3.1 manuell eingeben und Return leerlassen beide Flags ankreuzen Quellplatz ist gefüllt mit WE_LIEF Einlagern Platz im HRL ausgewählt und diesen notieren Transportbeleg wird angezeigt Transportbeleg auf Laufwerk finden und öffnen Information zur Einlagerung drücken -> Browser kontrollieren -> Browser schließen grüne LED nutzen und Animation anschauen und wieder schließen Farbe ändern gelbe LED nutzen und Palette per Drag & Drop verschieben, Farbe des Balkens prüfen -> schließen
4.2	Wareneingang -> Einlagern	Gebinde Gebinde Gebinde Zielplatz Zielplatz	leerlassen und Return Fehlermeldung über fehlendes Gebinde bestätigen 1111111111111111111 Fehlermeldung nicht existentes Gebinde bestätigen Gebinde aus 3.2 einscannen SMILE99 und Return Fehlermeldung, daß Platz nicht existiert, bestätigen

(Fortsetzung)

9.12 Szenario 12 – Auslieferungen & Touren

Tab. 9.9 (Fortsetzung)

Schritt	GUI Menü-Punkt/Thema	Eingabedaten	Ausführung/Aktionen/Werte
			HRL_01_01_01 und Return Fehlermeldung, daß Platz belegt ist, bestätigen Einlagern und Zielplatz notieren
4.3	Wareneingang -> Einlagern	Gebinde Zielplatz Sonstige Flags	Gebinde aus 3.3 einscannen leerlassen beide Flags nicht markieren Einlagern drücken Ziel-Platz ist BLOCK
4.4	Wareneingang -> Einlagern	Gebinde Zielplatz Sonstige Flags	Gebinde aus 3.4 manuell eingeben und Return leerlassen beide Flags nicht markieren Einlagern drücken Ziel-Platz ist BLOCK
4.5	Wareneingang -> Einlagern	Gebinde Zielplatz Sonstige Flags	Gebinde aus 3.5 manuell eingeben und Return SCHROTT beide Flags nicht markieren Einlagern drücken Ziel-Platz ist SCHROTT Anwendung verlassen
5	**Lagerplätze**		
5.1	Stammdaten -> Plätze	Platz Platz Platz Platz	Platz aus 4.1 Datenselektion ausführen Aktuelle Anzahl an Paletten hat sich erhöht (siehe 4.0) Platz aus 4.2 Datenselektion ausführen aktuelle Anzahl an Paletten hat sich erhöht (siehe 4.0) Platz BLOCK siehe 4.3 und 4.4 Datenselektion ausführen aktuelle Anzahl an Paletten hat sich erhöht (siehe 4.0) Platz SCHROTT siehe 4.5 Datenselektion ausführen aktuelle Anzahl an Paletten hat sich erhöht (siehe 4.0) Anwendung verlassen

(Fortsetzung)

Tab. 9.9 (Fortsetzung)

Schritt	GUI Menü-Punkt/Thema	Eingabedaten	Ausführung/Aktionen/Werte
6	**Ende**		
6.1	Ende -> Schliessen und Datensicherung	keine	Anwendung wird geschossen Datenspeicherung erfolgt in CSV-Dateien und wird auf der Konsole angezeigt

Tab. 9.10 GUI-Szenario 10 – Lieferantenretoure

Schritt	GUI Menü-Punkt/Thema	Eingabedaten	Ausführung/Aktionen/Werte
1	**LOGIN**	keine	keine
1.1	keiner, Spyder	keine	Datei LVS_GUI_TKINTER.PY aus Spyder ausführen
1.2	keiner, Login-Felder füllen	Username, Passwort	Login erfolgreich
2	**Gesamtbestand**		
2.1	Bestände -> Gesamtbestand	keine	Man notiere eine nicht-existente Gebindenummer (z. B. beginnend mit 6,7,8 oder 9) Anwendung verlassen
3	**Manueller Wareneingang & Einlagern**		
3.1	Wareneingang -> manuell	Gebinde Material Menge Lieferant	Nummer aus 2.1 M005 12 SMILE Wareneingang buchen optional Label erzeugen und drucken Anwendung verlassen
3.2	Wareneingang -> einlagern	Gebinde Lagerplatz	Nummer aus 2.1 (manuell oder Scan) leerlassen Einlagern Anwendung verlassen
4	**Umlagern an den Retourenplatz**		
4.1	Interne Bewegungen -> Umlagern	Gebinde Lagerplatz	Nummer aus 2.1 (manuell oder Scan) RETOURE Umlagern Anwendung verlassen

(Fortsetzung)

9.12 Szenario 12 – Auslieferungen & Touren

Tab. 9.10 (Fortsetzung)

Schritt	GUI Menü-Punkt/Thema	Eingabedaten	Ausführung/Aktionen/Werte
5	**Lieferantenretoure**		
5.1	Wareneingang -> retournieren	Gebinde Grund Referenz	Nummer aus 2.1 Szenario 11 Gebindenummer Lieferantenretoure ausführen Anwendung verlassen
6	**Gebindeinfo**		
6.1	Bestände -> Bestand zum Gebinde	Gebinde	Nummer aus 2.1 Fehlermeldung bestätigen Anwendung verlassen
7	**Bewegungsauswertung**		
7.1	Bewegungsauswertung -> alle Bewegungen	Bewegungsart	HU_LRET Selektieren Bewegungssatz markieren Einzelanzeige Anwendung verlassen
8	**Ende**		
8.1	Ende-> Schliessen und Datensicherung	keine	Anwendung wird geschossen Datenspeicherung erfolgt in CSV-Dateien und wird auf der Konsole angezeigt

Tab. 9.11 GUI-Szenario 11 – Verschrottung

Schritt	GUI Menü-Punkt/Thema	Eingabedaten	Ausführung/Aktionen/Werte
1	**LOGIN**	keine	keine
1.1	keiner, Spyder	keine	Datei LVS_GUI_TKINTER.PY aus Spyder ausführen
1.2	keiner, Login-Felder füllen	Username, Passwort	Login erfolgreich
2	**Gesamtbestand**		
2.1	Bestände -> Gesamtbestand	keine	Man notiere eine nicht-existente Gebindenummer (z. B. beginnend mit 6,7,8 oder 9) Anwendung verlassen

(Fortsetzung)

Die Schritte des Szenarios sind (Tab. 9.12):

Tab. 9.11 (Fortsetzung)

Schritt	GUI Menü-Punkt/Thema	Eingabedaten	Ausführung/Aktionen/Werte
3	**Manueller Wareneingang & Einlagern**		
3.1	Wareneingang -> manuell	Gebinde Material Menge Lieferant	Nummer aus 2.1 M005 12 SMILE Wareneingang buchen Anwendung verlassen
3.2	Wareneingang -> einlagern	Gebinde Lagerplatz	Nummer aus 2.1 leerlassen Einlagern Anwendung verlassen
4	**Umlagern an den Schrottplatz**		
4.1	Interne Bewegungen -> Umlagern	Gebinde Lagerplatz	Nummer aus 2.1 SCHROTT Umlagern Anwendung verlassen
5	**Verschrotten**		
5.1	Interne Bewegungen -> Verschrotten	Gebinde Grund	Nummer aus 2.1 Szenario 11 Verschrotten Anwendung verlassen
6	**Gebindeinfo**		
6.1	Bestände -> Bestand zum Gebinde	Gebinde	Nummer aus 2.1 Fehlermeldung bestätigen Anwendung verlassen
7	**Bewegungsauswertung**		
7.1	Bewegungsauswertung -> alle Bewegungen	Bewegungsart	HU_SCHROTT Selektieren Bewegungssatz markieren Einzelanzeige Anwendung verlassen
8	**Ende**		
8.1	Ende-> Schliessen und Datensicherung	keine	Anwendung wird geschossen Datenspeicherung erfolgt in CSV-Dateien und wird auf der Konsole angezeigt

9.12 Szenario 12 – Auslieferungen & Touren

Tab. 9.12 CLI-Szenario 12 – Auslieferungen & Touren

Schritt	GUI Menü-Punkt/ Thema	Eingabedaten	Ausführung/Aktionen/Werte
1	**LOGIN**	keine	Keine
1.1	keiner, Spyder	keine	Datei LVS_GUI_TKINTER.PY aus Spyder ausführen
1.2	keiner, Login-Felder füllen	Username, Passwort	Login erfolgreich
2	**Nummernkreise**		
2.1	Stammdaten -> Nummernkreise	Suche	Datenselektion ausführen AUSL + Suche ausführen Nummernstand notieren
2.2	Stammdaten -> Nummernkreise	Suche	Datenselektion ausführen Tour + Suche ausführen Nummernstand notieren Anwendung verlassen
3	**Auslieferung anzeigen**		
3.1	Warenausgang -> Auslieferung anzeigen	Dateneingabe	keine Datenselektion ausführen höchste Nummer stimmt mit 2.1 überein
3.2	Warenausgang -> Auslieferung anzeigen	Auslieferung	höchste Nummer aus 3.1 Datenselektion ausführen Doppelklick auf die Zeile Einzelanzeige Kopf anschauen Einzelanzeige Positionen anschauen
3.3	Warenausgang -> Auslieferung anzeigen	Kunde	Sven Datenselektion ausführen Anwendung verlassen
4	**Auslieferung anlegen**		
4.1	Warenausgang -> Auslieferung anlegen	Kunde Kunde Kunde Kunde Material Menge Material Menge	Auslieferung = höchste Nummer + 1 Status = angelegt Tour = unbekannt Anlagedatum = heute Dispodatum = unbekannt leerlassen + Return Fehlermeldung bestätigen (Kunde fehlt) SMILE + Return Fehlermeldung bestätigen (Kunde unbekannt) Terence + Return Adresse und Mail füllen sich

(Fortsetzung)

Tab. 9.12 (Fortsetzung)

Schritt	GUI Menü-Punkt/ Thema	Eingabedaten	Ausführung/Aktionen/Werte
			Eingabe löschen (gelber Button) Kunde, Adresse und Mail werden geleert Terence + Return Adresse und Mail füllen sich zu den Positionsdaten wechseln Check – Button nutzen Fehlermeldung bestätigen (Material fehlt) M009 12 Check – Button nutzen Fehlermeldung bestätigen (Material unbekannt) M000 leerlassen Check – Button nutzen Fehlermeldung bestätigen (Menge fehlt) ‚Position –' – Button nutzen Anwendung verlassen
4.2	Warenausgang -> Auslieferung anlegen	Kunde Zeile 1 Zeile 2	Auslieferung = höchste Nummer + 1 Status = angelegt Tour = unbekannt Anlagedatum = heute Dispodatum = unbekannt Sven + Return Wechsel auf die Positionsdaten durchführen Material = M000 Menge = 12 Tab oder ‚Position + ' nutzen Material = M001 Menge = 21 Check-Button -> alles okay Wechsel auf die Kopfdaten durchführen Simulationsmodus 3 Tabs füllen sich mit Berechnungen Auslieferung anlegen ohne Infomail Protokoll füllt sich erneut alle Buttons außer Beenden deaktiviert Anwendung verlassen
4.3	Warenausgang -> Auslieferung anlegen		4.2 wiederholen mit Materialien M001, M002 und M003 mit 12, 23 und 34 ST

(Fortsetzung)

9.12 Szenario 12 – Auslieferungen & Touren

Tab. 9.12 (Fortsetzung)

Schritt	GUI Menü-Punkt/ Thema	Eingabedaten	Ausführung/Aktionen/Werte
4.4	Warenausgang -> Auslieferung anlegen		4.2. wiederholen mit Materialien M000 und M005 zu je 33 ST
5	**Nummernkreise**		
5.1	Stammdaten -> Nummernkreise	Suche	Datenselektion ausführen AUSL + Suche ausführen Nummernstand um 3 erhöht
6	**Auslieferungen anzeigen**		
6.1	Warenausgang -> Auslieferung anzeigen	Anlagedatum	heute restliche Felder leerlassen Datenselektion ausführen die drei Lieferungen aus 4.2–4.4 werden angezeigt Doppelklick auf die höchste Nummer Daten aus 4.4 in den Tabs zum Kopf und zur Position kontrollieren Anwendung verlassen
7	**Touren anzeigen**		
7.1	Warenausgang -> Touren anzeigen	Dateneingabe Tour	leerlassen Datenselektion ausführen höchste Tournummer notieren diese Tour durch Doppelklick markieren Einzelanzeigen Kopf + Positionen anschauen Höchste Nummer eingeben restliche Felder leerlassen Datenselektion ausführen nur diese Tour wird angezeigt Anwendung verlassen
8	**Flotte**		
8.1	Stammdaten -> Flotte		Datenselektion ausführen 2 Kennzeichen ohne Tour-Zuordnung notieren inkl. LKW-Art, zul. Gewicht und zul. Stellplätze

(Fortsetzung)

Tab. 9.12 (Fortsetzung)

Schritt	GUI Menü-Punkt/ Thema	Eingabedaten	Ausführung/Aktionen/Werte
9	**Tour anlegen**		
9.1	Warenausgang -> Tour anlegen	Datenvorbelegung Kennzeichen Kennzeichen Kennzeichen Kennzeichen	Tour = höchste Nummer + 1 Status = offen Anlagedatum = heute leerlassen + Return Fehlermeldung bestätigen (Kennzeichen fehlt) SVEN001 + Return Fehlermeldung bestätigen (Kennzeichen unbekannt) SMILE001 Fehlermeldung bestätigen (Kennzeichen bereits in aktueller Tour) Eingabe löschen nutzen Kennzeichen aus 8.1 nutzen Return nutzen LKW-Art, zul. Gewicht + Stellplätze füllen sich aus Flottendaten (siehe 8.1) Wechsel auf Positions-Daten durchführen Check-Button nutzen Fehlermeldung bestätigen (Lieferung fehlt) Lieferung oberhalb höchster Nummer eingeben (siehe 5.1) Check-Button nutzen Fehlermeldung bestätigen (Lieferung unbekannt) Lieferung = 1 eingeben Check-Button nutzen Fehlermeldung bestätigen (Lieferung bereits disponiert) Anwendung verlassen
9.2	Warenausgang -> Tour anlegen	Datenvorbelegung Kennzeichen	Tour = höchste Nummer + 1 Status = offen Anlagedatum = heute Kennzeichen aus 8.1 nutzen Return Wechsel zu den Positionsdaten Lieferung aus 4.2, 4.3 und 4.4 eingeben Check – Button nutzen

(Fortsetzung)

9.12 Szenario 12 – Auslieferungen & Touren

Tab. 9.12 (Fortsetzung)

Schritt	GUI Menü-Punkt/ Thema	Eingabedaten	Ausführung/Aktionen/Werte
			Wechsel zu den Kopfdaten Simulation starten Stellplatzknappheit und Übergewicht Wechsel zu den Positionsdaten Zeile 2 und 3 löschen Wechsel zu Kopfdaten Tour anlegen Anwendung verlassen
9.3	Warenausgang -> Tour anlegen		Tour mit den anderen beiden Lieferungen aus 4.3 und 4.4. anlegen Kennzeichen 2 aus 8.1 nutzen Anwendung verlassen
10	**Nummernkreise**		
10.1	Stammdaten -> Nummernkreise	Suche	Datenselektion ausführen TOUR + Suche ausführen Nummernstand um 2 erhöht
11	**Touren anzeigen**		
11.1	Warenausgang -> Touren anzeigen	Dateneingabe	heute Datenselektion ausführen Touren aus 9.2 und 9.3 werden angezeigt erste Tour durch Doppelklick markieren Einzelanzeigen Kopf + Positionen anschauen Anwendung verlassen
12	**Auslieferungen anzeigen**		
12.1	Warenausgang -> Auslieferung anzeigen	Datenselektion	heute Auslieferungen sind nun Touren zugeordnet und disponiert inkl Dispodatum
13	**Flotte**		
13.1	Stammdaten -> Flotte		Datenselektion ausführen Kennzeichen aus 8.1 haben nun Tour-Zuordnungen
14	**Ende**		
14.1	Ende-> Schliessen und Datensicherung	keine	Anwendung wird geschossen Datenspeicherung erfolgt in CSV-Dateien und wird auf der Konsole angezeigt

Das Szenario ist beispielhaft im Video ‚*Test SMILE – GUI-Version-Szenario 12 – Auslieferungen & Touren.zip*' erfasst. Das Senden der Informationsmail war fehlerhaft, weil zum Nutzer ‚*SMILE002*' kein Hotmail-Account hinterlegt worden ist. Ein weiteres Video ist vorhanden, daß den E-Mail-Versand zeigt: ‚*Test SMILE – GUI-Version – Mailversand.zip*'.

9.13 Szenario 13 – Version, Institutionen & Firmen

Es werden die ‚*Version*' von SMILE sowie alle ‚*beteiligten Institutionen & Firmen*' angezeigt (Tab. 9.13):

Das Szenario ist beispielhaft im Video ‚*Test SMILE – GUI-Version-Szenario 13 – Version, Institutionen & Firmen.zip*' erfasst.

Tab. 9.13 GUI-Szenario 13 – Version, Institutionen & Firmen

Schritt	GUI Menü-Punkt/Thema	Eingabedaten	Ausführung/Aktionen/Werte
1	**LOGIN**	keine	Keine
1.1	keiner, Spyder	keine	Datei LVS_GUI_TKINTER.PY aus Spyder ausführen
1.2	keiner, Login-Felder füllen	Username, Passwort	Login erfolgreich
2	**Version**		
2.1	Informationen -> Versions-Info	keine	Popup mit ‚OK' schliessen
3	**Institutionen**		
3.1	Institutionen und Firmen -> Institutionen	keine	Taste ‚zurück zum Menü' benutzen
4	**Firmen**		
4.1	Institutionen und Firmen -> Firmen	keine	Taste ‚zurück zum Menü' benutzen
5	**Ende**		
	Ende-> Schliessen und Datensicherung	keine	Anwendung wird geschossen Datenspeicherung erfolgt in CSV-Dateien und wird auf der Konsole angezeigt

Literatur[1]

1. https://www.hs-rm.de/de/studium/studienorganisation/wiesbaden-business-school. (Link zur WBS, Zugegriffen: 14. Apr. 2023)
2. https://tk-tools.readthedocs.io/en/latest/canvas_widgets.html. (Tachometer etc., Zugegriffen: 14. Apr. 2023)
3. http://www.lagerwiki.de/index.php/Einlagerung. (Logistik im Wiki, Zugegriffen: 14. Apr. 2023)
4. https://www.hs-mainz.de/studium/studiengaenge/wirtschaft/it-management-berufsintegrierend-msc/uebersicht/. (Link zur Hochschule Mainz, Zugegriffen: 14. Apr. 2023)
5. https://www.th-bingen.de/home/. (Link zur TH Bingen, Zugegriffen: 14. Apr. 2023)
6. https://www.learnopencv.com/opencv-qr-code-scanner-c-and-python/. (Camera Scan, Zugegriffen: 14. Apr. 2023)
7. https://datatofish.com/export-dataframe-to-excel/. (Excel in Python, Zugegriffen: 14. Apr. 2023)
8. https://datatofish.com/export-dataframe-to-excel/. (Bug zur Listendarstellung, Zugegriffen: 14. Apr. 2023)
9. https://core.tcl-lang.org/tk/tktview?name=509cafafae. (Bug zur Listendarstellung, Zugegriffen: 14. Apr. 2023)
10. https://www.epal-pallets.org/eu-de/. (Link zur EPAL, Zugegriffen: 14. Apr. 2023)
11. https://www.trilogiqa.de/. (Link zu trilogIQa, Zugegriffen: 14. Apr. 2023)
12. https://www.python.org/. (Link zu Python, Zugegriffen: 14. Apr. 2023)
13. https://www.mobilog.ch/. (Link zu mobilog, Zugegriffen: 14. Apr. 2023)
14. https://www.optitool.de/. (Link zu optitool, Zugegriffen: 14. Apr. 2023)
15. https://www.grieshaberlog.com/. (Link zu Grieshaber, Zugegriffen: 14. Apr. 2023)
16. https://stackoverflow.com/questions/13411486/send-email-via-hotmail-in-python(Hotmail-Versand in Python, Zugegriffen: 14. Apr. 2023)
17. https://www.adobe.com/de/acrobat/pdf-reader.html#:~:text=Ja%2C%20Adobe%20Acrobat%20Reader%20ist,Adobe%20Acrobat%20Reader%20kostenlos%20herunterladen. (Link zu Adobe Acrobat Reader, Zugegriffen: 14. Apr. 2023)
18. https://www.videolan.org/vlc/index.de.html. (Link zu VLC, Zugegriffen: 14. Apr. 2023)
19. https://outlook.live.com/owa/. (Link zu Hotmail, Zugegriffen: 14. Apr. 2023)
20. https://www.youtube.com/watch?v=2depJI0Z2tE. (Video zur Hotmail-Account-Anlage, Zugegriffen: 14. Apr. 2023)

---

[1] In dem Literaturverzeichnis sind Hyperlinks aufgeführt, die in dieser Bedienungsanleitung sowie im SMILE-Prototypen benutzt werden.

21. https://www.anaconda.com/. (Link zur Anaconda Distribution, Zugegriffen: 14. Apr. 2023)
22. https://www.youtube.com/watch?v=Swx0-fE_R9w. (Video zur Anaconda-Installation und zu Spyder, Zugegriffen: 14. Apr. 2023)
23. https://link.springer.com/. (Plattform des Verlages Springer Nature, Zugegriffen: 26. Juni 2023)
24. Katja Tränker, SMILE-Logo, @eStudioCalamar

 Springer springer.com

SMILE - Schule für Mathematik, Informatik, Logistik und Erfolg

Sven Wirsing

SMILE – Übungs- und Lösungsbuch zum Kompaktband Logistik

 Springer

Jetzt bestellen:
link.springer.com/978-3-662-68373-6

GPSR Compliance

The European Union's (EU) General Product Safety Regulation (GPSR) is a set of rules that requires consumer products to be safe and our obligations to ensure this.

If you have any concerns about our products, you can contact us on ProductSafety@springernature.com

In case Publisher is established outside the EU, the EU authorized representative is:

Springer Nature Customer Service Center GmbH
Europaplatz 3
69115 Heidelberg, Germany

Batch number: 09267553

Printed by Printforce, the Netherlands